教育部"农科类卓越中等职业学校教师培养改革与实践"项目配套教材

无机及分析化学

WUJI JI FENXI HUAXUE

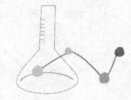

范文秀　侯振雨　牛红英　主编

化学工业出版社

·北京·

《无机及分析化学》将无机化学和分析化学内容进行优化、整合，以分析化学知识为主线、无机化学知识够用为度，在保证知识体系完整性的情况下，达到优化教学内容和课程体系的目的。内容包括化学基本概念与基本计算，溶液和胶体，化学反应速率和化学平衡，定量分析基础，四大平衡与滴定法，物质结构基础，现代仪器分析法。每章都附有不同类型的习题，可帮助学生对所学内容进行自我评价和检测，还附有知识阅读，提高学生对化学学习的兴趣，同时对化学学科前沿知识有所了解。

《无机及分析化学》内容简明，概念准确。适合农林类专业学生选用，也可以作为农林类院校教师培训教材。

图书在版编目（CIP）数据

无机及分析化学/范文秀，侯振雨，牛红英主编．—北京：化学工业出版社，2017.9

教育部"农科类卓越中等职业学校教师培养改革与实践"项目配套教材

ISBN 978-7-122-30436-0

Ⅰ.①无… Ⅱ.①范…②侯…③牛… Ⅲ.①无机化学-中等职业学校-教学参考资料②分析化学-中等职业学校-教学参考资料 Ⅳ.①O61②O65

中国版本图书馆 CIP 数据核字（2017）第 194516 号

责任编辑：刘俊之　　　　　　　　文字编辑：陈　雨
责任校对：王素芹　　　　　　　　装帧设计：韩　飞

出版发行：化学工业出版社（北京市东城区青年湖南街13号　邮政编码100011）
印　　刷：北京云浩印刷有限责任公司
装　　订：三河市瞰发装订厂
787mm×1092mm　1/16　印张 11¼　彩插 1　字数 286 千字　2017 年 10 月北京第 1 版第 1 次印刷

购书咨询：010-64518888（传真：010-64519686）　　售后服务：010-64518899
网　　址：http://www.cip.com.cn
凡购买本书，如有缺损质量问题，本社销售中心负责调换。

定　　价：35.00 元　　　　　　　　　　　　　　　　　　　　版权所有　违者必究

《无机及分析化学》编写组成员

主　　编：范文秀　侯振雨　牛红英
副 主 编：王天喜　赵　宁　刘善芹　王新生　郝海玲
参编人员：（按姓名汉语拼音排序）
　　　　　陈　娜　段凌瑶　范淑敏　李　英　李元超
　　　　　刘　露　曲　黎　汤　波　杨晓迅　俞　露

前言

《无机及分析化学》是河南科技学院承担的教育部"农科类卓越中等职业学校教师培养改革与实践"项目的配套教材,在编写过程中力求体现职教师资培养的教学改革成果,突出高等职业技术师范教育的特点。本书将无机化学和分析化学课程进行优化、整合,避免了知识的重复。在保证知识体系完整性的条件下,使内容更加适应高等职业技术师范教育层次的学生使用,在编写过程中以理论知识管用、够用和实用为原则,力求深入浅出,使之更适合当前卓越中职教师培养的特点和实际需求,为后续学习专业基础课、专业课以及未来培养岗位职业能力打下坚实的基础。

全书以分析化学知识为主线、无机化学知识够用为度,特色鲜明。教材突出理论与实践相结合的原则,适合农科类专业卓越教师培养的要求。在编写过程中,特别注重突出以下几个方面的特色。

1. 改进教学体系,将无机化学和分析化学知识进行整合,注重知识体系的完整性,突出为专业基础课、专业课服务的特点。

2. 在总结多年教学经验的基础上,将无机及分析化学的基本内容精简,删除过多过深的理论和繁琐的计算。教材中用 * 标注的理论知识可依据实际情况进行选择性教学,有一定的灵活性,适应不同学时的需求。

3. 教材内容的深广度适中,注重基本概念和基本理论教学。力求重点突出、概念准确、语言简练,方便学生自学。

4. 将无机化学中的基础知识和分析化学的四大滴定相结合,满足了农科类专业对分析化学知识的需求。

5. 教材中每章都附有知识阅读,能够提高学生学习化学的兴趣,同时对化学学科前沿知识有所了解。

6. 教材中每章都附有不同类型的习题,可帮助学生对所学内容进行自我评价和检测。

全书共分10章,具体的编写分工是:绪论,范文秀、郝海玲负责;第一章,河南科技学院新科学院的王新生负责;第二章,陈娜、俞露负责;第三章,牛红英、李英负责;第四章,牛红英、李元超负责;第五章,刘善芹、侯振雨负责;第六章,刘善芹、刘露负责;第七章,赵宁、段凌瑶负责;第八章,王天喜、汤波负责;第九章,赵宁、杨晓迅负责；第十章，范淑敏和河南科技学院新科学院的曲黎负责；附录由范文秀、侯振雨、范淑敏负责。本书主编为范文秀、侯振雨、牛红英，副主编为王天喜、赵宁、刘善芹、王新生、郝海玲。全书由主编共同审阅和定稿。

本书在编写过程中，得到河南科技学院农科类卓越中等职业学校教师培养改革与实践项目组的大力支持，河南科技学院化学化工学院张裕平教授、冯喜兰教授，动物科技学院陈金山教授，资环学院吴大付教授，生命科技学院的常景玲教授，园艺园林学院的李新峥教授等对章节的安排和内容的取舍与设置都提出了宝贵的意见，河南科技学院教务处长郭运瑞教授和副处长赵新亮副教授对本教材的出版给予了大力的支持和帮助，在此致以衷心的感谢。

书中不妥和疏漏之处，敬请批评指正。

编　者

2017 年 6 月

目 录

绪论 /1

一、化学是 21 世纪的中心学科 …………… 1
二、化学研究的对象及其作用 …………… 2
三、无机及分析化学课程的性质和任务 …… 3
四、无机及分析化学的学习方法 …………… 4

第一章　化学基本概念与基本计算 /5

第一节　物质的分类及相互反应 …………… 5
　一、无机物的分类 ………………………… 5
　二、无机反应类型 ………………………… 7
　三、无机物之间的关系 …………………… 8
第二节　物质的量、摩尔质量和气体摩尔体积
　　　　及有关计算 ………………………… 9
　一、基本概念 ……………………………… 9
　二、有关离子方程式的计算 ……………… 11
知识阅读　摩尔的发展历程 ………………… 12
习题 …………………………………………… 13

第二章　溶液和胶体 /16

第一节　溶液 ………………………………… 16
　一、分散系 ………………………………… 16
　二、溶液 …………………………………… 17
第二节　稀溶液的依数性 …………………… 19
　一、电解质溶液 …………………………… 19
　二、非电解质稀溶液的依数性 …………… 20
第三节　胶体 ………………………………… 25
　一、胶团结构 ……………………………… 25
　二、胶体的性质 …………………………… 26
　三、溶胶的稳定性和聚沉 ………………… 28
　四、高分子溶液 …………………………… 28
第四节　乳浊液与悬浮液 …………………… 29
知识阅读　反渗透技术的由来 ……………… 29
习题 …………………………………………… 30

第三章　化学反应速率和化学平衡 /31

第一节　化学反应速率 ……………………… 31
　一、化学反应速率及其表示方法 ………… 31
　二、影响化学反应速率的因素 …………… 33
第二节　化学平衡 …………………………… 35

一、可逆反应与化学平衡 ………… 35
二、化学平衡常数 ………… 35
第三节 化学平衡的移动 ………… 38
一、影响化学平衡的因素 ………… 38
二、勒夏特列（Le Chatelier）原理 ………… 39
知识阅读 石墨烯简介 ………… 39
习题 ………… 40

第四章 定量分析基础 /42

第一节 分析化学简介 ………… 42
一、分析方法的分类 ………… 42
二、定量分析的一般程序 ………… 43
第二节 定量分析中的误差 ………… 44
一、误差的分类 ………… 44
二、准确度和精密度 ………… 45
三、提高分析结果准确度的方法 ………… 47
第三节 分析数据的记录与处理 ………… 48
一、有效数字及其运算规则 ………… 48
二、可疑值的取舍 ………… 50
第四节 滴定分析概述 ………… 51
一、滴定分析方法的原理 ………… 51
二、滴定分析的方法和方式 ………… 51
三、标准溶液 ………… 52
四、滴定分析法的计算 ………… 54
知识阅读 化学试剂的一般知识 ………… 56
习题 ………… 56

第五章 酸碱平衡与酸碱滴定法 /59

第一节 酸碱质子理论 ………… 59
一、酸碱质子理论 ………… 59
二、溶液的酸碱性 ………… 60
三、酸碱指示剂 ………… 61
第二节 酸碱平衡 ………… 63
一、一元弱酸（碱）的解离平衡 ………… 63
二、多元弱酸（碱）的解离平衡及 pH 的计算 ………… 65
三、水溶液中共轭酸碱对 K_a 与 K_b 的关系 ………… 66
四、同离子效应和缓冲溶液 ………… 67
第三节 酸碱滴定法及应用 ………… 70
一、强碱（酸）滴定强酸（碱） ………… 70
二、强碱（酸）滴定一元弱酸（碱） ………… 72
三、酸碱滴定法的应用 ………… 75
知识阅读 食物的酸碱性与人体健康 ………… 78
习题 ………… 78

第六章 沉淀溶解平衡和沉淀滴定法 /80

第一节 沉淀溶解平衡 ………… 80
一、溶解度和溶度积 ………… 80
二、溶度积规则及其应用 ………… 81
三、沉淀溶解平衡的移动 ………… 81
四、分步沉淀 ………… 82
五、沉淀的转化 ………… 83
第二节 沉淀滴定法及应用 ………… 84
一、沉淀滴定法概述 ………… 84
二、沉淀滴定法及指示剂的选择 ………… 84
三、标准溶液的配制与标定 ………… 87
四、银量法应用示例 ………… 87
知识阅读 含氟牙膏 ………… 88
习题 ………… 88

第七章 氧化还原平衡和氧化还原滴定法 /91

第一节 氧化还原反应 ………… 91
一、氧化还原反应的基本概念 ………… 91

二、氧化还原电对和氧化还原半反应的
　　配平 …………………………………… 93
第二节　原电池与电极电势 ……………… 94
　　一、原电池 ……………………………… 94
　　二、电极电势 …………………………… 95
　　三、能斯特方程式和影响电极电势的因素 … 97
　　四、电极电势的应用 …………………… 99
第三节　氧化还原滴定法及应用 ………… 100
　　一、氧化还原滴定法的特点 …………… 100
　　二、氧化还原指示剂 …………………… 100
　　三、常见的氧化还原滴定法 …………… 101
知识阅读　水果电池 ……………………… 105
习题 ………………………………………… 105

第八章　配位平衡与配位滴定法/108

第一节　配位化合物 ……………………… 108
　　一、配位化合物的定义及其组成 ……… 108
　　二、配位化合物的命名 ………………… 109
　　三、螯合物 ……………………………… 110
第二节　配合物的配位解离平衡及影响
　　　　因素 ……………………………… 111
　　一、配合物的配位解离平衡 …………… 111
　　二、影响配合物稳定性的因素 ………… 112
第三节　配位滴定法及应用 ……………… 113
　　一、概述 ………………………………… 113
　　二、配位滴定曲线 ……………………… 114
　　三、金属指示剂 ………………………… 115
　　四、配位滴定法 ………………………… 117
知识阅读　配合物的发展及应用 ………… 118
习题 ………………………………………… 119

第九章　物质结构基础/121

第一节　原子结构基础 …………………… 121
　　一、原子核外电子的运动特征 ………… 121
　　二、原子核外电子的运动状态 ………… 122
　　三、原子核外的电子排布 ……………… 125
　　四、原子性质的周期性 ………………… 128
第二节　分子结构基础 …………………… 130
　　一、离子键 ……………………………… 130
　　二、共价键 ……………………………… 131
　　三、杂化轨道理论 ……………………… 134
　　四、分子间力和氢键 …………………… 135
第三节　重要的生命元素 ………………… 138
　　一、生命元素的组成 …………………… 138
　　二、生命元素在周期表中的分布及其生
　　　　物效应 …………………………… 138
　　三、有害元素 …………………………… 140
知识阅读　绿色化学简介 ………………… 141
习题 ………………………………………… 142

第十章　现代仪器分析法/145

第一节　吸光光度法 ……………………… 145
　　一、光的性质 …………………………… 145
　　二、光吸收定律 ………………………… 147
　　三、分光光度法 ………………………… 148
　　四、分光光度法分析条件的选择 ……… 152
　　五、吸光光度法的应用 ………………… 152
第二节　原子吸收分光光度法 …………… 153
　　一、原子吸收分光光度法的基本原理 … 153
　　二、原子吸收分光光度计 ……………… 153
　　三、原子吸收分光光度法测定的定量分析
　　　　方法 ……………………………… 155
　　四、原子吸收分光光度法的应用 ……… 156
第三节　荧光分析法 ……………………… 156
　　一、分子荧光法的基本原理 …………… 156
　　二、荧光分析法的应用 ………………… 157
第四节　色谱分析法 ……………………… 157
　　一、色谱分析法的基本原理 …………… 158
　　二、气相色谱法 ………………………… 159
　　三、液相色谱法 ………………………… 160
　　四、色谱分析法的应用 ………………… 160

知识阅读　兴奋剂检测 …………………… 161　　习题 ………………………………………… 162

附录/164

附录1　国际原子量表 …………………… 164　　　　K_{sp}（298K）…………………………… 167
附录2　常见化合物的摩尔质量 ………… 165　　附录5　标准电极电势（298K）………… 168
附录3　弱酸、弱碱的解离平衡常数 K …… 167　　附录6　常见配离子的稳定常数
附录4　常见难溶电解质的溶度积　　　　　　　　　　K_f（298K）…………………………… 169

参考文献/170

绪 论

一、化学是 21 世纪的中心学科

化学是一门中心科学，化学与信息、生命、材料、环境、能源、地学、空间和核科学等八大朝阳科学（sun-rise sciences）有非常密切的联系，产生了许多重要的交叉学科，但化学作为中心学科的形象反而被其交叉学科的巨大成就所埋没。

（1）化学是一门承上启下的中心科学。科学可按照它的研究对象由简单到复杂的程度分为上游、中游和下游。数学、物理学是上游，化学是中游，生命、材料、环境等朝阳科学是下游。上游科学研究的对象比较简单，但研究的深度很深。下游科学的研究对象比较复杂，除了用本门科学的方法以外，如果借用上游科学的理论和方法，往往可事半功倍。化学是中心科学，是从上游到下游的必经之地，永远不会像有些人估计的那样将要在物理学与生物学的夹缝中逐渐消亡。

（2）化学又是一门社会迫切需要的中心科学，与我们的衣、食、住（建材、家具）、行（汽车、道路）都有非常紧密的联系。我国高分子化学家胡亚东教授最近发表文章指出：高分子化学的发展使我们的生活基本被高分子产品所包围，化学又为前述八大朝阳科学提供了必需的物质基础。

（3）化学是与信息、生命、材料、环境、能源、地学、空间和核科学等八大朝阳科学都有紧密的联系、交叉和渗透的中心科学。化学与八大朝阳科学之间产生了许多重要的交叉学科，但化学家非常谦虚，在交叉学科中放弃冠名权，例如"生物化学"被称为"分子生物学"，"生物大分子的结构化学"被称为"结构生物学"，"生物大分子的物理化学"被称为"生物物理学"，"固体化学"被称为"凝聚态物理学"，溶液理论、胶体化学被称为"软物质物理学"，"量子化学"被称为"原子分子物理学"等。又如人类基因计划的主要内容之一实际上是基因测序的分析化学和凝胶色层等分离化学，但社会上只知道基因学，看不到化学家在其中有什么作用，再如分子晶体管、分子芯片、分子马达、分子导线、分子计算机等都是化学家开始研究的，但开创这方面研究的化学家却不提出"化学器件学"这一新名词，而微电子学专家马上看出这些研究的发展远景，将其称之为"分子电子学"。又如化学家合成了巴基球 C_{60}，于 1996 年被授予诺贝尔化学奖，后来化学家又做了大量研究工作，合成了碳纳米管。但是许多由这一发明所带来的研究被人们当作应用物理学或纳米科学的贡献。

内行人知道分子生物学正是生物化学的发展，在这个交叉领域里化学家与生物学家共同奋斗，把科学推向前进，但在中学生或外行看来，"分子生物学"中"化学"一词消失了，觉得化学的领域越来越小，几乎要在生物学与物理学的夹缝中消亡。

化学作为一门中心科学已经渗透到各个领域，从水泥陶瓷、塑料橡胶、合成纤维，一直到医药、日用化妆品等都概莫能外，举几个目前研究热点的方向简单介绍一下。

精细化工：这或许是化学最贴近生活的方面之一，而且也是很多化学工作者致力的领域，我们日常的牙膏、化妆品、洗衣粉等的研发均属于这个范围，很多大型企业如高露洁、强生、联合利华、宝洁、欧莱雅、杜邦等都很愿意选择具有化学知识的同学，这个领域的人才需求量较大，每年都有不少具备化学知识的同学进入。

生物领域：21世纪是生命科学的时代，很多重大课题都是围绕生物展开的，然而生命科学的本质是化学，哈佛大学化学系教授Whitesides曾说："如果你想想生物学中所发生的事情，你会发现其中的许多部分非常依赖于化学的发展。"如今的生物已经从宏观深入到微观，如何了解在分子层次发生的反应成为我们深入认知生命现象的关键，因为化学研究的对象就是分子和化学反应，所以化学在其中是中坚力量，具有良好化学背景的人可以在生物领域游刃有余。

医药领域：在人们健康要求日益提高的今天，开发新的药物是化学工作者的责任，随着有机化学的高速发展，人们在合成方面的技术有质的飞跃，已能有效地使合成反应在化学选择性、区域选择性和立体选择性方面大大提高，这些都为新药的研究提供了机会。

材料领域：随着人们对不同材料要求的提高，功能材料的发展将会获得更多的机遇。其中，无机、有机或无机复合有机，都有大显身手的机遇，尤其在制备特定用途的材料过程中，化学更将显示其强大的合成能力。

环境领域：环境问题是当今世界的一大重要课题，环境监测和控制的技术和人才备受重视，而这其中应用的核心技术则是通过各种分析化学的手段（如色谱分离技术）了解环境问题的原因，同时提出解决方案，化学在这个领域会有更多的发展空间。

二、化学研究的对象及其作用

化学是在原子和分子水平上研究物质的组成、结构、性质、变化以及变化过程中的能量关系的学科。它所研究的物质不仅包括自然界已经存在的物质，也包括人类创造的新物质。

单质的分子是由相同的原子组成，化合物的分子则是由不同的原子组成。原子既然可以结合成分子，原子之间必然存在着相互作用，这种相互作用不仅存在于直接相邻的原子之间，而且也存在于分子内非直接相邻的原子之间。前一种相互作用比较强烈，破坏它要消耗比较大的能量，是使原子互相作用而联结成分子的主要因素。这种相邻的两个或多个原子之间强烈的相互作用，通常叫做化学键。

无论是单质还是化合物都不是静止不动的，而是处于不断的运动之中。这种运动不仅包含其内部原子、分子的运动，也包含其在外界条件的作用下，自身结构和性质的变化。按物质变化的特点可将变化分为两种类型，一类变化不产生新物质，仅是物质的状态发生改变，如水的结冰、碘的升华等，这类变化称为物理变化；另一类变化为化学变化，它使物质的组成和结合方式发生改变，导致与原物质性质完全不同的新物质的生成，如钢铁生锈、煤炭燃烧、食物腐败等。

化学研究的主要内容是物质的化学变化。其基本特征如下：

（1）化学变化是物质内部结构发生质变的变化，化学变化的实质是旧的化学键断裂和新的化学键形成，产生新物质，涉及原子结构和分子结构等知识。

（2）化学变化是定量的变化，即化学变化前后物质的总质量不变，服从质量守恒定律，参与化学反应的各种物质之间有确定的计量关系，为被测组分的定量分析奠定了基础。

（3）化学变化中伴随着能量的变化。在化学键重新组合的过程中，伴随着能量的吸收和放出，涉及化学热力学的基本理论。

化学按其研究对象和研究目的的不同，常分为无机化学、有机化学、分析化学、物理化学、结构化学等分支学科。随着科学技术的进步和生产力的发展，学科之间的相互渗透日益增强，化学已经渗透到农业、生物学、药学、环境科学、计算机科学、工程学、地质学、物理学、冶金学等很多领域，形成了许多应用化学的新分支和边缘学科，如农业化学、生物化学、医药化学、环境化学、地球化学、海洋化学、材料化学、计算化学、核化学、激光化学、高分子化学等。不难看出，化学在各学科的发展中处于中心的地位，化学学科的发展直接影响着上述学科的发展。因此，化学科学的发展，不仅与人类生存的衣、食、住、行有关，而且也和人类发展所遇到的能源、材料、信息、环保、医药卫生、资源合理利用、国防等密切相关。如性能优良的人造纤维和化学染料的使用，使人们的衣着五彩缤纷；各种化肥、农药、土壤改良剂、植物生长调节剂、饲料添加剂、食品保鲜剂等化学制剂的研制、开发和生产，解决了人们赖以生存的粮食问题；钢铁、水泥、玻璃、陶瓷、涂料和高分子材料的使用，使人们的住、行条件得到了较大的改善；石油工业的发展使机械和交通工具的正常运行得到了保障；各种医药制品、化验试剂和检测手段的研制开发，为环境保护、疾病诊断、人类健康提供了可靠保证；高能燃料、高强度的外壳和耐高温材料，使卫星、飞船、航天飞机能够翱翔太空；各种自然资源的成分检测、各种产品的质量检验均离不开化学科学。因此，化学在人类发展进步和生存条件改善中起着非常重要的作用。

三、无机及分析化学课程的性质和任务

在化学的各门分支学科中，无机化学是研究所有元素的单质和化合物（碳氢化合物及其衍生物除外）的组成、结构、性质和反应规律的学科；分析化学是研究物质组成成分及其含量的测定原理、测定方法和操作技术的学科。无机及分析化学课程是对无机化学（或普通化学）和分析化学两门课程的基本理论、基本知识进行优化组合、有机整合而成的一门新课程，而不是化学学科发展的一门分支学科。

高等学校的食品科学类、动物养殖类、植物生产类、生物技术类、水产类、药学类、环境生态类、动物医学类、医学卫生类、材料科学类等相关专业的课程与化学有着不可分割的联系。如生物化学课程要求掌握生物体的化学组成和性质，以及这些物质在生命中的化学变化和能量转换，这就需要化学反应的基本原理作为基础；生理学课程要求掌握生物体的新陈代谢作用，生物体内的酸碱平衡以及各种代谢平衡，这些平衡都是以化学平衡理论为基础的；土壤学要求掌握土壤的组成、性质和改良方法等内容，这就需要掌握元素的性质和化学反应的基本原理；又如食品科学类专业的食品分析课程，环境生态类专业的环境分析课程，动物养殖类专业的饲料分析课程，材料科学类专业的材料分析检测技术课程，法医学专业的法医毒物分析课程等，这些课程的学习都需要分析化学的基础理论和基本方法。因此，无机及分析化学是高等学校材料类、环境类、农林类、生物类和医学类等专业一门重要的必修基础课。

无机及分析化学课程的主要任务是：通过本课程学习，掌握与农林科学、生物科学、环境科学、材料科学、食品科学等有关的化学基础理论、基本知识与技能；在学习分散系的基础知识上，重点掌握溶液度量的方法，化学反应的基本原理，四大化学平衡理论，滴定分析的基本理论与方法，建立准确的"量"的概念；了解这些理论、知识和技能在专业中的应用，为学生参与和掌握资源综合利用、能源工程、土壤普查、农作物营养诊断、生态农业、配方施肥、优良品种选育、化肥与农药的检验及残留量检测、农副产品质量检验及深加工、水质分析、环境保护和污染综合治理、动植物检疫、食品新资源的开发、动物营养及饲料添加剂生产等问题的研究提供牢固的化学基础，培养学生分析问题和解决实际问题的能力，为后继课程的进一步学习奠定良好的理论和实验基础。

四、无机及分析化学的学习方法

无机及分析化学课程包含了无机化学和分析化学两个分支的基础内容，科学、系统、简明地阐述无机化学和分析化学的基本概念、基本理论和应用性知识。无机化学部分主要介绍化学基础理论和溶液中的离子反应，分析化学部分主要介绍定量分析的基本理论及误差和分析数据的处理等。

无机及分析化学课程是高等农林院校各相应专业一年级开设的第一门化学基础课。许多后续课程，如有机化学、物理化学、仪器分析、环境化学、环境监测、生物化学、土壤学、植物化学、食品化学和林产品加工分析等都要用到本课程的原理和方法。那么，如何学好这门课程呢？

（1）学会思考。在遇到某一问题时，首先注意问题是怎样提出的，用什么办法解决？借助那些理论或实验？该问题具有什么实际意义？

（2）掌握重点，突破难点。明确各章教学的基本要求，根据"掌握"、"理解"、"了解"等不同层次，以及老师讲解上是否反复强调或多次重复的问题，分清轻重主次，合理安排学习或复习的时间。凡属重点一定要学懂学通，融会贯通；对难点要做具体分析，有的难点亦是重点，有的难点并非重点。

（3）学习中注意让"点的记忆"汇成"线的记忆"。对课程的基本理论、基本知识要反复理解与应用，在理解中进行记忆，通过归纳，寻找联系，由"点的记忆"汇成"线的记忆"。对于课堂上以及教材上的例题，侧重理解解题的思路与方法，努力做到举一反三。

（4）着重培养自学能力，初步学会如何获取信息与知识。学会充分利用图书馆、资料室以及校园网，通过适当参阅有关参考书或参考资料，帮助自己更深刻地理解并掌握所学的知识。

（5）无机及分析化学是实验科学，理论来源于实践，又服务于实践，无机及分析化学实验是理解和巩固理论知识的重要手段。所以，在学习中应该掌握实验基本操作技能，培养实事求是的科学态度、耐心细致的工作作风。要特别注意善于发现问题，努力培养自己分析问题、解决问题的能力。

（6）了解一些化学史。化学在其形成、发展过程中，有无数前辈为此付出了辛勤的劳动，做出了巨大的贡献，他们成功的经验与失败的教训值得我们借鉴。

第一章 化学基本概念与基本计算

■【知识目标】
1. 掌握物质的分类及各类物质的概念。
2. 明确物质之间发生的化学反应。
3. 掌握物质的量及与物质的量有关的各种计算。
4. 能正确书写离子方程式。

■【能力目标】
1. 熟练掌握气体摩尔体积、物质的量和物质的量浓度的有关计算。
2. 熟练掌握有关离子方程式的计算。

第一节 物质的分类及相互反应

一、无机物的分类

物质之间的化学反应是化工生产和实验的基础。通过回顾物质的组成和分类，我们可以学习各类物质的性质。本节只复习简单的无机物，并在物质结构的章节中将介绍各族元素。无机物的分类如图 1-1 所示。

1. 单质

由同种元素组成的纯净物叫单质。例如氢气（H_2）、汞（Hg）、石墨（C）等都属于单质。单质可分为以下几类。

（1）金属　由金属元素组成的单质叫金属。各种金属的活泼性不相同，它们的活动性顺序如下：

$$\underrightarrow{\text{K Ca Na Mg Al Zn Fe Sn Pb （H） Cu Hg Ag Pt Au}}$$
金属活泼性减弱　　　单质的还原性减弱

（2）非金属　在常温常压下，由非金属元素组成的单质被称为非金属。在常温常压下非金属的状态不同，分子组成也不相同。常见非金属按物质状态举例如下。

① 气体　氢气（H_2）、氧气（O_2）、氮气（N_2）、氯气（Cl_2）、臭氧（O_3）等。

② 固体　石墨（C）、硫（S）、碘（I_2）等。

③ 液体　溴（Br_2）等。

（3）稀有气体　稀有气体有氦（He）、氖（Ne）、氩（Ar）、氪（Kr）、氙（Xe）、氡（Rn）。

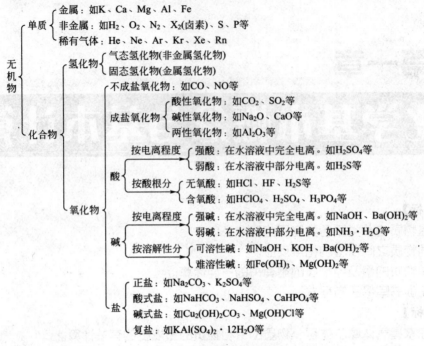

图 1-1 无机物的分类

2. 化合物

由不同种元素组成的纯净物叫化合物。例如水（H_2O）、二氧化碳（CO_2）、盐酸（HCl）、氢氧化钠（NaOH）、碳酸钙（$CaCO_3$）等。

(1) **氧化物** 由氧元素和另外一种元素组成的化合物叫作氧化物，例如氧化镁（MgO）、三氧化硫（SO_3）等。根据性质可将氧化物分为以下几类。

① **酸性氧化物** 能与碱起反应，生成盐和水的氧化物叫作酸性氧化物。例如，二氧化碳与氢氧化钠反应生成碳酸钠和水：

$$CO_2 + 2NaOH = Na_2CO_3 + H_2O$$

非金属氧化物大多数是酸性氧化物。

② **碱性氧化物** 能与酸反应，只生成盐和水的氧化物叫作碱性氧化物。例如，氧化钙与硫酸反应生成硫酸钙和水：

$$CaO + H_2SO_4 = CaSO_4 + H_2O$$

金属氧化物大多数是碱性氧化物。

③ **两性氧化物** 既能跟酸反应生成盐和水，又能跟碱反应生成盐和水的氧化物叫作两性氧化物。例如：

$$Al_2O_3 + 6HCl = 2AlCl_3 + 3H_2O$$
$$Al_2O_3 + 2NaOH = \underset{\text{偏铝酸钠}}{2NaAlO_2} + H_2O$$

④ **不成盐氧化物** 既不能跟酸反应生成盐和水，又不能跟碱反应生成盐和水的氧化物叫不成盐氧化物，例如 CO、NO 等。

(2) **酸** 在水溶液中，解离时生成的阳离子全部是氢离子的化合物叫作酸。根据酸的解离程度，可将酸分为强酸和弱酸。

① **强酸** 在水溶液中完全解离的酸是强酸，例如 H_2SO_4、HNO_3、HCl 等。H_2SO_4 与

HCl 的解离方程为：

$$H_2SO_4 \rightleftharpoons 2H^+ + SO_4^{2-}$$

$$HCl \rightleftharpoons H^+ + Cl^-$$

② 弱酸　在水溶液中，部分解离的酸叫作弱酸，例如 CH_3COOH、$HClO$、H_2CO_3 等。部分弱酸的解离方程式为：

$$CH_3COOH \rightleftharpoons H^+ + CH_3COO^-$$

$$HClO \rightleftharpoons H^+ + ClO^-$$

（3）碱　在水溶液中，解离时生成的阴离子全部是氢氧根离子的化合物叫作碱。

① 强碱　在水溶液中完全解离的碱是强碱，例如 $NaOH$、KOH、$Ba(OH)_2$ 等。部分强碱的解离方程式为：

$$NaOH \rightleftharpoons Na^+ + OH^-$$

$$Ba(OH)_2 \rightleftharpoons Ba^{2+} + 2OH^-$$

② 弱碱　在水溶液中部分解离的碱是弱碱，例如弱碱 $NH_3 \cdot H_2O$ 的解离方程式为：

$$NH_3 \cdot H_2O \rightleftharpoons NH_4^+ + OH^-$$

（4）盐　由金属离子或 NH_4^+ 等离子和酸根离子组成的化合物叫作盐。

① 正盐　既不含可以解离的氢离子，又不含氢氧根的盐叫作正盐。或者说正盐是酸跟碱完全中和的产物，例如 Na_2CO_3、K_2SO_4 等。Na_2CO_3 的解离方程式为：

$$Na_2CO_3 \rightleftharpoons 2Na^+ + CO_3^{2-}$$

② 酸式盐　由金属等阳离子和含有可以解离的氢离子的酸根所组成的盐叫作酸式盐。例如，碳酸氢钠（$NaHCO_3$）、硫酸氢钠（$NaHSO_4$）、磷酸一氢钙（$CaHPO_4$）等。相关的解离方程式为：

$$NaHCO_3 \rightleftharpoons Na^+ + HCO_3^-$$

$$NaHSO_4 \rightleftharpoons Na^+ + HSO_4^-$$

$$HSO_4^- \rightleftharpoons H^+ + SO_4^{2-}$$

$$NaHSO_4 \rightleftharpoons Na^+ + H^+ + SO_4^{2-}$$

③ 碱式盐　除金属等阳离子和酸根以外，还含有一个或几个氢氧根的盐叫作碱式盐。例如碱式碳酸铜 $[Cu_2(OH)_2CO_3]$、碱式氯化镁 $[Mg(OH)Cl]$ 等。

④ 复盐　由两种或两种以上的简单盐所组成的化合物叫作复盐。复盐通常含有两种或两种以上阳离子和一种阴离子。在溶于水后，复盐能解离出简单盐所具有的离子，例如硫酸铝钾即明矾 $[KAl(SO_4)_2] \cdot 12H_2O$ 等，它的解离方程为：

$$KAl(SO_4)_2 \rightleftharpoons K^+ + Al^{3+} + 2SO_4^{2-}$$

二、无机反应类型

1. 无机反应按形式分类

无机物的反应按形式分类有以下 4 种类型。

（1）化合反应　由两种或两种以上的物质生成另一种物质的反应叫作化合反应。例如：

$$2Fe + 3Cl_2 \xrightarrow{\triangle} 2FeCl_3$$

$$CaO + CO_2 \rightleftharpoons CaCO_3$$

$$Na_2CO_3 + CO_2 + H_2O \rightleftharpoons 2NaHCO_3$$

（2）分解反应　由一种物质生成两种或两种以上其他物质的反应叫作分解反应。例如：

$$2KClO_3 \xrightarrow[\triangle]{MnO_2} 2KCl + 3O_2$$

$$NH_4HCO_3 \xrightarrow{\triangle} NH_3\uparrow + H_2O + CO_2\uparrow$$

(3) 置换反应　由一种单质和一种化合物反应,生成另一种单质和另一种化合物的反应叫作置换反应。例如:

$$CuSO_4 + Fe = FeSO_4 + Cu$$
$$2NaBr + Cl_2 = 2NaCl + Br_2$$

(4) 复分解反应　由两种化合物互相交换成分,生成另外两种化合物的反应叫作复分解反应。例如:

$$NaOH + HCl = NaCl + H_2O$$
$$H_2SO_4 + BaCl_2 = BaSO_4\downarrow + 2HCl$$
$$CaCO_3 + 2HCl = CaCl_2 + H_2O + CO_2\uparrow$$

复分解反应以产物中有无气体、沉淀或弱电解质(如水)生成,来判断是否发生。

2. 无机反应根据本质分类

(1) 非氧化还原反应　非氧化还原反应为在参加反应的各物质中,元素的化合价(氧化数)在反应前后没有变化的反应。

(2) 氧化还原反应　氧化还原反应为在参加反应的各物质中,元素的化合价(氧化数)在反应前后发生变化的反应。

无机反应的形式和本质的关系为:所有的置换反应都是氧化还原反应;有单质参加或生成的化合反应、分解反应一定是氧化还原反应;所有的复分解反应都是非氧化还原反应。

三、无机物之间的关系

无机物之间的关系如图 1-2 所示。

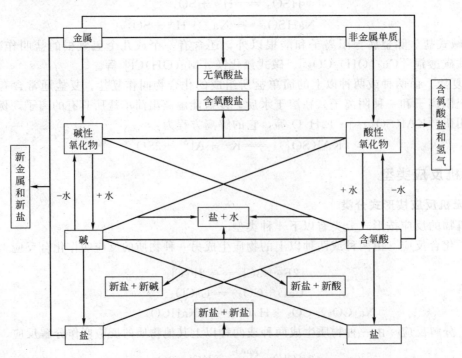

图 1-2　无机物之间的关系

第二节　物质的量、摩尔质量和气体摩尔体积及有关计算

一、基本概念

1. 摩尔

摩尔是表示物质的量的单位。若某物质含有 6.02×10^{23} 个某种微粒（或基本单元）（微粒可以是分子、原子、离子、电子以及其他基本粒子中的某一种），则该物质的物质的量是 1mol。在使用摩尔时，必须指明是何种微粒（基本单元）。

1mol 任何粒子所含有的粒子数（或基本单元）叫作阿伏伽德罗常数，符号为 N_A，通常用 $6.02\times10^{23}\mathrm{mol}^{-1}$ 这个近似值。

$$n=\frac{N}{N_A} \qquad (1-1)$$

式中　n——物质的量，mol；
　　　N——物质所含的微粒数；
　　　N_A——$(6.0221376\pm0.0000036)\times10^{23}\mathrm{mol}^{-1}$，近似值为 $6.02\times10^{23}\mathrm{mol}^{-1}$。

2. 摩尔质量

1mol 物质的质量被称为摩尔质量。如果某种物质是由原子（分子）组成的，那么这种物质的摩尔质量就是 6.02×10^{23} 个原子（分子）的质量，并在数值上等于原子量或分子量，单位为 $\mathrm{g\cdot mol^{-1}}$ 或 $\mathrm{kg\cdot mol^{-1}}$。各种元素的原子量和常见化合物的摩尔质量分别见附录1和附录2，例如，Na 的原子量是 23.00，Na 的摩尔质量为 $23.00\mathrm{g\cdot mol^{-1}}$，NaCl 的摩尔质量为 $58.44\mathrm{g\cdot mol^{-1}}$。

物质的量与摩尔质量的关系为：

$$n=\frac{m}{M} \qquad (1-2)$$

式中　n——物质的量，mol；
　　　m——物质的质量，g、kg；
　　　M——物质的摩尔质量，$\mathrm{g\cdot mol^{-1}}$ 或 $\mathrm{kg\cdot mol^{-1}}$。

3. 气体的摩尔体积

在标准状态（0℃、$1.01\times10^5\mathrm{Pa}$）下，1mol 任何气体所占的体积都约为 22.4L，叫作标准状态时气体的摩尔体积，记为 $22.4\mathrm{L\cdot mol^{-1}}$。物质的量与摩尔体积的关系为：

$$n=\frac{V}{V_m} \qquad (1-3)$$

式中　n——物质的量，mol；
　　　V——在标准状态下气体的体积，L；
　　　V_m——在标准状态下气体的摩尔体积，$V_m=22.4\mathrm{L\cdot mol^{-1}}$。

4. 物质的量浓度

用 1L 溶液中所含溶质的物质的量来表示的溶液浓度，被称为物质的量浓度，简称浓度。溶质 B 的物质的量浓度用 c_B 表示，单位是 $\mathrm{mol\cdot L^{-1}}$，并表示为：

$$c_B=\frac{n_B}{V} \qquad (1-4)$$

式中　c_B——溶质 B 的物质的量浓度，$\mathrm{mol\cdot L^{-1}}$；

n_B——溶质 B 的物质的量，mol；

V——溶液的体积，L。

5. 与物质的量有关的计算

（1）已知溶液的体积、溶质的质量，求溶液的物质的量浓度。

例 1-1 用 28gKOH 配成 250mL 溶液，求溶液的物质的量浓度。

解：溶质 KOH 的物质的量为：

$$n(KOH) = \frac{m(KOH)}{M(KOH)} = \frac{28}{56} = 0.5(mol)$$

KOH 溶液的浓度为：

$$c(KOH) = \frac{n(KOH)}{V} = \frac{0.5}{0.25} = 2(mol \cdot L^{-1})$$

答：该溶液的 KOH 的浓度为 $2 mol \cdot L^{-1}$。

（2）已知溶液的物质的量浓度，求在一定体积的溶液中溶质的质量。

例 1-2 配制 500mL $0.4 mol \cdot L^{-1}$ NaOH 溶液，需要 NaOH 的质量是多少？

解：在 500mL $0.4 mol \cdot L^{-1}$ NaOH 溶液中，NaOH 物质的量为：

$$n(NaOH) = c(NaOH)V = 0.4 \times 0.5 = 0.2(mol)$$

0.2mol NaOH 的质量为：

$$m(NaOH) = n(NaOH)M(NaOH) = 0.2 \times 40 = 8(g)$$

答：需要 8g NaOH。

（3）溶液中溶质的质量分数 w 与溶质的物质的量浓度 c_B 的换算。两种浓度换算的依据是，首先计算 1L（即 1000mL）溶液中溶质的质量，再用质量除以摩尔质量得到溶质的物质的量，最后除以溶液的体积（1L）。经变换得到下式：

$$c_B = \frac{1000 \rho w}{M_B} \tag{1-5}$$

式中　c_B——溶质的物质的量浓度，$mol \cdot L^{-1}$；

　　　M_B——溶质的摩尔质量，$g \cdot mol^{-1}$；

　　　w——溶质的质量分数；

　　　ρ——溶液的密度，$g \cdot mL^{-1}$。

例 1-3 已知 H_2SO_4 的质量分数为 35%，密度为 $1.24 g \cdot mL^{-1}$，求 H_2SO_4 的物质的量浓度。

解：H_2SO_4 溶液的物质的量浓度为：

$$c(H_2SO_4) = \frac{1000 \times 1.24 \times 0.35}{98} = 4.4(mol \cdot L^{-1})$$

答：该 H_2SO_4 的物质的量浓度为 $4.4 mol \cdot L^{-1}$。

（4）一定物质的量浓度溶液的稀释。在稀释前后溶液的体积变化，但溶液中溶质的物质的量不变。前后关系可表示为：

$$c_1 V_1 = c_2 V_2$$

式中　c_1——稀释前溶质的物质的量浓度，$mol \cdot L^{-1}$；

　　　V_1——稀释前溶液的体积，L 或 mL；

　　　c_2——稀释后溶质的物质的量浓度，$mol \cdot L^{-1}$；

　　　V_2——稀释后溶液的体积，L 或 mL。

例 1-4 实验室常用的 65% 的稀硝酸的密度为 $1.4 g \cdot mL^{-1}$。计算该溶液中 HNO_3 的物质的量浓度。若要配制 3mol·L^{-1} 的稀硝酸 100mL，则需要多少体积的这种浓硝酸？

解：
$$c(HNO_3) = \frac{1000 \times 1.4 \times 0.65}{63} = 14.44(mol \cdot L^{-1})$$

$$V_1 = \frac{c_2 V_2}{c_1} = \frac{3 \times 100}{14.44} = 20.8(mL)$$

答： 该溶液中 HNO_3 的物质的量浓度为 $14.44 mol \cdot L^{-1}$；需要这种浓硝酸 20.8mL。

(5) 有关化学方程式的计算。

例 1-5 在滴定一未知浓度的盐酸时，22.5mL 该盐酸溶液与 0.2385g 纯 Na_2CO_3 恰好完全反应后，溶液的体积不变。求盐酸的物质的量浓度。

解： 0.2385g 纯 Na_2CO_3 的物质的量为：

$$n(Na_2CO_3) = \frac{m(Na_2CO_3)}{M(Na_2CO_3)} = \frac{0.2385}{106} = 0.00225(mol)$$

根据反应方程式：

$$Na_2CO_3 \quad + \quad 2HCl == 2NaCl + H_2O + CO_2 \uparrow$$

$$\quad 1mol \quad\quad\quad 2mol$$

$$0.00225mol \quad\quad n(HCl)$$

$$n(HCl) = \frac{0.00225 \times 2}{1} = 0.0045(mol)$$

盐酸的物质的量浓度为：

$$c(HCl) = \frac{n(HCl)}{V} = \frac{0.0045}{0.0225} = 0.2(mol \cdot L^{-1})$$

答： 盐酸的物质的量浓度为 $0.2 mol \cdot L^{-1}$。

二、有关离子方程式的计算

1. 离子方程式类型

离子间通常能发生 4 种类型的反应，如表 1-1 所示。能相互反应的离子不能大量共存。

表 1-1 离子反应的类型

离子反应类型	发生的条件	实例
复分解反应	生成气体	$CaCO_3 + 2H^+ == CO_2 \uparrow + Ca^{2+} + H_2O$
	生成沉淀	$Al^{3+} + 3NH_3 \cdot H_2O == Al(OH)_3 \downarrow + 3NH_4^+$
	生成弱电解质	$H^+ + CH_3COO^- == CH_3COOH$
氧化还原反应	氧化性：氧化剂＞氧化产物	$2Fe^{3+} + 2I^- == 2Fe^{2+} + I_2$
	还原性：还原剂＞还原产物	$2MnO_4^- + 10Cl^- + 16H^+ == 2Mn^{2+} + 5Cl_2 \uparrow + 8H_2O$
络合(配合)反应	生成比简单离子更稳定的离子	$Fe^{3+} + SCN^- == [FeSCN]^{2+}$
水解反应	有弱电解质生成	$CO_3^{2-} + H_2O \rightleftharpoons HCO_3^- + OH^-$

2. 有关离子方程式的计算

例 1-6 在 40mL 0.10mol·L^{-1} $BaCl_2$ 溶液中，加入过量 0.10mol·L^{-1} H_2SO_4 溶液，使之沉淀完全。将反应后的混合物过滤，取滤液的一半，在滤液中加入 25mL 0.20mol·L^{-1} NaOH 溶液恰好呈中性。计算加入的过量的 H_2SO_4 溶液的体积。

解： 从 $BaCl_2$ 溶液与 H_2SO_4 溶液反应的离子方程式：

$$Ba^{2+}+SO_4^{2-}=\!\!=\!\!=BaSO_4\downarrow$$

可知，在 H_2SO_4 溶液中 H^+ 没参与离子反应。溶液中的 H^+ 都与 NaOH 溶液中的 OH^- 反应：

$$H^++OH^-=\!\!=\!\!=H_2O$$

① 计算与 $BaCl_2$ 反应消耗的 H_2SO_4 体积：

$$Ba^{2+}+SO_4^{2-}=\!\!=\!\!=BaSO_4\downarrow$$

$$n(SO_4^{2-})=\!\!=\!\!=n(Ba^{2+})$$

消耗 H_2SO_4 溶液的体积为：

$$V(H_2SO_4)=\frac{c(BaCl_2)V(BaCl_2)}{c(H_2SO_4)}=\frac{0.10\times40}{0.10}=40(mL)$$

② 计算原溶液中 H_2SO_4 的体积：

$$H^++OH^-=\!\!=\!\!=H_2O$$

$$n(H^+)=n(OH^-)=2\times0.20\times0.025=0.01(mol)$$

因为

$$H_2SO_4=\!\!=\!\!=2H^++SO_4^{2-}$$

所以

$$n(H_2SO_4)_{总}=\frac{n(H^+)}{2}=\frac{0.01\,mol}{2}=0.005(mol)$$

所以加入 H_2SO_4 的总体积为：

$$V(H_2SO_4)_{总}=\frac{n(H_2SO_4)_{总}}{c(H_2SO_4)}=\frac{0.005}{0.10}=0.05(L)=50(mL)$$

③ 计算过量的 H_2SO_4 的体积：

$$V(H_2SO_4)_{过量}=50mL-40mL=10mL$$

答： 加入过量的 H_2SO_4 溶液的体积为 10mL。

知识阅读
摩尔的发展历程

摩尔是在 1971 年 10 月，有 41 个国家参加的第 14 届国际计量大会决定增加的国际单位制（SI）的第 7 个基本单位。摩尔应用于计算微粒的数量、物质的质量、气体的体积、溶液的浓度、反应过程的热量变化等。摩尔来源于拉丁文 moles，原意为大量、堆积。

1971 年第十四届国际计量大会关于摩尔的定义有如下两段规定："摩尔是一系统的物质的量，该系统中所包含的基本单元数与 0.012kg 碳 12 的原子数目相等。""在使用摩尔时应予以指明基本单元，它可以是原子、分子、离子、电子及其他粒子，或是这些粒子的特定组合。"上两段话应该看做是一个整体。0.012kg 碳 12 核素所包含的碳原子数目就是阿伏伽德罗常数（N_A），目前实验测得的近似数值为 $N_A=6.02\times10^{23}$。摩尔跟一般的单位不同，它有两个特点。①它计量的对象是微观基本单元，如分子、离子等，而不能用于计量宏观物质。②它以阿伏伽德罗为计量单位，是个批量，不是以个数来计量分子、原子等微粒的数量；也可以用于计量微观粒子的特定组合，例如，用摩尔计量硫酸的物质的量，即 1mol 硫酸含有 6.02×10^{23} 个硫酸分子。摩尔是化学上应用最广的计量单位，如用于化学反应方程式的计算，溶液中的计算，溶液的配制及其稀释，有关化学平衡的计算，气体摩尔体积及热化学中都离不开这个基本单位。

习 题

一、选择题

1. 表1-2中关于物质分类的正确组合是（　　）。

表1-2　物质的分类

分类组合	碱	酸	盐	碱性氧化物	酸性氧化物
A	C_2H_5OH	H_2SO_4	$NaHCO_3$	Al_2O_3	NO_2
B	$NaOH$	HCl	$NaCl$	Na_2O	CO
C	$NaOH$	CH_3COOH	CaF_2	Na_2O_2	SO_2
D	KOH	HNO_3	$CaCO_3$	CaO	SO_3

2. 下列物质中，属于纯净物的是（　　）。
A. 氯气　　　　　B. 液氯　　　　　C. 漂白粉　　　　　D. 盐酸

3. 下列说法正确的是（　　）。
A. 因为液态 HCl、固体 NaCl 均不导电，所以 HCl、NaCl 均是非电解质
B. NH_3、CO_2 的水溶液均导电，所以 NH_3、CO_2 均是电解质
C. 铜、石墨均导电，所以它们是电解质
D. 蔗糖、酒精在水溶液或熔化是均不导电，所以它们是非电解质

4. 下列物质的水溶液能导电而本身不是电解质的是（　　）。
A. 氨气　　　　　B. 硫酸　　　　　C. 一氧化碳　　　　　D. 硫酸钠

5. 下列离子方程式正确的是（　　）。
A. $MgSO_4 = Mg^{2+} + SO_4^{2-}$　　　　　B. $Ba(OH)_2 = Ba^{2+} + 2OH^-$
C. $Al_2(SO_4)_3 = 2Al^{3+} + 3SO_4^{2-}$　　　　　D. $CH_3COOH = H^+ + CH_3COO^-$

6. 在 Fe、CO、CuO、NaOH 溶液、Na_2CO_3 溶液、$Ba(OH)_2$ 溶液、稀 H_2SO_4 七种物质中，在常温下两种物质间能发生的化学反应共有（　　）。
A. 4个　　　　　B. 5个　　　　　C. 6个　　　　　D. 7个

7. 在表1-3中，对各组强电解质、弱电解质、非电解质的归类，完全正确的是（　　）。

表1-3　物质的类别组合

物质类别	A	B	C	D
强电解质	Fe	NaCl	$CaCO_3$	HNO_3
弱电解质	CH_3COOH	NH_3	H_3PO_4	$Fe(OH)_3$
非电解质	$C_{12}H_{22}O_{11}$	$BaSO_4$	C_2H_5OH	H_2O

8. 在下列离子方程式中，错误的是（　　）。
A. $H^+ + HCO_3^- = CO_2\uparrow + H_2O$　　　　　B. $CO_2 + Ca^{2+} + 2OH^- = CaCO_3\downarrow + H_2O$
C. $CaCO_3 + 2H^+ = Ca^{2+} + CO_2\uparrow + H_2O$　　　　　D. $Cu(OH)_2 + H^+ = Cu^{2+} + H_2O$

9. 下列说法正确的是（　　）。
A. CH_3COOH 与 NaOH 在相同条件下程度相等
B. NaCl 溶液能导电主要是因为溶液中有 Na^+ 和 Cl^-
C. H_2SO_4 因为受电流的作用，所以在水中解离出 H^+ 和 SO_4^{2-}
D. 检验 CO_3^{2-} 或 HCO_3^- 的方法是取少于样品加入盐酸，并将产生的气体通入澄清石灰水

10. 能用离子方程式 $H^+ + OH^- = H_2O$ 表示的反应是（　　）。
A. $Ba(OH)_2$ 溶液和稀硫酸混合　　　　　B. NaOH 溶液和盐酸混合

C. $Cu(OH)_2$ 和硫酸溶液反应　　　　　　D. H_2S 通入 NaOH 溶液中

11. 下列离子方程式正确的是（　　）。

A. 碳酸钡与盐酸反应　　$2H^+ + CO_3^{2-} = CO_2\uparrow + H_2O$

B. 氢氧化钡溶液与稀硫酸混合　　$Ba^{2+} + SO_4^{2-} = BaSO_4\downarrow$

C. 氯气通入氢氧化钠溶液中　　$Cl_2 + 2OH^- = Cl^- + ClO^- + H_2O$

D. CO_2 通入澄清石灰水中　　$Ca(OH)_2 + CO_2 = CaCO_3\downarrow + H_2O$

二、填空题

1. 将表 1-4 补充完整，并将下面物质全部填在表 1-4 中的"实例"栏中。

① 酸　盐酸、硫酸、硝酸、乙酸（CH_3COOH）、碳酸、H_2S；

② 碱　$NH_3\cdot H_2O$、$Cu(OH)_2$、$Fe(OH)_3$、$Mg(OH)_2$（中强碱）、NaOH、KOH、$Ba(OH)_2$、$Ca(OH)_2$；

③ 盐　钾盐、钠盐、铵盐、硝酸盐、$BaSO_4$、$CaCO_3$、AgCl。

表 1-4　物质的分类

项目	强电解质	弱电解质
物质结构	离子化合物（强碱、大多数盐），某些共价化合物（强酸）	某些共价化合物（如弱酸）
解离程度		
在溶液中存在的微粒	酸： 碱： 盐：	酸： 碱： 盐：
相同条件下的导电性		
实例	强酸： 强碱： 大多数盐类： 可溶盐： 难溶盐：	弱酸： 可溶弱酸： 难溶碱：
解离方程式	H_2SO_4： $Ba(OH)_2$：	CH_3COOH： $NH_3\cdot H_2O$：

2. 向 $CuSO_4$ 溶液中滴加 NaOH 溶液，溶液中_____离子的量减少，_____离子的量增加，_____离子的量几乎没有变化。反应的离子方程式_____。

3. 写出下列电解质的解离方程式。

(1) H_2CO_3 _____。

(2) HNO_3 _____。

(3) H_2O _____。

(4) $NaHCO_3$ _____。

(5) $NaHSO_4$ _____。

4. 请各写出一个学过的化学反应，来证明表 1-5 中 4 个观点都是错误的，并将答案填入表中。

表 1-5　观点及证明方程式

错误观点	证明的化学反应方程式
分解反应一定有单质生成	
有单质和化合物生成的反应都是置换反应	
置换反应一定有金属单质参加	
钠和氧气反应一定生成氧化钠	

5. 写出下列反应的离子方程式。

(1) 石灰石和盐酸：_____。
(2) $Ba(OH)_2$ 和 H_2SO_4：_____。
(3) 铁片和稀硫酸：_____。

6. 写出符合以下离子方程式的化学方程式各一个。
(1) $CO_2 + 2OH^- = CO_3^{2-} + H_2O$ _____。
(2) $HCO_3^- + H^+ = CO_2\uparrow + H_2O$ _____。
(3) $Zn + Cu^{2+} = Zn^{2+} + Cu$ _____。
(4) $H^+ + OH^- = H_2O$ _____。
(5) $Cu^{2+} + 2OH^- = Cu(OH)_2\downarrow$ _____。
(6) $Fe + 2H^+ = Fe^{2+} + H_2\uparrow$ _____。

三、计算题

1. 将 21g 碳酸氢钠固体溶于水，配成 250mL 溶液，求所得溶液的物质的量浓度。

2. 将 13.44L（标准状况）HCl 气体溶于水配成 250mL 溶液，求该溶液中 HCl 的物质的量浓度。

3. 在浓硫酸中溶质的质量分数是 98%，密度为 $1.84g \cdot mL^{-1}$，计算这种硫酸的物质的量浓度。欲配制 $6mol \cdot L^{-1}$ 的硫酸溶液 100mL，需要该浓硫酸多少毫升？

4. 将 30mL $0.5mol \cdot L^{-1}$ $KMnO_4$ 溶液加水稀释到 500mL，计算所得溶液的物质的量浓度。

5. 将 4g NaOH 固体溶于水配成 250mL 溶液，此溶液的物质的量浓度是多少？取出 10mL 此溶液，其中含有 NaOH 多少克？将取出的溶液加水稀释到 100mL，则稀释后溶液的物质的量浓度为多少？

6. 400mL 某浓度的 NaOH 溶液恰好与 5.8L Cl_2（标准状况）完全反应，计算：
(1) 生成的 NaClO 的物质的量。
(2) 该溶液中 NaOH 的物质的量浓度。

7. 称取 0.5238g 含有水溶性氯化物的样品，用 $0.10mol \cdot L^{-1}$ 的 $AgNO_3$ 标准滴定溶液滴定。到达滴定终点时，消耗了 25.70mL $AgNO_3$ 溶液。求样品中氯的质量分数。

第二章 溶液和胶体

■【知识目标】
1. 理解分散系、溶液和胶体的性质。
2. 掌握溶液组成量度的表示方法以及它们之间的换算关系。
3. 掌握稀溶液的依数性。
4. 掌握胶体的性质和聚沉的方法。

■【能力目标】
1. 掌握浓度、质量摩尔浓度、摩尔分数的有关计算。
2. 掌握溶液的配制方法。

第一节 溶 液

一、分散系

1. 分散系的概念

一种或几种物质分散在另一种物质中所形成的体系叫做分散体系，简称分散系。例如糖分散在水中形成糖溶液，黏土分散在水中形成泥浆，水滴分散在空气中形成云雾，奶油、蛋白质和乳糖分散在水中形成牛奶等。分散系中被分散的物质称为分散质，又叫分散相；起分散作用的物质称为分散剂，又叫分散介质。在上述例子中，糖、黏土、水滴、奶油、蛋白质、乳糖等是分散质，水、空气则是分散剂。分散质和分散剂的聚集状态不同，或分散质粒子的大小不同，其分散系的性质也不同。

2. 分散系的分类

分散系的分类方法有两种：一种是按照分散质和分散剂的聚集状态不同，将分散系分为9种，见表2-1；另一种是按照分散质颗粒的大小不同，将分散系分为3类，见表2-2。

表2-1 分散系按分散质和分散剂聚集状态分类

分散质	分散剂	实例
固	固	矿石、合金、有色玻璃
液	固	珍珠、硅胶
气	固	泡沫塑料、海绵
固	液	糖水、泥浆
液	液	石油、酒精
气	液	汽水、泡沫
固	气	烟、灰尘
液	气	云、雾
气	气	天然气、空气

表 2-2 分散系按分散质颗粒大小分类

分散系类型	分散质粒子直径/nm	分散系名称	主要特征	
低分子或离子分散系	<1（为小分子、离子或原子）	真溶液（如食盐水）	均相,稳定,扩散快,颗粒能透过半透膜	单相体系
胶体分散系	1～100（为大分子或分子的小聚集体）	高分子溶液（如血液）	均相,稳定,扩散慢,颗粒不能透过半透膜,黏度大	多相体系
		溶胶（如 AgI 溶胶）	多相,较稳定,扩散慢,颗粒不能透过半透膜,对光散射强	
粗分散系	>100（为分子的大聚集体）	乳浊液（如牛奶）悬浊液（如泥浆）	多相,不稳定,扩散慢,颗粒不能透过滤纸及半透膜	

上述两种分类方法各有其特点，本书采用表 2-2 的分类方法学习溶液和胶体的有关知识。在一个体系（研究的对象）中，物理性质和化学性质完全相同并且组成均匀的部分称为相。例如一瓶气体（不论有几种气体），各部分的性质完全相同且组成均匀一致，称为气相；一种液体，各部分的性质相同并且组成均匀一致，称为液相。如果体系中只有一相，该体系叫做单相体系。含有两相或两相以上的体系则称为多相体系。

在低分子与离子分散体系中，分散质粒子直径<1nm，一般为小分子或离子，与分散剂的亲和力极强。分散系均匀、无界面，是高度分散、高度稳定的单相体系。这种分散体系即通常所说的溶液，如蔗糖溶液、食盐溶液。

在胶体分散系中，分散质粒子直径为 1～100nm，它包括溶胶和高分子溶液两种类型。对于溶胶，其分散质粒子是由许多分子组成的聚集体，这些聚集体分散在分散剂中就形成了溶胶，例如氢氧化铁溶胶、硫化砷溶胶、碘化银溶胶等。对于高分子溶液，分散质粒子是单个的高分子，与分散剂的亲和力强，在某些性质上与溶胶相似，如淀粉溶液、纤维素溶液、蛋白质溶液等。

在粗分散系中，分散质粒子直径>100nm，按分散质的聚集状态不同，又可分为乳浊液和悬浊液两种。乳浊液是液体分散质分散在液体分散剂中形成的分散体系，如牛奶、石油等；悬浊液是固体分散质分散在液体分散剂中形成的分散体系，如泥浆、石灰浆等。粗分散体系中分散质粒子大，容易聚沉，是极不稳定的多相体系。

二、溶液

1. 溶液组成的量度的其他表示方法

由两种或两种以上不同物质组成的均匀、稳定的分散体系，称为溶液。通常所说的溶液为液态溶液。若不特别指明，溶液则为水溶液。

溶液组成的量度可用一定量溶液或溶剂中所含溶质的量来表示。由于溶液、溶剂和溶质的量可用物质的量、质量、体积等方式表示，所以溶液组成的量度可用多种方式表示，如物质的量浓度、质量摩尔浓度、摩尔分数和质量分数等。物质的量浓度在前面第一章中已经学习，本节主要学习溶液组成量度的其他表示方法。

（1）质量摩尔浓度 质量摩尔浓度的定义为：

$$b_B = \frac{n_B}{m_A} \tag{2-1}$$

式中，n_B 表示溶质 B 的物质的量，mol；m_A 表示溶剂的质量，kg；b_B 为溶质 B 的质量摩尔浓度，其单位由 n_B、m_A 决定，$mol \cdot kg^{-1}$。

由于质量摩尔浓度与体积无关，所以其数值不受温度变化的影响。对于较稀的水溶液来说，质量摩尔浓度近似地等于其物质的量浓度。由于液体溶剂不易称量，实验室常用的仍是物质的量浓度，但在稀溶液依数性的研究中采用质量摩尔浓度。

(2) 摩尔分数　若溶液是由溶剂 A 和溶质 B 两组分组成，则溶剂 A 的摩尔分数 x_A、溶质 B 的摩尔分数 x_B 的定义分别为：

$$x_A = \frac{n_A}{n_B + n_A} \tag{2-2}$$

$$x_B = \frac{n_B}{n_B + n_A} \tag{2-3}$$

显然，$x_A + x_B = 1$。

对于多组分体系来说，则有 $\Sigma x_i = 1$，即溶液中各组分的摩尔分数之和等于 1。在使用摩尔分数时必须指明基本单元。

(3) 质量分数　溶液中，某组分 B 的质量 m_B 与溶液总质量 m 之比，称为组分 B 的质量分数，用符号"w_B"表示，定义式为：

$$w_B = \frac{m_B}{m} \tag{2-4}$$

质量分数习惯上用百分数来表示。如氯化钠水溶液的质量分数为 0.10 时，可写成 $w(NaCl) = 10\%$。

例 2-1　将 2.500g NaCl 溶于 497.50g 水中，配制成 NaCl 溶液，所得溶液的密度为 $1.002 g \cdot mL^{-1}$。求氯化钠的物质的量浓度、质量摩尔浓度、摩尔分数和质量分数各是多少。

解：根据题意可得：

$$n(NaCl) = \frac{m(NaCl)}{M(NaCl)} = \frac{2.500}{58.44} = 0.04278 (mol)$$

$$n(H_2O) = \frac{m(H_2O)}{M(H_2O)} = \frac{497.50}{18.02} = 27.61 (mol)$$

溶液的体积：

$$V = \frac{2.500 + 497.50}{1.002} = 499.0 (mL) = 0.4990 (L)$$

$$c(NaCl) = \frac{n(NaCl)}{V} = \frac{0.04278}{0.4990} = 0.08573 (mol \cdot L^{-1})$$

$$b(NaCl) = \frac{n(NaCl)}{m} = \frac{0.04278}{0.4975} = 0.08599 (mol \cdot kg^{-1})$$

$$x(NaCl) = \frac{n(NaCl)}{n(H_2O) + n(NaCl)} = \frac{0.04278}{27.61 + 0.04278} = 1.547 \times 10^{-3}$$

$$w(NaCl) = \frac{m(NaCl)}{m} = \frac{2.500}{2.500 + 497.50} = 0.0050 = 0.50\%$$

2. 溶液的配制

(1) 由固体试剂配制溶液　由固体试剂配制溶液时，往往需要先计算固体试剂的质量，然后再进行称量。

例 2-2 配制 $0.2000\text{mol}\cdot\text{L}^{-1}\text{CuSO}_4$ 溶液 250.0mL，问需 $\text{CuSO}_4\cdot5\text{H}_2\text{O}$ 多少克？

解：

由 $n_B=\dfrac{m_B}{M_B}$ $c_B=\dfrac{n_B}{V}$

及 $c_B=\dfrac{m_B}{M_B\cdot V}$

得：
$$m(\text{CuSO}_4\cdot5\text{H}_2\text{O})=c(\text{CuSO}_4)M(\text{CuSO}_4\cdot5\text{H}_2\text{O})V$$
$$=0.2000\times249.7\times250.0\times10^{-3}=12.48(\text{g})$$

即配制 $0.2000\text{mol}\cdot\text{L}^{-1}\text{CuSO}_4$ 溶液 250mL，需 12.48g $\text{CuSO}_4\cdot5\text{H}_2\text{O}$。

许多固体溶质常含有结晶水，计算所配溶液浓度时，有时要考虑结晶水的影响。

（2）由液体试剂配制溶液　由液体试剂配制溶液，其计算原理和溶液的稀释一样，稀释前后溶质的总量不变。即：

$$c_{浓}V_{浓}=c_{稀}V_{稀} \tag{2-5}$$

式中，$c_{浓}$ 为稀释前溶液的浓度；$V_{浓}$ 为稀释前溶液的体积；$c_{稀}$ 为稀释后溶液的浓度；$V_{稀}$ 为稀释后溶液的体积。

例 2-3 已知浓 H_2SO_4 的密度为 $1.84\text{g}\cdot\text{mL}^{-1}$，含 H_2SO_4 96.0%，试计算 $c(\text{H}_2\text{SO}_4)$ 是多少。实验室需用 $2.00\text{mol}\cdot\text{L}^{-1}\text{H}_2\text{SO}_4$ 溶液 450mL，需要浓 H_2SO_4 多少毫升加入水中稀释？

解： 根据题意可知：

$$\rho=1.84\text{g}\cdot\text{mL}^{-1}=1.84\times10^3\text{g}\cdot\text{L}^{-1}$$
$$w=0.960\quad M(\text{H}_2\text{SO}_4)=98.0\text{g}\cdot\text{mol}^{-1}$$
$$c(\text{H}_2\text{SO}_4)=\dfrac{\rho V w}{M(\text{H}_2\text{SO}_4)}=\dfrac{1.84\times10^3\times1.00\times0.960}{98.0}=18.0(\text{mol}\cdot\text{L}^{-1})$$

根据稀释公式

$$c_{浓}V_{浓}=c_{稀}V_{稀}$$
$$18.0V_{浓}=2.00\times450$$
$$V_{浓}=50.0(\text{mL})$$

即应取该浓 H_2SO_4 50.0mL 加入水中稀释。

第二节　稀溶液的依数性

一、电解质溶液

1. 电解质的概念及分类

电解质是一类重要的化合物。凡是在水溶液中或熔融状态下能导电的化合物都叫做电解质，如 HAc、NH_4Cl 等。

电解质可分为强电解质和弱电解质两大类。在水溶液中能完全解离成离子的电解质称为强电解质。在水溶液中仅部分解离成离子的电解质称为弱电解质。电解质解离成离子的过程称为解离（或离解）。强电解质 NaCl 的解离方程式为：

$$\text{NaCl}=\text{Na}^++\text{Cl}^-$$

弱电解质的解离是可逆的，解离方程式中用"⇌"表示可逆

$$HAc \rightleftharpoons H^+ + Ac^-$$

2. 弱电解质的解离度

电解质在水溶液中已解离的部分与其全量之比称为解离度,符号为 α,一般用百分数表示。电解质在水溶液中已解离的部分和解离前电解质的全量可以是分子数、质量、物质的量、浓度等。

$$\alpha = \frac{已解离的部分}{解离前的全量} \times 100\% \tag{2-6}$$

3. 强电解质溶液

(1) 表观解离度　强电解质在水溶液中是完全解离的,其解离度应为 100%,但是实际测得的解离度小于 100%,这是因为强电解质解离的离子是以水合离子的形式存在以及水合阳离子和水合阴离子之间的强烈相互作用,限制了离子的运动。因此,实际测得的解离度称为表观解离度。

(2) 活度　电解质溶液中表观上的离子浓度,称为有效浓度也叫活度。

$$a = c\gamma \tag{2-7}$$

式中,a 为活度;c 为浓度;γ 为活度系数。

(3) 离子强度　为了表示溶液中离子间复杂的相互作用,路易斯(Lewis)提出了离子强度的概念,并用下式表示离子强度(I)、离子 B 的浓度 c_B 及离子 B 的电荷数 Z_B 之间的关系,即:

$$I = \frac{1}{2} \sum_B c_B Z_B^2 \tag{2-8}$$

德拜-休克尔(Debye-Hücke)提出了可用于很稀的溶液中计算离子平均活度系数 $\gamma_\pm$ 的极限公式:

$$\lg \gamma_\pm = -A |Z_+ Z_-| \sqrt{I} \tag{2-9}$$

式中,A 为常数,在 298.15K 时,$A = 0.509$。

一般情况下,对于不太浓的溶液,又不要求很精确的计算时,通常可近似地用浓度代替活度。

二、非电解质稀溶液的依数性

溶液的性质一般可分为两类:一类性质由溶质的本性决定,如溶液的颜色、密度、酸碱性、导电性等,这些性质因溶质不同各不相同;另一类性质则与溶质的本性无关,只与一定量溶剂中所含溶质的粒子数目有关,如不同种类的难挥发的非电解质如葡萄糖、甘油等配成相同浓度的稀溶液,溶液的蒸气压下降、沸点上升、凝固点下降、渗透压等都相同,所以称为溶液的依数性。

1. 蒸气压下降

(1) 纯溶剂的蒸气压　物质分子在不停地运动着。在一定温度下,如果将纯水置于密闭的真空容器中,一方面,水中一部分能量较高的水分子因克服其他水分子对它的吸引而逸出,成为水蒸气分子,这个过程叫蒸发;另一方面,由于水蒸气分子不停地运动,部分水蒸气分子碰到液面又可能被吸引重新回到水中,这个过程叫做凝聚。开始时,蒸发速率较快,随着蒸发的进行,液面上方的水蒸气分子逐渐增多,凝聚速率随之加快。一定时间后,当水蒸发的速率和水凝聚的速率相等时,水和它的水蒸气处于一种动态平衡状态,此时的水蒸气称为水的饱和蒸气,水的饱和蒸气所产生的压力称为水的饱和蒸气压,简称水的蒸气压。不同温度下，水的饱和蒸气压见表 2-3。各种纯液体物质在一定温度下，都具有一定的饱和蒸气压。蒸气压的单位为 Pa 或 kPa。

表 2-3　不同温度下水的饱和蒸气压

温度/℃	饱和蒸气压/kPa	温度/℃	饱和蒸气压/kPa	温度/℃	饱和蒸气压/kPa
0	0.6105	35	5.6230	70	31.1600
5	0.8723	40	7.3760	75	38.5400
10	1.2280	45	9.5832	80	47.3400
15	1.7050	50	12.3300	85	57.8100
20	2.3380	55	15.7400	90	70.1000
25	3.1670	60	19.9200	95	84.5100
30	4.2430	65	25.0000	100	101.3250

（2）蒸气压下降　在一定温度下，如果在纯溶剂（水）中加入少量难挥发非电解质，如葡萄糖、甘油等，发现在该温度下，稀溶液的蒸气压总是低于纯溶剂（水）的蒸气压，这种现象称为溶液的蒸气压下降。溶液的蒸气压下降等于纯溶剂的蒸气压与溶液的蒸气压之差。

$$\Delta p = p^* - p \tag{2-10}$$

式中　Δp——溶液的蒸气压下降值；

p^*——纯溶剂的蒸气压；

p——溶液的蒸气压。

这里所说的溶液的蒸气压，实际上是溶液中溶剂的蒸气压。

稀溶液蒸气压下降的原因是由于在溶剂中加入难挥发非电解质后，每个溶质分子与若干个溶剂分子相结合，形成了溶剂化分子。溶剂化分子一方面束缚了一些能量较高的溶剂分子，另一方面又占据了溶液的一部分表面，使得在单位时间内逸出液面的溶剂分子相应地减少，达到平衡状态时，溶液的蒸气压必定比纯溶剂的蒸气压低，显然溶液浓度越大，蒸气压下降得越多。

（3）拉乌尔定律　1887 年，法国物理学家拉乌尔（F. M. Raoult）研究了溶质对纯溶剂蒸气压的影响，提出下列观点：在一定温度下，难挥发非电解质稀溶液的蒸气压，等于纯溶剂的蒸气压乘以溶剂在溶液中的摩尔分数，这种定量关系称为拉乌尔定律。其数学表达式为：

$$p = p^* x_A \tag{2-11}$$

式中　p——溶液的蒸气压；

p^*——纯溶剂的蒸气压；

x_A——溶剂在溶液中的摩尔分数。

若用 x_B 表示难挥发非电解质的摩尔分数，则 $x_A + x_B = 1$，所以：

$$p = p^* x_A = p^*(1 - x_B) = p^* - p^* x_B$$
$$p^* - p = p^* x_B$$

若用 Δp 表示溶液的蒸气压下降值，则：

$$\Delta p = p^* - p = p^* x_B \tag{2-12}$$

上式表明：在一定温度下，难挥发非电解质稀溶液的蒸气压下降（Δp），与溶质的摩尔分数（x_B）成正比。这一结论可作为拉乌尔定律的另一表述。

因为　$x_B = \dfrac{n_B}{n_A + n_B}$

当溶液很稀时，$n_A \gg n_B$

则 $\quad x_B \approx \dfrac{n_B}{n_A}$

所以 $\quad\quad\quad\quad\quad\quad \Delta p = p^* x_B \approx p^* \dfrac{n_B}{n_A}$

$\because n_A = \dfrac{m_A}{M_A} \quad\quad \therefore \Delta p = p^* \dfrac{n_B}{m_A} M_A = p^* b_B M_A$

在一定温度下，p^* 和 M_A 为一常数，用 K 表示，则

$$\Delta p = K b_B \tag{2-13}$$

因此，拉乌尔定律又可表述为：在一定的温度下，难挥发非电解质稀溶液的蒸气压下降，近似地与溶液的质量摩尔浓度成正比，而与溶质的种类无关。

2. 溶液的沸点上升

某纯液体的蒸气压等于外界压力时，就产生沸腾现象，此时的温度称为沸点。因此，沸点与压力有关。液体的蒸气压等于外界大气压时的温度，便是该液体的正常沸点。如水的正常沸点是 373.15K（100℃），此时水的饱和蒸气压等于外界大气压 101.325kPa。

图 2-1 是水、冰和溶液的蒸气压曲线。可以看出，溶液的蒸气压在任何温度下都小于水的蒸气压。在 373.15K 时，即 T_b^*（水的正常沸点）处，水的蒸气压正好等于外压 1.01325×10^5 Pa，水可以沸腾，而此时溶液的蒸气压小于 1.01325×10^5 Pa，溶液不能沸腾。要使溶液的蒸气压达到此值，就必须继续加热到 T_b（溶液的沸点）。由于 $T_b > T_b^*$，所以溶液的沸点总是高于纯溶剂的沸点，这种现象称为溶液的沸点上升。若用 ΔT_b 表示溶液的沸点上升值，则：

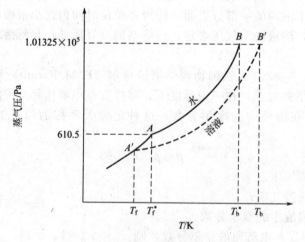

图 2-1　水、冰和溶液的蒸气压曲线
AB——纯水的蒸气压曲线；$A'B'$——稀溶液的
蒸气压曲线；AA'——冰的蒸气压曲线

$$\Delta T_b = T_b - T_b^* \tag{2-14}$$

由于溶液沸点上升的根本原因是溶液的蒸气压下降，所以，溶液浓度越高，其蒸气压越低，沸点上升越高。溶液的沸点上升 ΔT_b 也与溶质的质量摩尔浓度 b_B 成正比。其数学表达式为：

$$\Delta T_b = K_b b_B \tag{2-15}$$

式中 ΔT_b——溶液的沸点上升值，K 或 ℃；

K_b——指定溶剂的质量摩尔浓度沸点上升常数，$K \cdot kg \cdot mol^{-1}$ 或 $℃ \cdot kg \cdot mol^{-1}$。

K_b 的大小只与溶剂的性质有关，而与溶质无关。不同的溶剂有不同的 K_b 值，一些常见溶剂的 K_b 值列于表 2-4 中。

表 2-4 一些常见溶剂的 K_b 和 K_f 值

溶剂	T_b^*/K	$K_b/K \cdot kg \cdot mol^{-1}$	T_f^*/K	$K_f/K \cdot kg \cdot mol^{-1}$
水	373.15	0.512	273.15	1.86
苯	353.25	2.53	278.65	5.12
酚	454.35	3.60	313.15	7.27
乙酸	391.15	2.93	290.15	3.90
环己烷	354.15	2.79	279.65	20.20
樟脑	481.15	5.95	351.15	40.00
氯仿	334.41	3.63	209.65	4.68

3. 溶液的凝固点下降

物质的凝固点是在一定外压下，该物质的固相蒸气压与液相蒸气压相等时的温度。溶液的凝固点实际上就是溶液中溶剂的蒸气压与纯固体溶剂的蒸气压相等时的温度。

从图 2-1 可知，A 点是水的凝固点，其对应的温度为 T_f^*（273.15K），此时水的蒸气压与冰的蒸气压相等，都等于 610.5Pa，固液两相达成平衡，水和冰共存。而 273.15K（0℃）时溶液的蒸气压小于 610.5Pa，即小于 273.15K（0℃）时冰的蒸气压，此时溶液和冰不能共存。若两者接触则冰将融化，所以 273.15K（0℃）不是溶液的冰点。从图中曲线可以看出，冰、水和溶液的蒸气压虽然都是随温度的下降而减小，但冰减小的幅度大，在交点 A' 处，溶液的蒸气压与冰的蒸气压相等，冰和溶液达成平衡。交点对应的温度 T_f 就是溶液的凝固点。因为 $T_f < T_f^*$，所以溶液的凝固点总是低于纯溶剂的凝固点，这种现象称为溶液的凝固点下降。若用 ΔT_f 表示溶液的凝固点下降值，则：

$$\Delta T_f = T_f^* - T_f \tag{2-16}$$

与溶液的沸点上升一样，溶液的凝固点下降也是由溶液的蒸气压下降引起的，所以难挥发非电解质稀溶液的凝固点下降 ΔT_f 也与溶质的质量摩尔浓度 b_B 成正比。其数学表达式为：

$$\Delta T_f = K_f b_B \tag{2-17}$$

式中，ΔT_f 为溶液的凝固点下降值，K 或 ℃；K_f 为指定溶剂的质量摩尔浓度凝固点下降常数，$K \cdot kg \cdot mol^{-1}$ 或 $℃ \cdot kg \cdot mol^{-1}$。

同 K_b 一样，K_f 也只与溶剂的性质有关，而与溶质的性质无关。一些常见溶剂的 K_f 值也列于表 2-4 中。

溶液的蒸气压下降和凝固点下降规律，对植物的耐寒性与抗旱性具有重要意义。实践表明，当外界温度偏离常温时，不论是升高或降低，在有机细胞中都会强烈地发生可溶物（主要是碳水化合物）的形成过程，从而增加了植物细胞液的浓度。浓度越大，它的冰点就越低，因此细胞液在 0℃ 以下而不致冰冻，植物仍可保持生命活力，表现出耐寒性。另一方面细胞液浓度越大，其蒸气压越小，蒸发过程就越慢，使植物在较高温度时仍能保持着一定的水分而表现出抗旱性。此外，应用凝固点下降的原理，冬天在汽车水箱中加入甘油或乙二醇等物质，可以防止水结冰。食盐和冰的混合物可以作为冷冻剂，如 1 份食盐和 3 份碎冰混合，体系的温度可降到 -20℃。

4. 溶液的渗透压

如图2-2所示，用一种只让溶剂水分子通过而不使溶质糖分子通过的半透膜将糖溶液和水分隔开。纯溶剂中的水分子可以通过半透膜进入糖溶液中，糖溶液中的水分子也可以通过半透膜进入纯溶剂中去。这种溶剂分子通过半透膜自动进入溶液中的过程称为渗透。但由于单位时间内由纯溶剂一方进入糖溶液中的水分子比由糖溶液进入到纯溶剂中的多，从而使糖溶液的液面不断升高。

随着渗透作用的进行，管内液柱的静水压增大，当静水压增大到某一定数值时，单位时间内从两个相反方向穿过半透膜的水分子数目相等，管内液面不再上升，此时体系处于渗透平衡状态。若要使半透膜内外溶剂的液面相平，必须在液面上施加一定压力，方可阻止渗透作用的进行，这种为保持半透膜两侧纯溶剂和溶液液面相平而加在溶液液面上的压力叫做溶液的渗透压。

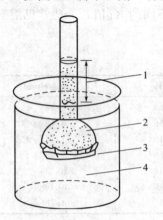

图2-2 渗透现象实验
1—渗透压；2—糖水溶液；
3—半透膜；4—纯溶剂（水）

1886年，荷兰理论化学家范特荷夫（Van't Hoff）总结了许多实验结果后指出，稀溶液的渗透压与溶液的物质的量浓度和热力学温度成正比，与溶质的本性无关。其数学表达式为：

$$\pi = c_B RT \tag{2-18}$$

式中　π——溶液的渗透压，Pa 或 kPa；

　　　c_B——溶液中溶质 B 的物质的量浓度，$mol \cdot m^{-3}$ 或 $mol \cdot L^{-1}$；

　　　R——气体常数，$R=8.314 Pa \cdot m^3 \cdot mol^{-1} \cdot K^{-1}$ 或 $8.314 kPa \cdot L \cdot mol^{-1} \cdot K^{-1}$；

　　　T——热力学温度，K。

渗透现象不仅可以在纯溶剂与溶液之间进行，同时也可以在两种不同浓度的溶液之间进行。渗透压相等的溶液称为等渗溶液。渗透压高的溶液称为高渗溶液，渗透压低的溶液称为低渗溶液。溶剂渗透的方向是从稀溶液到浓溶液。

渗透作用对生物的生命过程有着重大的意义。植物的细胞壁有一层原生质，起着半透膜的作用，而细胞液是一种溶液。当植物处于水分充足的环境中，水通过半透膜向细胞内渗透，使细胞内产生很大的压力，细胞发生膨胀，植物的茎、叶和花瓣等就会有一定的弹性，这样植物就能更好地向空间伸展枝叶，充分吸收二氧化碳和接受阳光。如果土壤溶液的渗透压高于植物细胞液的渗透压，就会造成植物细胞液内的水分向外渗透，导致植物枯萎。农业生产上改造盐碱地、合理施肥和及时灌水就是这个道理。

另外，人体组织内部的细胞膜、毛细管壁等都具有半透膜的性质，而人体的体液，如血液、细胞液和组织液等都具有一定的渗透压。对人体静脉输液时，必须使用与体液渗透压相等的等渗溶液，如临床常用的0.9%生理盐水和5%的葡萄糖溶液。否则由于渗透作用，可以引起细胞膨胀或萎缩而产生严重后果。当因发烧或其他原因，人体内水分减少时，血液渗透压增高，即产生无尿、虚脱等现象，故应多饮水以降低血液的渗透压。

5. 电解质溶液的依数性

应当指出，前面我们讨论的稀溶液通性的定量关系只适应于难挥发非电解质稀溶液，而不适应于浓溶液和电解质溶液。在浓溶液中，溶质粒子间以及溶质与溶剂间的相互作用大大增强，从而使溶液的情况变得复杂，以致使简单的依数性的定量关系不能适用。而在电解质溶液中，由于溶质发生解离，使溶液中溶质粒子数增多，而且离子在溶液中又有相互作用，故上述依数性的定量关系不能应用，必须在实验的基础上加以校正。

第三节 胶体

一、胶团结构

以 $FeCl_3$ 水解制备 $Fe(OH)_3$ 溶胶为例说明胶团的结构。$FeCl_3$ 水解反应如下：

$$Fe^{3+} + H_2O \rightleftharpoons Fe(OH)^{2+} + H^+$$
$$Fe(OH)^{2+} + H_2O \rightleftharpoons Fe(OH)_2^+ + H^+$$
$$Fe(OH)_2^+ + H_2O \rightleftharpoons Fe(OH)_3 + H^+$$
$$Fe(OH)_2^+ \rightleftharpoons FeO^+ + H_2O$$

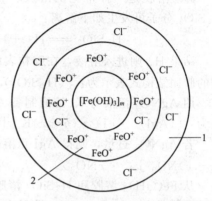

图 2-3 $Fe(OH)_3$ 溶胶的胶团结构示意图
1—扩散层；2—吸附层

水解产生的 $Fe(OH)_3$ 分子聚集成直径在 $1 \sim 100nm$ 范围内的 $[Fe(OH)_3]_m$ [m 为 $Fe(OH)_3$ 分子的个数] 颗粒，构成溶胶颗粒的核心，称为胶核。胶核优先吸附溶液中与本身组成有关的 FeO^+ 后，使胶核带正电。FeO^+ 称为电位离子。由于静电引力，带电的胶核又吸附与其符号相反的 Cl^-，Cl^- 称为反离子。溶液中的反离子一方面受电位离子的静电吸引，有靠近胶核的趋势；另一方面由于本身的热运动，有离开胶核扩散出去的趋势。在这两种相互作用的影响下，反离子就分为两部分。一部分反离子受电位离子的吸引而被束缚在胶核表面，与电位离子一起构成吸附层；另一部分反离子在吸附层之外扩散分布，构成扩散层。这样由吸附层和扩散层构成了胶粒表面的双电层结构。在扩散层中，离胶核表面越远，反离子浓度越小，最后达到与溶液本体中的浓度相等。

在电场作用下，胶核是带着吸附层一起运动的，胶核与吸附层构成的运动单元称为胶粒。由于胶粒中反离子所带电荷总数比电位离子的电荷总数要少，所以胶粒是带电的，而且电荷符号与电位离子相同。胶粒和扩散层反离子包括在一起总称为胶团。在胶团中，吸附层和扩散层内反离子所带电荷总数与电位离子的电荷总数相等，但电荷符号相反，故胶团是电中性的。$Fe(OH)_3$ 溶胶的胶团结构见图 2-3，其胶团结构式及各部分的名称表示如下：

$$\underbrace{\underbrace{\underbrace{\{[Fe(OH)_3]_m}_{\text{胶核}} \cdot \underbrace{nFeO^+}_{\text{电位离子}} \cdot \underbrace{(n-x)Cl^-}_{\text{反离子}}\}^{x+}}_{\text{吸附层}} \cdot \underbrace{xCl^-}_{\substack{\text{反离子} \\ \text{扩散层}}}}_{\text{胶团}}$$

式中，m 为胶核中 $Fe(OH)_3$ 的分子数；n 为电位离子（FeO^+）的数目，n 比 m 的数值要小得多；x 为扩散层反离子（Cl^-）的数目；$n-x$ 为吸附层中反离子（Cl^-）的数目。

在外加电场的作用下，胶团在吸附层和扩散层之间的界面上发生分离，胶粒向一个电极移动，扩散层反离子向另一个电极移动。由此可见，胶团在电场作用下的行为与电解质很相似。

再如 As_2S_3 胶体，其制备反应为：

$$2H_3AsO_3 + 3H_2S \rightleftharpoons As_2S_3 + 6H_2O$$

溶液中过量的 H_2S 则发生解离：

$$H_2S \rightleftharpoons H^+ + HS^-$$

在这种情况下，HS^- 是和 As_2S_3 组成有关的离子，因此 HS^- 被选择吸附而使 As_2S_3 溶胶带负电。

As_2S_3 溶胶的胶团结构式表示为：$[(As_2S_3)_m \cdot nHS^- \cdot (n-x)H^+]^{x-} \cdot xH^+$。

硅酸溶胶是一种常见的溶胶。胶核是由许多 H_2SiO_3 分子缩合而成的，在表面上的 H_2SiO_3 分子可发生如下解离：

$$H_2SiO_3 \rightleftharpoons H^+ + HSiO_3^- \qquad HSiO_3^- \rightleftharpoons H^+ + SiO_3^{2-}$$

结果 H^+ 则进入溶液，在胶粒表面留下 $HSiO_3^-$ 和 SiO_3^{2-} 而使胶体粒子带负电。硅酸溶胶的胶团结构式表示为：$[(H_2SiO_3)_m \cdot nHSiO_3^- \cdot (n-x)H^+]^{x-} \cdot xH^+$。

用 $AgNO_3$ 溶液与 KI 溶液制备 AgI 溶胶，当 KI 过量时，制得 AgI 负溶胶，胶团结构式为：$[(AgI)_m \cdot nI^- \cdot (n-x)K^+]^{x-} \cdot xK^+$。

若 $AgNO_3$ 过量，制得 AgI 正溶胶，则 AgI 溶胶的胶团结构式为：$[(AgI)_m \cdot nAg^+ \cdot (n-x)NO_3^-]^{x+} \cdot xNO_3^-$。

从 $Fe(OH)_3$ 溶胶和 H_2SiO_3 溶胶的制备可以看出，胶粒带电的原因分两种情况：①选择性吸附带电，如 $Fe(OH)_3$ 溶胶胶粒是吸附 FeO^+ 而带电的；②胶核表面解离带电，如 H_2SiO_3 溶胶胶粒带电是胶核表面上的 H_2SiO_3 分子解离所致。

二、胶体的性质

1. 光学性质

1869 年丁铎尔（Tyndall）发现，如果让一束聚光光束照射到胶体，在与光束垂直的方向上可以观察到一个发光的圆锥体，这种现象称为丁铎尔现象或丁铎尔效应（见图 2-4）。

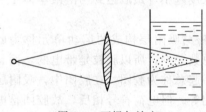

图 2-4　丁铎尔效应

丁铎尔现象的产生与分散质颗粒的大小及入射光的波长有关。当光束照射到大小不同的分散质粒子上时，除了光的吸收之外，还可能产生光的反射和散射。如果分散质粒子远大于入射光波长，光在分散质粒子表面发生反射。如果分散质粒子小于入射光波长，则在分散质粒子表面产生光的散射。这时分散质粒子本身就好像是一个光源，光波绕过分散质粒子向各个方向散射出去，散射出的光称为乳光。由于胶体中分散质颗粒的直径在 1～100nm，小于可见光的波长（400～760nm），因此光通过胶体时便产生明显的散射作用。

在分子或离子分散系中，由于分散质粒子太小，散射作用十分微弱，观察不到丁铎尔现象。故丁铎尔效应是胶体所特有的光学性质。

2. 动力学性质

用超显微镜对胶体溶液进行观察，可以看到代表分散质粒子的发光点在不断地做无规则的运动，这种运动称为布朗（Brown）运动（图 2-5）。产生布朗运动的原因是由于分散体系本身的热运动，分散剂分子从不同方向不断撞击胶粒，某一瞬间其合力不为零时，胶粒就有可能产生运动，由于合力的方向不确定，所以胶粒的运动方向也不确定，即表现为曲折的运动。对于粗分散体系，分散质粒子较大，某一瞬间受到分散剂分子从各个方向冲击的合力不足以使其产生运动，所以就看不到布朗运动。

溶胶粒子的布朗运动导致其具有扩散作用，即可以自发地从粒子浓度大的区域向浓度小

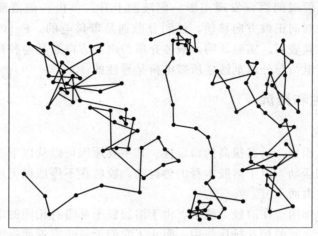

图 2-5 布朗运动

的区域扩散，但由于溶胶粒子比一般的分子或离子大得多，所以它的扩散速度比真溶液中溶质分子或离子要慢得多。

在溶胶中，由于溶胶粒子本身的重力作用，溶胶粒子将会发生沉降，沉降过程导致粒子浓度分布不均匀，即下部较浓上部较稀。布朗运动会使溶胶粒子由下部向上部扩散，因而在一定程度上抵消了由于溶胶粒子的重力作用而引起的沉降，使溶胶具有一定的稳定性，这种稳定性称为动力学稳定性。

3. 溶胶的电学性质

在外电场作用下，分散质和分散剂发生相对移动的现象称为溶胶的电学性质。电学性质主要有电泳和电渗两种。

(1) 电泳　在外电场作用下，溶胶中胶粒定向移动的现象称为电泳。例如，在一 U 形管内首先放入红棕色的 $Fe(OH)_3$ 溶胶（图 2-6），然后在溶胶液面上小心加入稀 NaCl 溶液，并使两溶液之间有明显的界面。在 U 形管两端各插入一根电极，接上直流电源后，可以看到 $Fe(OH)_3$ 溶胶在阴极端的红棕色界面向上移动，而在阳极端的界面向下移动。这说明 $Fe(OH)_3$ 溶胶的胶粒带正电荷。如果用 As_2S_3 溶胶做同样的实验，可以看到阳极附近的黄色界面上升，阴极附近的界面下降，表明 As_2S_3 溶胶胶粒带负电荷。

(2) 电渗　与电泳现象相反，使溶胶粒子固定不动而分散剂在外电场作用下做定向移动的现象称为电渗。例如，将 $Fe(OH)_3$ 溶胶放入具有多孔性隔膜（如素瓷、多孔性凝胶等）

图 2-6　电泳管

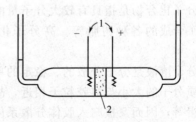

图 2-7　电渗管
1—电极；2—多孔性固体

的电渗管中，通电一段时间后，发现正极一侧液面上升，负极一侧液面下降，如图 2-7 所示。可以看出，分散剂向正极方向移动，说明分散剂是带负电的。$Fe(OH)_3$ 溶胶粒子则因不能通过隔膜而附在其表面。实验证明，液体介质的电渗方向总是与胶粒电泳方向相反，这是因为胶粒表面所带电荷与分散剂液体所带电荷是异性的。

三、溶胶的稳定性和聚沉

1. 溶胶的稳定性

溶胶和粗分散系相比，具有很高的稳定性。其主要原因可以从以下三方面考虑。

（1）**胶粒的布朗运动** 由于溶胶本身的热运动，胶粒在不停地做无规则运动，使其能够阻止胶粒因本身的重力而下沉。

（2）**电荷的排斥作用** 在溶胶系统中，由于溶胶粒子都带有相同的电荷，当其接近到一定程度时，同号电荷之间的相互排斥作用，阻止了它们近一步靠近而凝聚。

（3）**溶剂化作用** 胶团中的电位离子和反离子都能发生溶剂化作用，在其表面形成具有一定强度和弹性的溶剂化膜（在水中就称为水化膜），这层溶剂化膜既可以降低溶胶粒子之间的直接接触的能力，又可以降低溶胶粒子的表面能，从而提高了溶胶的稳定性。

2. 溶胶的聚沉

在溶胶体系中，由于其颗粒较小，表面能很高，所以其稳定性是暂时的、有条件的、相对的。由溶胶稳定的原因可知，只要破坏了溶胶稳定存在的条件，胶粒就能聚集成大颗粒而沉降。这种胶体粒子聚集成较大颗粒而从分散系中沉降下来的过程称为溶胶的聚沉。

（1）**加入电解质** 在溶胶中加入少量强电解质，溶胶就会表现出很明显的聚沉现象，如溶液由澄清变浑浊及颜色发生改变等。这是由于在溶胶中加入电解质后，溶液中离子浓度增大，被电位离子吸引进入吸附层的反离子数目就会增多，其结果是胶粒间的电荷排斥力减小，胶粒失去了静电相斥的保护作用。同时，加入的电解质有很强的溶剂化作用，它可以夺取胶粒表面溶剂化膜中的溶剂分子，破坏胶粒的溶剂化膜，使其失去溶剂化膜的保护，因而胶粒在碰撞过程中会相互结合成大颗粒而聚沉。

（2）**加入带相反电荷的溶胶** 把电性相反的两种溶胶以适当比例相互混合时，溶胶将发生聚沉，这种聚沉称为溶胶的相互聚沉。如 As_2S_3 溶胶和 $Fe(OH)_3$ 溶胶混合则产生沉淀。

（3）**加热** 加热可使很多溶胶发生聚沉。这是由于加热不仅能够加快胶粒的运动速度，增加胶粒间相互碰撞的机会，而且也降低了胶核对电位离子的吸附能力，破坏了胶粒的溶剂化膜，使胶粒间碰撞聚结的可能性大大增加。

四、高分子溶液

高分子化合物是指具有较大分子量的大分子化合物，如蛋白质、纤维素、淀粉、动植物胶、人工合成的各种树脂等。高分子化合物溶于水或其他溶剂所形成的溶液称为高分子溶液。

高分子溶液是分子分散的、稳定的单相分散系，具有真溶液的特点。但是由于高分子溶液中溶质分子的大小与溶胶粒子相近，故可表现出溶胶的某些特性，如不能透过半透膜、扩散速度慢等，因而又被归入胶体分散系内。由于它易溶于溶剂中形成稳定的单相体系，所以又被称为亲液溶胶。一般的溶胶则因为其分散质不溶于介质，而称为憎液溶胶。高分子溶液与溶胶的性质区别见表 2-5。

表 2-5　高分子溶液和溶胶在性质上的差异

高分子溶液	溶胶
分散质能溶于分散介质,形成单相均匀体系。	分散质不溶于分散介质,形成介稳多相体系。
丁铎尔效应不明显。	具有显著的丁铎尔效应。
粒子不带电,其主要的稳定因素是强烈的溶剂化作用。	主要的稳定因素是溶胶粒子带电。
对电解质不敏感,大量电解质才能使之聚沉。	对电解质敏感,少量电解质即可使之聚沉。
具有很高的黏度	黏度较弱

向溶胶中加入适量高分子溶液,能大大提高溶胶的稳定性,这种作用称为高分子溶液对溶胶的保护作用。由于高分子化合物具有链状而易卷曲的结构,当其被吸附在胶粒表面上时,能够将胶粒包裹在内,降低溶胶对电解质的敏感性;另外,由于高分子化合物具有强烈的溶剂化作用,在溶胶粒子的表面形成了一种水化保护膜,从而阻止了胶粒之间的直接碰撞,提高了溶胶的稳定性。

高分子溶液的保护作用在生理过程中具有重要意义。例如健康人体血液中所含的难溶盐〔如 $MgCO_3$、$Ca_3(PO_4)_2$〕是以溶胶状态存在的,由血清蛋白等高分子化合物保护着,但在发生某些疾病时,保护物质就会减少,因而可能使这些溶胶在身体的某些部位凝结下来而成为结石。

第四节　乳浊液与悬浮液

小液滴分散到液体里形成的混合物叫做乳浊液,分散质粒子的直径>100nm,为很多分子的集合体。乳浊液不透明、不均一、不稳定,能透过滤纸不能透过半透膜,静置后会出现液体上下分层的现象。分散质粒子直径>100nm 不溶的固体小颗粒悬浮于液体里形成的混合物叫悬浊液。悬浊液不透明、不均一、不稳定,不能透过滤纸,静置后会出现分层。乳浊液与悬浊液有很广泛的用途。

在农业生产中,为了合理使用农药,常把不溶于水的固体或液体农药,配制成悬浊液或乳浊液,用来喷洒受病虫害的农作物。这样农药药液散失得少,附着在叶面上的多,药液喷洒均匀,不仅使用方便,而且节省农药,提高药效。

在医疗方面,常把一些不溶于水的药物配制成悬浊液来使用。如治疗扁桃体炎等用的青霉素钾(钠)等,在使用前要加适量注射用水,摇匀后成为悬浊液,供肌肉注射;用 X 射线检查肠胃病时,让病人服用硫酸钡的悬浊液(俗称钡餐);等等。

粉刷墙壁时,常把熟石灰粉(或墙体涂料)配制成悬浊液(内含少量胶质),均匀地喷涂在墙壁上。

知识阅读

反渗透技术的由来

反渗透技术,是当今最先进和最节能有效的膜分离技术。其原理是在高于溶液渗透压的作用下,依据其他物质不能透过半透膜而将这些物质和水分离开来。由于反渗透膜的膜孔径非常小〔仅为 10Å(1Å=0.1nm)左右〕,因此能够有效地去除水中的溶解盐类、胶体、微生物、有机物等(去除率高达 97%~98%)。反渗透是目前高纯水设备中应用最广泛的一种脱盐技术,它的分离对象是溶液中的离子和分子量几百的有机物,反渗透(RO)、超过滤(UF)、微孔膜过滤(MF)和电渗析(EDI)技术都属于膜分离技术。

> 1950年，美国科学家Dr. S. Sourirajan无意发现海鸥在海上飞行时从海面啜起一大口海水，隔了几秒后，吐出一小口的海水，而产生疑问，因为陆地上由肺呼吸的动物是绝对无法饮用高盐分的海水的。经过解剖发现海鸥体内有一层薄膜，该薄膜非常精密，海水经由海鸥吸入体内后加压，再经由压力作用将水分子贯穿渗透过薄膜转化为淡水，而含有杂质及高浓缩盐分的海水则吐出嘴外，这就是反渗透法的基本理论架构，1953年由美国的University of Florida大学应用于海水淡化脱盐设备，在1960年经美国联邦政府专案资助美国加州大学洛杉矶分校医学院教授Dr. S. Sidney Lode 配合Dr. S. Sourirajan博士着手研究反渗透膜，一年投入四亿美元经费研究，以供太空人使用，使太空船不用运载大量的饮用水升空，到1960年，投入研究工作的学者、专家越来越多，使质与量更加精进，从而解决了人类饮用水中的难题。

习 题

一、选择题

1. 将98％的市售浓硫酸500g缓慢加入200g水中，所得到的硫酸溶液的质量分数是（　　）。
  A. 49％   B. 24.5％   C. 19.6％   D. 70％

2. 浓度为36.5％（密度为$1.19g \cdot cm^{-3}$）的浓盐酸，其物质的量浓度为（　　）。
  A. $(1000 \times 1.19 \times 36.5\%)/36.5$
  B. $(1000 \times 1.19 \times 36.5)/36.5\%$
  C. $(1 \times 1.19 \times 36.5\%)/36.5$
  D. $(36.5\% \times 1.19 \times 36.5)/1000$

3. 将浓度为$0.610 mol \cdot L^{-1}$的硝酸溶液450mL，稀释为650mL，稀释后的硝酸的物质的量浓度为（　　）。
  A. $0.422 mol \cdot L^{-1}$ B. $0.0422 mol \cdot L^{-1}$
  C. $4220 mol \cdot L^{-1}$ D. $42.3 mol \cdot L^{-1}$

4. 溶解2.76g甘油于200g水中，凝固点下降为0.278K，则甘油的分子量为（　　）。
  A. 78   B. 92   C. 29   D. 60

二、问答题

1. 登山队员在高山顶上打开军用水壶时，为什么壶里的水会冒气泡？
2. 在农田施化肥时，化肥的浓度为何不能过浓，使用浓度很大的化肥将会产生什么后果？

三、填空题

1. 胶体的_____性质、_____性质和_____性质与它的结构有关。
2. $Fe(OH)_3$的胶团结构为_____，As_2S_3的胶团结构为_____。混合上述两种胶体（等体积），将会产生什么现象？

四、计算题

1. 今欲配制3％的Na_2CO_3溶液（密度为$1.03g \cdot cm^{-3}$）200mL，需要$Na_2CO_3 \cdot 10H_2O$多少克？此溶液Na_2CO_3的浓度为多少？

2. 将100g 95％的浓硫酸加到400g水中，稀释后溶液的密度为$1.13g \cdot cm^{-3}$，计算稀释后溶液的质量分数、物质的量浓度及质量摩尔浓度。

3. 血红素1.0g溶于适量水中，配成$100cm^3$溶液。此溶液的渗透压为0.366kPa（20℃时）。估算：(1) 物质的量浓度；(2) 血红素的分子量。

4. 在2.98g水中溶解25.0g某未知物，该溶液$\Delta T_f = 30K$。求该未知物的分子量。

5. 医学上输液时，要求输入液体和血液的渗透压相等（即等渗溶液），临床上用的葡萄糖等渗溶液的冰点降低值为0.543K，试求此葡萄糖溶液的质量分数和血液的渗透压（水的$K_f = 1.86 K \cdot kg \cdot mol^{-1}$，葡萄糖的分子量为180，血液的温度为310K）。

6. 20℃时将15.0g葡萄糖（$C_6H_{12}O_6$）溶于200g水。计算：(1) 此溶液的凝固点（已知$K_f = 1.86 K \cdot kg \cdot mol^{-1}$，葡萄糖的分子量为180）；(2) 在101325Pa压力下的沸点（已知$K_b = 0.52 K \cdot kg \cdot mol^{-1}$）；(3) 渗透压（假设物质的量浓度等于质量摩尔浓度）。

第三章
化学反应速率和化学平衡

■【知识目标】
1. 了解有关反应速率的概念及其影响因素。
2. 理解化学平衡的特征及平衡常数表达式。
3. 掌握浓度、压力、温度、催化剂等条件对化学平衡的影响。
4. 掌握理解平衡移动原理。

■【能力目标】
1. 通过对化学反应速率和化学平衡知识的运用，培养学生运用此规律进行推理的创造能力。
2. 使学生不但要掌握化学反应进行的快慢，而且还要掌握化学反应进行的完全程度，以便更好地为工农业生产服务。

第一节　化学反应速率

有些化学反应进行的很快，几乎瞬间就能完成。例如，炸药的爆炸、酸碱中和反应等。但是也有些反应进行得很慢，例如，煤和石油在地壳内的形成需要几十万年的时间。就是说不同的反应其反应速率不同。为了比较反应的快慢，需要明确化学反应速率的概念。

一、化学反应速率及其表示方法

化学反应速率指在一定条件下，反应物转变成为生成物的速率。化学反应速率可用平均速率来表示，也可用瞬时速率来表示。

1. 平均速率

化学反应的平均速率（$\bar{v}$）通常用单位时间内某一反应物浓度的减少或生成物浓度的增加来表示。

$$\bar{v} = \frac{1}{v_B} \times \frac{\Delta c_B}{\Delta t} \tag{3-1}$$

$\bar{v}$ 是用某物质浓度变化表示的平均速率，由于反应速率只能是正值，式(3-1)中生成物的计量系数 "v_B" 取值为正值，反应物的计量系数 "v_B" 取值为负值；Δc_B 表示某物质在 Δt 时间内浓度的变化量，单位常用 $mol \cdot L^{-1}$；Δt 表示时间的变化量，根据实际需要，单位常用秒（s）、分（min）或小时（h）等表示。

例如 N_2O_5 在四氯化碳溶液中按下面的反应方程式分解：

$$2N_2O_5(g) = 4NO_2(g) + O_2(g)$$

用反应物 $N_2O_5(g)$ 浓度改变量表示化学反应的平均速率为:

$$\bar{v} = -\frac{1}{2} \times \frac{\Delta c(N_2O_5)}{\Delta t}$$

用生成物 $NO_2(g)$ 或 $O_2(g)$ 浓度的变化来表示反应的平均速率为:

$$\bar{v} = \frac{1}{4} \times \frac{\Delta c(NO_2)}{\Delta t}$$

$$\bar{v} = \frac{\Delta c(O_2)}{\Delta t}$$

2. 瞬时速率

化学反应的瞬时速率 (v) 是当时间间隔 Δt 趋近于零时,平均速率的极限:

$$v = \lim_{\Delta t \to 0} \frac{1}{v_B} \times \frac{\Delta c_B}{\Delta t} = \frac{1}{v_B} \times \frac{dc_B}{dt} \tag{3-2}$$

反应的瞬时速率通常可用作图的方法求出。利用表 3-1 中 $\frac{1}{2}c(N_2O_5)$ 对时间作图,得到图 3-1。过 C 点曲线切线的斜率的绝对值,就表示该时刻 t_C 时反应的瞬时速率。

表 3-1 给出了在不同时间内 N_2O_5 浓度的测定值和相应的反应速率。从数据中可以看出,不同时间间隔里,反应的平均速率不同。

表 3-1 在 CCl_4 溶液中 N_2O_5 的分解速率 (298.15K)

经过的时间 t/s	时间的变化 Δt/s	$c(N_2O_5)$ /mol·L^{-1}	$-\Delta c(N_2O_5)$ /mol·L^{-1}	反应速率 $\bar{v}$/mol·L^{-1}·s^{-1}
0	0	2.10	—	—
100	100	1.95	0.15	7.5×10^{-4}
300	200	1.70	0.25	6.5×10^{-4}
700	400	1.31	0.39	4.9×10^{-4}
1000	300	1.08	0.23	3.8×10^{-4}
1700	700	0.76	0.32	2.3×10^{-4}
2100	400	0.62	0.14	1.75×10^{-4}
2800	700	0.37	0.19	1.35×10^{-4}

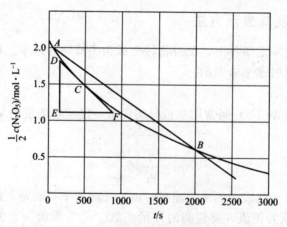

图 3-1 瞬时速率的作图求法

由于瞬时速率真正反映了某时刻化学反应进行的快慢,所以比平均速率更重要,有着更广泛的应用。故以后提到反应速率,一般指瞬时速率。

对于任意反应 $aA+dD \Longrightarrow gG+hH$

$$v=-\frac{1}{a}\frac{dc_A}{dt}=-\frac{1}{d}\frac{dc_D}{dt}=\frac{1}{g}\frac{dc_G}{dt}=\frac{1}{h}\frac{dc_H}{dt} \tag{3-3}$$

二、影响化学反应速率的因素

化学反应速率的大小除了与反应物的本性有关外，还受反应物的温度、浓度、压力、催化剂等外界条件的影响。

1. 浓度对化学反应速率的影响

在一定温度下，增大反应物浓度反应速率会加快，而且反应物浓度越大，反应速率越快。这是因为对某一反应来说，当温度一定时，增加反应物浓度时，单位体积内活化分子的总数增加，单位时间内分子之间的有效碰撞次数增大，从而使反应速率加快。

对于一般反应： $aA+dD \Longrightarrow gG+hH$

反应速率和反应物浓度的关系可用数学方程式表示，这种数学方程式称为速率方程。速率方程一般可表示为反应物浓度某次方的乘积，即：

$$v=kc_A^{\alpha}c_D^{\beta} \tag{3-4}$$

式中，k 为速率常数；c_A、c_D 为反应物的浓度；各浓度项指数的加和称为反应级数 n，$n=\alpha+\beta$。当 $n=1$ 时称为一级反应，$n=2$ 时称为二级反应，余者类推。

速率常数 k 不随浓度的改变而改变，但受温度、催化剂等因素的影响；通常温度升高，k 增大，对于一定的化学反应，在一定温度下，k 是常数。

反应级数的数值可以是整数，也可以是分数或零；反应级数是通过实验测定的，因此速率方程一般通过反应机理和实验求得。

2. 温度对化学反应速率的影响

温度对化学反应速率的影响特别显著，一般情况下升高温度可使大多数反应的速率加快。

（1）范特霍夫（van't Hoff）规则 范特霍夫依据大量实验提出经验规则：温度每升高 10℃，反应速率就增大到原来的 2～4 倍。

（2）阿仑尼乌斯（Arrhenius）公式 1889 年阿仑尼乌斯总结了大量实验事实，指出反应速率常数和温度间的定量关系为：

$$k=Ae^{-\frac{E_a}{RT}} \tag{3-5}$$

对式(3-5)取自然对数，得

$$\ln k=-\frac{E_a}{RT}+\ln A \tag{3-6}$$

对式(3-6)取常用对数，得

$$\lg k=-\frac{E_a}{2.303RT}+\lg A \tag{3-7}$$

式中，k 为反应速率常数；E_a 为反应活化能；R 为气体常数；T 为热力学温度；A 为一常数，称为"指前因子"或"频率因子"。在浓度相同的情况下，可以用速率常数来衡量反应速率。

阿仑尼乌斯公式不仅说明了反应速率与温度的关系，而且还可以说明活化能对反应速率的影响，即活化能越大，反应的速率常数越小。

温度升高导致反应速率增加的原因如下：

① 温度升高时分子运动速率增大，分子间碰撞频率增加，反应速率加快。
② 温度升高，活化分子的百分率增大，有效碰撞的百分率增加，使反应速率大大加快。所以无论是吸热反应还是放热反应，温度升高时反应速率都是增加的。

3. 压力对化学反应速率的影响

对有气体参加的反应来说，当温度一定时，增大压力，就是增加了反应物和生成物的浓度，因此可增大反应速率；相反，减小压力，就减小反应速率。

当反应物为固体、液体或者溶液时，由于改变压力对浓度的影响很小，因此我们认为，改变压力对反应速率基本无影响。

4. 催化剂对化学反应速率的影响

（1）催化剂和催化作用　催化剂，又称为触媒，是一种能改变化学反应速率，其本身在反应前后质量和化学组成均不改变的物质。催化剂改变反应速率的作用就是催化作用。

凡能加快反应速率的催化剂叫正催化剂，例如对于反应 $2H_2(g)+O_2(g)\rightleftharpoons 2H_2O(l)$，在 298.15K、标准状态下，可能较长时间看不出反应发生。若在反应系统中加入微量的 Pt 粉，反应立即发生，而且反应相当完全。但 Pt 粉在反应前后几乎毫无改变，Pt 粉在该反应中就是正催化剂。

凡能减慢反应速率的催化剂叫负催化剂或阻化剂。例如，六亚甲基四胺 $(CH_2)_6N_4$ 作为负催化剂，降低钢铁在酸性溶液中腐蚀的反应速率，也称为缓蚀剂。

一般使用催化剂是为了加快反应速率，若不特别说明，所谓催化剂就是指正催化剂。

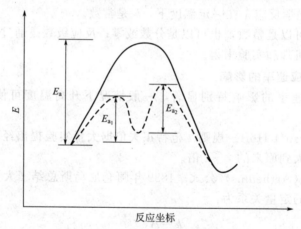

图 3-2　反应进程中能量的变化
（实线为非催化历程，虚线为催化历程）

（2）催化作用的基本特征

① 催化剂参与化学反应，改变反应历程，降低反应活化能。图 3-2 表示加催化剂和不加催化剂两种历程中能量的变化，在非催化历程中，须克服活化能为 E_a 的较高势垒，而在催化历程中只需要克服两个活化能较小的势垒 E_{a_1} 和 E_{a_2}，增加了活化分子百分率，加快了反应速率。

② 催化剂具有一定选择性。催化剂的选择性是指某种催化剂只能催化某一个或某几个反应。有的催化剂选择性较强，如酶的选择性很强，有的甚至达到专一的程度。

③ 催化剂对某些杂质很敏感。某些物质对催化剂的性能有很大的影响，可以大大增强催化功能的物质叫助催化剂。有些物质可以严重降低甚至完全破坏催化剂的活性，这些物质称为催化剂毒物，这种现象称为催化剂中毒。如合成氨反应中所使用的铁触媒催化剂，可因

体系中存在的 H_2O、CO、CO_2、H_2S 等杂质而中毒。

④ 催化剂在化学反应中的作用是加快反应速率从而加快化学平衡的到达，但不能使化学平衡发生移动，也不能改变平衡常数的值。

第二节　化学平衡

一、可逆反应与化学平衡

在同一条件下，既能向正反应方向又能向逆反应方向进行的反应叫可逆反应。通常用 "$\rightleftharpoons$" 号表示反应可逆性。

对于可逆反应：

$$CO(g) + H_2O(g) \rightleftharpoons CO_2(g) + H_2(g)$$

若反应开始时，体系中只有 $CO(g)$ 和 $H_2O(g)$ 分子，则只能发生正向反应，这时 $CO(g)$ 和 $H_2O(g)$ 分子数目最多，正反应的速率最大；之后随着反应的进行，$CO(g)$ 和 $H_2O(g)$ 的数目减少，正反应速率逐渐降低。另一方面，体系中出现 CO_2 分子和 H_2 分子后，就出现了可逆反应。随着反应的进行，CO_2 和 H_2 分子数目增多，逆反应速率逐渐增大，直到体系内正反应速率等于逆反应速率时，体系中各种物质的浓度不再发生变化，建立了一种动态平衡，称为化学平衡。图 3-3 表示了正、逆反应速率随着反应时间的变化情况。

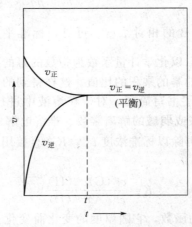

图 3-3　可逆反应的正逆反应速率变化示意图

可逆反应的进行，必然导致化学平衡状态的实现。平衡状态是化学反应进行的最大限度。平衡时，生成物的分压或浓度都应是在此平衡条件下的最大量。

二、化学平衡常数

1. 化学平衡常数

（1）实验平衡常数　通过大量实验发现，任何可逆反应，不管反应始态如何，在一定温度下达平衡时，各生成物平衡浓度幂的乘积与反应物平衡浓度幂的乘积的比值为一常数，称为化学平衡常数。其中，以浓度表示的称为浓度平衡常数（K_c），以分压表示的称为压力平衡常数（K_p）。例如反应：

$$aA + dD \rightleftharpoons gG + hH$$

$$K_c = \frac{c_G^g c_H^h}{c_A^a c_D^d} \tag{3-8}$$

若 A、D、G、H 为气态物质时，化学平衡常数也可用 K_p 表示，其平衡常数表达式如下：

$$K_p = \frac{p_G^g p_H^h}{p_A^a p_D^d} \tag{3-9}$$

式(3-8)及式(3-9)表明，在一定温度下，可逆反应达到平衡时，生成物浓度（或分压）以化学计量数为指数的幂的乘积与反应物浓度（或分压）以化学计量数为指数的幂的乘积之比是一个常数，称为经验平衡常数或实验平衡常数。

（2）标准平衡常数 实验平衡常数表达式中的浓度项或分压项分别除以标准浓度 $c^\ominus$（1mol·L^{-1}）或标准压力 $p^\ominus$（100kPa）所得的平衡常数称为标准平衡常数，符号为 $K^\ominus$。与式(3-8)及式(3-9)相对应的标准平衡常数表达式分别为：

$$K_c^\ominus = \frac{(c_G/c^\ominus)^g (c_H/c^\ominus)^h}{(c_A/c^\ominus)^a (c_D/c^\ominus)^d} \tag{3-10}$$

$$K_p^\ominus = \frac{(p_G/p^\ominus)^g (p_H/p^\ominus)^h}{(p_A/p^\ominus)^a (p_D/p^\ominus)^d} \tag{3-11}$$

对于气体反应，标准平衡常数既可用 $K_c^\ominus$ 表示，也可用 $K_p^\ominus$ 表示，当没有指明或没有必要指明化学平衡常数是 $K_c^\ominus$ 还是 $K_p^\ominus$，则用 $K^\ominus$ 表示。$\frac{p_B}{p^\ominus}$ 称为平衡时气体物质 B 的相对分压。$\frac{c_B}{c^\ominus}$ 称为平衡时溶液中物质 B 的相对浓度。可见，标准平衡常数乃是达到化学平衡时，生成物相对分压（或相对浓度）以化学计量系数为指数的幂的乘积与反应物相对分压（或相对浓度）以化学计量数为指数的幂的乘积的比值。这样得到的 $K^\ominus$ 是无量纲的量。

由于 $c^\ominus = 1\text{mol·L}^{-1}$，为了书写简便，对于在溶液中进行的化学反应，本书以后各章节中的标准平衡常数 $K_c^\ominus$（弱酸或弱碱的解离常数、难溶电解质的溶度积、配合物的稳定常数等）表达式中的浓度项均不再除以标准浓度 $c^\ominus$，$K_c^\ominus$ 直接用 K 来表示，如式(3-11)可简写为：

$$K = \frac{c^g(G)c^h(H)}{c^a(A)c^d(D)} \tag{3-12}$$

化学平衡常数 $K^\ominus$ 是温度的函数，它随温度的变化而变化。$K^\ominus(T)$ 是化学反应的特性常数，它不随反应物、生成物浓度（或分压）的变化而变化。当温度一定时，$K^\ominus(T)$ 是一定值，反映化学反应的固有本性。对同类型的化学反应，$K^\ominus(T)$ 越大，化学反应进行的程度越大。但 $K^\ominus(T)$ 大的反应，其反应速率不一定快。

2. 书写化学平衡常数表达式时应注意的问题

（1）平衡常数表达式中各组分浓度或分压均为平衡时的浓度或分压。

（2）反应涉及纯固体、纯液体或稀溶液的溶剂时，其浓度视为常数，不再写进 $K^\ominus$ 表达式中。例如：

$$CaCO_3(s) \rightleftharpoons CaO(s) + CO_2(g)$$

$$K^\ominus = \frac{p(CO_2)}{p^\ominus}$$

$$CO_2(g) + H_2(g) \rightleftharpoons CO(g) + H_2O(l)$$

$$K^\ominus = \frac{p(CO)/p^\ominus}{[p(CO_2)/p^\ominus][p(H_2)/p^\ominus]}$$

$$Cr_2O_7^{2-}(aq) + H_2O(l) \rightleftharpoons 2H^+(aq) + 2CrO_4^{2-}(aq)$$

$$K^{\ominus} = \frac{c^2(H^+)c^2(CrO_4^{2-})}{c(Cr_2O_7^{2-})}$$

对于非水溶液中的反应，若有水参加，水的浓度不能视为常数，应书写在平衡常数表达式中。例如：

$$C_2H_5OH(l) + CH_3COOH(l) \rightleftharpoons CH_3COOC_2H_5(l) + H_2O(l)$$

$$K^{\ominus} = \frac{c(CH_3COOC_2H_5)c(H_2O)}{c(C_2H_5OH)c(CH_3COOH)}$$

（3）化学平衡常数必须与化学反应方程式相对应；化学反应方程式的写法不同，则平衡常数的数值也不同。

$$2NO_2(g) \rightleftharpoons N_2O_4(g) \qquad K_1^{\ominus} = \frac{c(N_2O_4)}{c(NO_2)^2}$$

$$NO_2(g) \rightleftharpoons \frac{1}{2}N_2O_4(g) \qquad K_2^{\ominus} = \frac{c(N_2O_4)^{1/2}}{c(NO_2)}$$

$$N_2O_4(g) \rightleftharpoons 2NO_2(g) \qquad K_3^{\ominus} = \frac{c(NO_2)^2}{c(N_2O_4)}$$

显然，$K_1^{\ominus} = (K_2^{\ominus})^2 = (K_3^{\ominus})^{-1}$。

3. 多重平衡规则

若某反应是由几个反应相加而成，则该反应的平衡常数等于各分反应的平衡常数之积，这种关系称为多重平衡规则。

例 3-1 已知 1123K 时：

(1) $C(石墨, s) + CO_2(g) \rightleftharpoons 2CO(g) \qquad K_1^{\ominus} = 1.3 \times 10^{14}$

(2) $CO(g) + Cl_2(g) \rightleftharpoons COCl_2(g) \qquad K_2^{\ominus} = 6.0 \times 10^{-3}$

计算反应 (3) $C(石墨, s) + CO_2(g) + 2Cl_2(g) \rightleftharpoons 2COCl_2(g)$，在 1123K 时的 $K_3^{\ominus}$。（$COCl_2$，碳酰氯，俗称光气）

解： 反应式(3) = 反应式(1) + 2×反应式(2)

$$K_3^{\ominus} = K_1^{\ominus} \times (K_2^{\ominus})^2$$
$$= 1.3 \times 10^{14} \times (6.0 \times 10^{-3})^2 = 4.7 \times 10^9$$

4. 有关平衡常数的计算

利用某一反应的平衡常数，可以计算达到平衡时各反应物和生成物的量以及反应物的转化率。转化率是指反应物在平衡时已转化为生成物的百分数。常用 α 表示，即

$$某反应物转化率 \alpha = \frac{某反应物已转化的量}{某反应物起始的量} \times 100\% \qquad (3-13)$$

转化率 α 越大，表示达到平衡时反应进行的程度越大。

例 3-2 已知反应 $CO(g) + H_2O(g) \rightleftharpoons CO_2(g) + H_2(g)$

在 1173K 达到平衡时，测得平衡常数 $K_c^{\ominus} = 1.00$，若在 100L 密闭容器中加入 CO 和水蒸气各 200mol，试求算在该温度下 CO 的转化率。

解： 设反应达到平衡时，CO 已转化的浓度为 x mol·L^{-1}，则有：

	CO(g)	+	H$_2$O(g)	$\rightleftharpoons$	CO$_2$(g)	+	H$_2$(g)
起始浓度/mol·L^{-1}	200/100=2.00		200/100=2.00		0		0
平衡浓度/mol·L^{-1}	2.00−x		2.00−x		x		x

把各物质的平衡浓度代入平衡常数表达式：

$$K_c^\ominus = \frac{c(CO_2)c(H_2)}{c(CO)c(H_2O)}$$

$$= \frac{xx}{(2.00-x)(2.00-x)}$$

解得：$x = 1.00 \text{mol} \cdot \text{L}^{-1}$，故 CO 的平衡转化率为：

$$\alpha = \frac{1.00}{2.00} = 50.0\%$$

例 3-3 在 573K 时，$PCl_5(g)$ 在密闭容器中按下式分解：

$$PCl_5(g) \rightleftharpoons PCl_3(g) + Cl_2(g)$$

达到标准时，$PCl_5(g)$ 的转化率为 40%，总压为 300kPa，求反应的标准平衡常数 $K_p^\ominus$。

解：设体系内反应开始前 $PCl_5(g)$ 的量为 n mol。

	$PCl_5(g)$	$\rightleftharpoons$	$PCl_3(g)$	+	$Cl_2(g)$
开始时物质的量/mol	n		0		0
平衡时物质的量/mol	$(1-0.40)n$		$0.40n$		$0.40n$
平衡时物质摩尔分数	$\dfrac{0.60}{1.40}$		$\dfrac{0.40}{1.40}$		$\dfrac{0.40}{1.40}$
平衡分压/kPa	$300 \times \dfrac{0.60}{1.40}$		$300 \times \dfrac{0.40}{1.40}$		$300 \times \dfrac{0.40}{1.40}$

$$K_p^\ominus = \frac{[p(PCl_3)/p^\ominus][p(Cl_2)/p^\ominus]}{[p(PCl_5)/p^\ominus]} = \frac{\left(\dfrac{300}{100} \times \dfrac{0.40}{1.40}\right)^2}{\left(\dfrac{300}{100} \times \dfrac{0.60}{1.40}\right)} = 0.57$$

第三节　化学平衡的移动

化学平衡如同其他平衡一样，都是相对的和暂时的，它只能在一定的条件下才能保持。当外界条件改变时，原有的平衡被破坏，直到在新的条件下建立新的平衡。

一、影响化学平衡的因素

对于一个可逆反应：　　　　　$aA + dD \rightleftharpoons gG + hH$

达到平衡时，有：

$$K^\ominus = \frac{c^g(G)c^h(H)}{c^a(A)c^d(D)}$$

如果在现有的平衡体系中，改变反应物浓度或压力时，平衡就发生了变化，并令非平衡状态时：

$$Q_c = \frac{c^g(G)c^h(H)}{c^a(A)c^d(D)}$$

Q_c 为浓度商。当可逆反应处于平衡状态时，如果改变浓度，平衡的移动可以有以下三种情况：

(1) 若 $Q_c < K^\ominus$，即 $Q_c/K^\ominus < 1$，则平衡向正反应方向移动，直至建立新的平衡；

(2) 若 $Q_c > K^\ominus$，即 $Q_c/K^\ominus > 1$，则平衡向逆反应方向移动，直至建立新的平衡；

(3) 若 $Q_c = K^\ominus$，即 $Q_c/K^\ominus = 1$，则反应维持原平衡状态。

下面我们分别讨论浓度、压力、温度对化学平衡的影响。

1. 浓度对化学平衡的影响

在其他条件不变的情况下，增大反应物的浓度，会使浓度商 Q_c 的数值因分母增大而减小，于是若 $Q_c < K^{\ominus}$，则平衡向正反应方向移动；反之，增大生成物的浓度，会使浓度商 Q_c 的数值因分子增大而增大，平衡向逆反应方向移动。

在工业生产中适当增大廉价的反应物的浓度，使化学平衡向正反应方向移动，可提高价格较高原料的转化率，降低生产成本。

2. 压力对化学平衡的影响

压力对化学平衡的影响可分为以下几种情况：

（1）没有气体参加的化学反应，压力的变化对平衡影响不大。

（2）对于反应前后气体分子数不变的反应，压力的变化对平衡状态没有影响。

（3）对于有气体参加且反应前后气体的物质的量有变化的反应，压力变化时将对化学平衡产生影响。在恒温下，增大压力，平衡向气体分子数目减小的方向移动；减小压力，平衡向气体分子数目增大的方向移动。

（4）在体系中加入与反应无关（指不参加反应）的气体时，在定容条件下，各组分气体分压不变，对化学平衡无影响；在定压条件下，无关气体的引入，会使反应体系体积增大，各组分气体的分压减小，化学平衡向气体物质的量增大的方向移动。

3. 温度对化学平衡的影响

浓度、总压对化学平衡的影响是改变了平衡时各物质的浓度，但不改变平衡常数 $K^{\ominus}$ 值。温度对平衡移动的影响和浓度及压力对平衡移动的影响有着本质的区别。由于平衡常数 $K^{\ominus}$ 是温度的函数，故温度变化时，$K^{\ominus}$ 值就随之发生变化。

在其他条件不变的情况下，升高温度，化学平衡向吸热的方向移动；降低温度，化学平衡向放热的方向移动。

二、勒夏特列（Le Chatelier）原理

1884 年，法国化学家吕·查得里（Le Chatelier）从实验中总结出一条规律：如果改变平衡体系的条件之一（如浓度、温度或压力等），平衡就会向减弱这个改变的方向移动。这条规律被称为勒夏特列原理，也称为化学平衡移动原理，是适用于一切平衡的普遍规律。应用这一规律，可以通过改变条件，使反应向所需的方向转化或使所需的反应进行得更完全。

知识阅读

石墨烯简介

石墨烯（graphene）是一种由碳原子以 sp² 杂化方式形成的蜂窝状平面薄膜，是一种只有一个原子层厚度的准二维材料，所以又叫做单原子层石墨。

主要特性：

（1）硬度　石墨烯不仅是已知材料中最薄的一种，还非常牢固坚硬。面积为 1m² 的石墨烯层片可承受 4kg 的质量，其强度约为普通钢的 100 倍，用石墨烯制成的包装袋，可以承受大约 2t 的重量，是目前已知的强度最大的材料。

(2) 导电导热性　石墨烯电子迁移率可达到 $2×10^5 cm^2·V^{-1}·s^{-1}$，约为硅中电子迁移率的 140 倍，砷化镓的 20 倍，温度稳定性高，电导率可达 $108Ω·m^{-1}$，面电阻约为 $31Ω·sq^{-1}$（$310Ω·m^{-2}$），比铜或银更低，是室温下导电最好的材料。

应用领域介绍：

(1) 可做"太空电梯"缆线　据科学家称，石墨烯堪称是人类已知的强度最高的物质，它不仅可以开发制造出纸片般的超轻型飞机材料、超坚韧防弹衣，甚至还为"太空电梯"缆线的制造打开了一扇"阿里巴巴"之门。美国科学家证实，地球上强度最高的物质"石墨烯"完全适合用来制造太空电梯缆线，人类通过"太空电梯"进入太空，所花的成本将比通过火箭升入太空便宜很多。

(2) 代替硅生产超级计算机　科学家发现，石墨烯还是目前已知导电性能最出色的材料。石墨烯的这种特性尤其适合于高频电路。高频电路是现代电子工业的领头羊，一些电子设备，例如手机，由于工程师们正在设法将越来越多的信息填充在信号中，它们被要求使用越来越高的频率，然而手机的工作频率越高，热量也越高，于是，高频的提升便受到很大的限制。由于石墨烯的出现，高频提升的发展前景似乎变得无限广阔了。这使它在微电子领域也具有巨大的应用潜力。研究人员甚至将石墨烯看作是硅的替代品，能用来生产未来的超级计算机。

(3) 光子传感器　石墨烯还可以以光子传感器的面貌出现在更大的市场上，这种传感器是用于检测光纤中携带的信息的，现在，这个角色还在由硅担当，但硅的时代似乎就要结束。2010 年 10 月，IBM 的一个研究小组首次披露了他们研制的石墨烯光电探测器，接下来人们要期待的就是基于石墨烯的太阳能电池和液晶显示屏了。因为石墨烯是透明的，用它制造的电板比其他材料具有更优良的透光性。

(4) 其他应用　石墨烯还可以应用于晶体管、触摸屏、基因测序等领域，同时有望帮助物理学家在量子物理学研究领域取得新突破。中国科研人员发现细菌的细胞在石墨烯上无法生长，而人类细胞却不会受损。利用这一点石墨烯可以用来做绷带，食品包装甚至抗菌 T 恤；用石墨烯做的光电化学电池可以取代基于金属的有机发光二极管，因石墨烯还可以取代灯具的传统金属石墨电极，使之更易于回收。

习　题

一、解释概念

1. 反应速率；2. 反应速率常数；3. 化学平衡；4. 标准平衡常数。

二、判断题（说明理由）

1. 绝大多数化学反应都是可逆的。

2. 反应速率越大，平衡常数也越大。

3. 反应达平衡时：①正反应速率为零；②正反应速率等于逆反应速率；③反应物与产物的浓度一定相等；④反应物与产物的浓度均为常数；⑤平衡常数不再改变。

三、选择题

1. 在体积可变的密闭容器中，反应 $mA(g)+nB(s) \rightleftharpoons pC(g)$ 达到平衡后，压缩容器的体积，发现 A 的转化率随之降低，下列说法中，正确的是（　　）。

A. $(m+n)$ 必定小于 p　　　　　　　　B. $(m+n)$ 必定大于 p

C. m 必定小于 p　　　　　　　　　　D. m 必定大于 p

2. 对于 $3Fe(s)+4H_2O(g) \rightleftharpoons$（高温）$Fe_3O_4+4H_2(g)$，反应的化学平衡常数的表达式为（　　）。

A. $K=[c(Fe_3O_4)c(H_2)]/[c(Fe)c(H_2O)]$　　B. $K=[c(Fe_3O_4)c^4(H_2)]/[c(Fe)c^4(H_2O)]$

C. $K=c^4(H_2O)/c^4(H_2)$　　　　　　　　D. $K=c^4(H_2)/c^4(H_2O)$

3. 少量铁粉与 100mL 0.01mol·L^{-1} 的稀盐酸反应，反应速率太慢。为了加快此反应速率而不改变 H_2 的产量，可以使用如下方法中的（　　）。

①加 H_2O　　　　　　　②加 NaOH 固体　　　　　　③滴入几滴浓盐酸

④加 CH_3COONa 固体　　⑤加 NaCl 溶液　　　　　　⑥滴入几滴硫酸铜溶液

⑦升高温度（不考虑盐酸挥发）　⑧改用 10mL 0.1mol·L^{-1} 盐酸
A. ①⑥⑦　　　　　B. ③⑤⑧　　　　　C. ③⑦⑧　　　　　D. ⑤⑦⑧

4. 可逆反应 $a\text{A}(g)+b\text{B}(l) \rightleftharpoons c\text{C}(g)$，改变温度（其他条件不变）和压力（其他条件不变）对上述反应正、逆反应速率的影响分别如下图所示，以下论述正确的是（　　）。

A. $a>c$，正反应为放热反应
B. $a<c$，正反应为吸热反应
C. $a+b>c$，正反应为放热反应
D. $a+b<c$，正反应为吸热反应

5. 反应 $\text{A}(g)+3\text{B}(g) \rightleftharpoons 2\text{C}(g)$ 是放热反应，达到平衡后，将气体混合物的温度降低，下列叙述正确的是（　　）。
A. 正反应速率增大，逆反应速率减小，平衡向正反应方向移动
B. 正反应速率减小，逆反应速率增大，平衡向逆反应方向移动
C. 正反应速率和逆反应速率减小，平衡向正反应方向移动
D. 正反应速率和逆反应速率减小，平衡向逆反应方向移动

四、计算题

1. 有一化学反应 A+2B══2C，在 250K 时，其速率和浓度的关系如下：

$c(\text{A})/\text{mol}\cdot\text{L}^{-1}$	$c(\text{B})/\text{mol}\cdot\text{L}^{-1}$	$-\dfrac{dc(\text{A})}{dt}/\text{mol}\cdot\text{L}^{-1}\cdot\text{s}^{-1}$
0.10	0.010	1.2×10^{-3}
0.10	0.040	4.5×10^{-3}
0.20	0.010	2.4×10^{-3}

（1）写出反应的速率方程，并指出反应级数；（2）求该反应的速率常数；（3）求出当 $c(\text{A})=0.010\text{mol}\cdot\text{L}^{-1}$，$c(\text{B})=0.020\text{mol}\cdot\text{L}^{-1}$ 时的反应速率。

2. 在一密闭容器中进行如下反应：
$$2\text{SO}_2+\text{O}_2 \rightleftharpoons 2\text{SO}_3$$
SO_2 的起始浓度是 $0.4\text{mol}\cdot\text{L}^{-1}$，$\text{O}_2$ 的起始浓度是 $1\text{mol}\cdot\text{L}^{-1}$，当 80% 的 SO_2 转化为 SO_3 时反应达到平衡，求该反应在此条件下的平衡常数。

3. 已知在某温度时
(1) $2\text{CO}_2(g) \rightleftharpoons 2\text{CO}(g)+\text{O}_2(g)$　　$K_1^{\ominus}=A$
(2) $\text{SnO}_2(s)+2\text{CO}(g) \rightleftharpoons \text{Sn}(s)+2\text{CO}_2(g)$　　$K_2^{\ominus}=B$
则同一温度下的反应(3) $\text{SnO}_2(s) \rightleftharpoons \text{Sn}(s)+\text{O}_2(g)$ 的 $K_3^{\ominus}$ 应为多少？

4. 在 585K 和总压为 100kPa 时，有 56.4% NOCl(g) 按下式分解：$2\text{NOCl}(g) \rightleftharpoons 2\text{NO}(g)+\text{Cl}_2(g)$，若未分解时 NOCl 的量为 1mol。计算：(1) 平衡时各组分的物质的量；(2) 各组分的平衡分压；(3) 该温度时的 $K^{\ominus}$。

第四章 定量分析基础

■【知识目标】
1. 掌握准确度、精密度的概念及两者之间的关系。
2. 了解有效数字的概念,掌握有效数字的修约规则和运算规则。
3. 掌握滴定分析对滴定反应的要求、滴定分析的方法和方式。

■【能力目标】
1. 准确读取、规范记录实验原始数据。
2. 对各种测量或计量而得的数值进行有效数字修约及运算。
3. 掌握滴定分析中的有关计算。

第一节 分析化学简介

一、分析方法的分类

根据分析的目的和任务、分析对象、分析试样的用量、测定原理等的不同,分析方法可以分为以下几种。

1. 定性分析、定量分析和结构分析

根据分析的目的和任务的不同,分析方法可分为定性分析、定量分析和结构分析。

定性分析的任务是鉴定试样有哪些元素、原子、原子团、官能团或化合物组成;定量分析的任务是测定试样中有关组分的含量;结构分析的任务是研究和确定物质的分子结构和晶体结构。

2. 无机分析和有机分析

根据分析对象的化学属性不同,分析方法可分为:无机分析和有机分析。

无机分析是以无机物为分析对象的分析方法;有机分析是以有机物为分析对象的分析方法。

3. 常量分析、半微量分析、微量分析和超微量分析

根据分析时所需试样的用量不同,分析方法可分为常量分析、半微量分析、微量分析和超微量分析。各种分析方法的试样用量见表 4-1。

4. 常量组分分析、微量组分分析和痕量组分分析

根据被分析组分在试样中的相对含量的高低,分析方法可粗略分为常量组分分析、微量组分分析和痕量组分分析。各种分析方法的试样相对含量见表 4-2。

表 4-1 各种分析方法的试样用量

分类名称	所需试样的质量 m/mg	所需试样的体积 V/mL
常量分析	>100	>10
半微量分析	10~100	1~10
微量分析	0.1~10	0.01~1
超微量分析	<0.1	<0.01

表 4-2 各种分析方法的试样相对含量

分类名称	质量分数
常量组分分析	>1%
微量组分分析	0.01%~1%
痕量组分分析	<0.01%

5. 化学分析和仪器分析

根据分析时所依据的物理性质和化学性质的不同，分析方法可分为化学分析和仪器分析。

(1) **化学分析法** 化学分析法是利用化学反应和它的计量关系来确定被测物质的组成和含量的一类分析方法，主要有重量分析法和滴定分析法。

重量分析法是通过化学反应及一系列操作步骤，使待测组分分离出来或转化为另一种化合物，再通过称量而求得待测组分的含量。

滴定分析法是将一种已知准确浓度的试剂溶液，通过滴定管滴加到待测物质溶液中，直到所加试剂恰好与待测组分按化学计量关系定量反应为止。根据滴加试剂的体积和浓度，计算待测组分的含量。

化学分析历史悠久，是分析化学的基础，尤其是滴定分析操作简便、快速，所需设备简单，且具有足够的准确度。因而，它仍是一类具有很大实用价值的分析方法。

(2) **仪器分析法** 仪器分析法是以物质的物理性质和物理化学性质为基础的分析方法。这类分析方法常需要特殊的仪器，故称仪器分析法。

仪器分析法具有快速、操作简便、灵敏度高的特点，适用于微量和痕量组分的测定，是分析化学的发展方向。

二、定量分析的一般程序

定量分析的一般程序包括试样的采取和制备、试样的分解、测定和数据处理等过程。

1. 试样的采取和制备

定量分析的目的是测定大量物料的某种化学成分的平均含量，但实际上，每次测定仅用很少的样品进行测定。这就要求所测样品的化学成分与含量，应当与大批物料中的化学成分与含量极为近似，即某种成分的含量应当能够代表大批物料中的平均含量，否则测定过程无论怎样精密、准确，其测定结果也毫无意义，甚至会酿成事故，给工业生产带来严重损失。

在采样和制样过程中，应当采取措施保持试样的代表性，防止因自然或人为的原因使试样的化学成分及含量发生变化。正确地采样和制样是保证测定结果准确的前提条件，分析工作者应当严格遵守技术标准的规定。

2. 试样的分解

定量分析一般用湿法分析，即将试样分解后转入溶液中，然后进行测定。分解试样的方法很多，主要有水溶法、酸溶法、碱溶法、熔融法（如硅酸盐样品的处理）和灰化法（如食品、植物样品的处理），操作时可根据试样的性质和分析的要求选用适当的分解方法。必要时要进行样品的分离与富集。

3. 测定

根据分析要求（如准确度和精密度的要求）、样品的性质、含量及实验室的现有条件选取合适的分析方法进行测定。

4. 数据处理

根据测定的有关数据计算出组分的含量，并对分析结果的可靠性进行分析、评价，最后得出结论。

第二节　定量分析中的误差

在定量分析中，分析的结果应具有一定的准确度，因为不准确的分析结果会导致产品的报废和资源的浪费，甚至在科学上得出错误的结论。但是在分析过程中，即使操作很熟练的分析工作者，用同一方法对同一样品进行多次分析，也不能得到完全一致的分析结果，而只能得到在一定范围内波动的结果。也就是说，分析过程的误差是客观存在的。因此需要找出误差产生的原因，研究避免误差的方法，以提高分析结果的准确度。

一、误差的分类

分析结果与真实值之间的差值称为误差。根据误差的性质和来源，可将其分为系统误差和偶然误差。

1. 系统误差

系统误差又称为可测误差，它是由分析过程中某些固定的原因造成的，使分析结果系统偏低或偏高。当在同一条件下测定时，系统误差会重复出现，且方向（正或负）是一致的，即系统误差具有重现性或单向性的特点。

根据系统误差的性质和产生的原因，可将其分为四种：

（1）方法误差　方法误差是由于分析方法本身所造成的误差。例如，在滴定分析中，反应进行得不完全、滴定终点与化学计量点不符合以及杂质的干扰等都会使系统结果偏高或偏低。

（2）仪器误差　仪器误差是由于仪器本身不够精确或未经校准而引起的误差。例如，天平砝码不够准确，滴定管、容量瓶和移液管的刻度不准等，都会产生此种误差。

（3）试剂误差　试剂误差是由于试剂或蒸馏水含有微量的杂质或干扰物质而引起的误差。

（4）操作误差　操作误差是指在正常条件下，分析人员的主观因素所引起的误差。例如，滴定管的读数偏低或偏高，对颜色不够敏锐等造成的误差。

2. 偶然误差

偶然误差又称随机误差或不可测误差，它是一些随机的或偶然的原因引起的。例如，测定时环境的温度、湿度或气压的微小变化，仪器性能的微小变化，操作人员操作的微小差别都可能引起误差。这种误差时大时小，时正时负，难以察觉，难以控制。偶然误

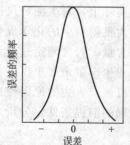

图 4-1　偶然误差的正态分布曲线

差虽然不固定,但在同样的条件下进行多次测定,其分布服从正态分布规律,即正、负误差出现的概率相等;小误差出现的概率大,大误差出现的概率小。偶然误差的分布曲线见图 4-1。

除上述两类误差外,分析人员的粗心大意还会引起过失误差。例如,溶液的溅失,加错试剂,读错读数,记录和计算错误等,这些都是不应有的过失,不属于误差的范围,正确的测量数据不应包括这些错误数据。当出现较大的误差时,应认真考虑原因,剔除由过失引起的错误数据。

二、准确度和精密度

1. 准确度与误差

准确度是指测定值与真实值的符合程度,常用误差表示。误差愈小,表示分析结果的准确度愈高;反之,误差越大,分析结果的准确度愈低。所以,误差的大小是衡量准确度高低的尺度。

误差通常分为绝对误差和相对误差。

绝对误差(E_a)表示测定值与真实值之差。即:

$$E_a = 测定值 - 真实值 \tag{4-1}$$

相对误差(E_r)是指绝对误差在真实值中所占的百分数,即:

$$E_r = \frac{绝对误差}{真实值} \times 100\% \tag{4-2}$$

由此可知,绝对误差和相对误差都有正值和负值之分,正值表示分析结果偏高,负值表示分析结果偏低;若两次分析结果的绝对误差相等,它们的相对误差却不一定相等,真实值愈大,其相对误差愈小,反之,真实值愈小,其相对误差愈大。例如,用万分之一的分析天平直接称量两金属铜块,其重量分别为 5.0000g 和 0.5000g,由于使用同一台分析天平,两铜块重量的绝对误差均为 ±0.0001g,但其相对误差分别为:

$$\frac{\pm 0.0001}{5.0000} \times 100\% = \pm 0.002\%$$

$$\frac{\pm 0.0001}{0.5000} \times 100\% = \pm 0.02\%$$

可见,二者的相对误差相差较大,因此,用相对误差表示分析结果的准确性更为确切。

2. 精密度与偏差

精密度是表示在相同条件下多次重复测定(称为平行测定)结果之间的符合程度。精密度高,表示分析结果的再现性好,它决定于偶然误差的大小,精密度常用分析结果的偏差、平均偏差、相对平均偏差、标准偏差或变动系数来衡量。

(1)偏差 偏差分为绝对偏差和相对偏差。

绝对偏差(d)是个别测定值(x_i)与各次测定结果的算术平均值($\bar{x}$)之差,即:

$$d = x_i - \bar{x} \tag{4-3}$$

设某一组测量数据为 x_1、x_2、…、x_n,其算术平均值 $\bar{x}$ 为(n 为测定次数):

$$\bar{x} = \frac{x_1 + x_2 + \cdots + x_n}{n} = \frac{1}{n}\sum_{i=1}^{n} x_i \tag{4-4}$$

相对偏差(d_r)是绝对偏差占算术平均值的百分数,即:

$$d_r = \frac{d}{\bar{x}} \times 100\% \tag{4-5}$$

平均偏差（$\bar{d}$）是指各次偏差的绝对值的平均值：

$$\bar{d}=\frac{|d_1|+|d_2|+\cdots+|d_n|}{n}=\frac{\sum|d_i|}{n} \tag{4-6}$$

其中 $d_1=x_1-\bar{x}$，$d_2=x_2-\bar{x}$，…，$d_n=x_n-\bar{x}$。

相对平均偏差（$\bar{d}_r$）是指平均偏差占算术平均值（$\bar{x}$）的百分数：

$$\bar{d}_r=\frac{\bar{d}}{\bar{x}}\times100\% \tag{4-7}$$

（2）标准偏差　标准偏差又叫均方根偏差，是用数理统计的方法处理数据时，衡量精密度高低的一种表示方法，其符号为 S。当测定次数不多时（$n<20$），则：

$$S=\sqrt{\frac{d_1^2+d_2^2+\cdots+d_n^2}{n-1}}=\sqrt{\frac{\sum d_i^2}{n-1}} \tag{4-8}$$

相对标准偏差（S_r）又称为变动系数（CV），是标准偏差占算术平均值的百分数：

$$S_r=\frac{S}{\bar{x}}\times100\% \tag{4-9}$$

将单次测定的偏差平方之后，较大的偏差能更好地反映出来，能更清楚地说明数据的分散程度。因此，用标准偏差表示精密度比平均偏差好。例如有两批数据，各次测量的偏差分别是：

+0.3、−0.2、−0.4、+0.2、+0.1、+0.4、0.0、−0.3、+0.2、−0.3；
0.0、+0.1、−0.7、+0.2、−0.1、−0.2、+0.5、−0.2、+0.3、+0.1。

由计算可知，两批数据的平均偏差均为 0.24，其精密度的高低是一样的。但明显地看出，第二批数据因有两个较大的偏差而较为分散。若用标准偏差来表示，第一批和第二批数据的标准偏差分别为 0.26 和 0.33，可见第一批数据的精密度较好。

例 4-1　对某试样进行了 5 次测定，结果分别为 10.48%、10.37%、10.47%、10.43%、10.40%，计算分析结果的平均偏差，相对平均偏差、标准偏差和变动系数。

解： $\bar{x}=\dfrac{10.48\%+10.37\%+10.47\%+10.43\%+10.40\%}{5}=10.43\%$

$\sum|d_i|=0.05+0.06+0.04+0.00+0.03=0.18(\%)$

$\sum d_i^2=(0.0025+0.0036+0.0016+0.0000+0.0009)\times10^{-4}$
$=0.0086\times10^{-4}$

$\bar{d}=\dfrac{\sum|d_i|}{n}=\dfrac{0.18\%}{5}=0.036\%$

$\bar{d}_r=\dfrac{\bar{d}}{\bar{x}}\times100\%=\dfrac{0.036}{10.43}\times100\%$
$=0.35\%$

$S=\sqrt{\dfrac{\sum d_i^2}{n-1}}=\sqrt{\dfrac{0.0086\times10^{-4}}{4}}=0.046\%$

$S_r=\dfrac{S}{\bar{x}}\times100\%=\dfrac{0.046\%}{10.43\%}\times100\%=0.44\%$

3. 准确度与精密度的关系

准确度是表示测定值与真实值的符合程度，反映了测量的系统误差和偶然误差的大小。精密度是表示平行测定结果之间的符合程度，与真实值无关，精密度反映了测量的偶然误差的大小。因此，精密度高并不一定准确度也高，精密度高只能说明测定结果的偶然误差较小，只有在消除了系统误差之后，精密度好，准确度才高。

例如，甲、乙、丙三人同时测定某一铁矿石中 Fe_2O_3 的含量（真实含量为 50.36%），各分析四次，测定结果如下：

甲：	50.30%	乙：50.40%	丙：50.36%
	50.30%	50.30%	50.35%
	50.28%	50.25%	50.34%
	50.27%	50.23%	50.33%
平均值：	50.29%	50.30%	50.35%

将所得数据绘于图 4-2 中。

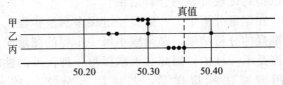

图 4-2　甲、乙、丙分析结果的分布

由图 4-2 可知，甲的分析结果精密度很高，但平均值与真实值相差颇大，说明准确度低；乙的分析结果精密度不高，准确度也不高；丙的分析结果的精密度和准确度都比较高。

根据以上分析可知，精密度高不一定准确度高，但准确度高一定要求精密度高。精密度是保证准确度的先决条件。若精密度很差，说明测定结果不可靠，也就失去了衡量准确度的前提。

三、提高分析结果准确度的方法

准确度表示分析结果的正确性，决定于系统误差和偶然误差的大小，因此，要获得准确的分析结果，必须尽可能地减少系统误差和偶然误差。

1. 减免系统误差

（1）方法误差的减免　一般情况下，重量分析法和滴定分析法的灵敏度不高，但相对误差较小，适用于高含量组分的测定。仪器分析法的灵敏度虽高，但相对误差较大，适用于低含量组分的测定。重量分析和容量分析由于灵敏度较低，一般不能用于测定低含量的组分，否则将会造成较大的误差。因此在对样品进行分析时，必须对样品的性质和待测组分的含量有所了解，以便选择合适的分析方法。

分析方法是不是存在系统误差可以做对照试验或加标回收法进行检验。对照试验有标准样品对照试验和标准方法对照试验。

标准样品对照试验是选用组成与试样相近的标准试样（含量已知），按分析试样所用的方法，在相同的条件下进行的测定。若标准样品的分析结果与标准样品的已知含量相差较大，说明分析方法存在较大的系统误差，需要改进或更换分析方法；若标准样品的分析结果与标准样品的含量相差较小，说明系统误差较小，可以通过对照试验求出校正系数，用来校正分析结果。

$$校正系数 = \frac{标准样品的真实含量}{标准试样的分析结果} = \frac{样品的真实含量}{样品的分析结果} \qquad (4-10)$$

标准方法对照试验是用公认的标准方法对分析试样进行测定，若测定结果与所采用的分析方法测定结果存在较大的差别，则说明分析方法存在较大的系统误差。

加标回收法是在测定试样某组分含量（x_1）的基础上，加入已知含量的该组分（x_2），再次测定其组分含量（x_3）。根据计算所得回收率判断分析方法是否存在较大系统误差。通常情况下，常量组分的回收率应大于99%，微量组分的回收率一般应在95%~105%。

$$回收率 = \frac{x_3 - x_1}{x_2} \times 100\% \tag{4-11}$$

（2）仪器和试剂误差的减免　仪器不准确引起的系统误差，可以通过校准仪器减少其影响。例如，砝码、移液管和滴定管等，在精确的分析中必须进行校准。在日常分析中，因仪器出厂时已校准，一般不需要进行校正。

对于试剂或蒸馏水所引入的系统误差可通过空白试验进行检验，即在不加待测试样的情况下，按分析试样所用的方法在相同的条件下进行测定，其测定结果为空白值。从试样分析结果扣除空白值，就可以得到比较可靠的分析结果。

（3）减小测量误差　在定量分析中，一般要经过很多测量步骤，而每一测量步骤都可能引入误差，因此要获得准确的分析结果，必须减小每一步骤的测量误差。

不同的仪器其准确度是不一样的，因此必须掌握每一种仪器的性能，才能提高分析测定的准确度。例如，采用差减法称量样品，若使用万分之一的分析天平（绝对误差为±0.0001g），称量的绝对误差为±0.0002g（需读取两次数据）。为了使称量的相对误差在±0.1%以内，试样的质量必须在0.2g以上。又如测定滴定剂的体积，若使用50mL的酸碱滴定管（读数的绝对误差为±0.01mL），读数的绝对误差为±0.02mL（体积=终读数-初读数）。为了使测量体积的相对误差在±0.1%以内，溶液的体积必须在20mL以上。

2. 减小偶然误差

由于偶然误差的分布服从正态分布的规律，因此采用多次重复测定取其算术平均值的方法，可以减小偶然误差。重复测定的次数越多，偶然误差的影响越小，但过多的测定次数不仅耗时太多，而且浪费试剂，因而受到一定的限制。在一般的分析中，通常对同一样品平行测定2~4次即可。

第三节　分析数据的记录与处理

在定量分析中，为了获得准确的分析结果，不仅要准确测量，还必须注意正确合理地记录和计算，即记录的数字不仅表示数量的大小，还要正确反映测量的精确程度，因此需要了解有效数字及其运算规则。

一、有效数字及其运算规则

1. 有效数字及位数

有效数字是指在分析工作中实际可以测量的数字。它包括确定的数字和最后一位估计的不确定的数字，对不确定数字允许有±1个单位的误差。

有效数字不仅能表示测量值的大小，还能表示测量值的精度。例如用万分之一的分析天平称得坩埚的质量为18.4285g，因为分析天平有±0.0001g的误差，所以该坩埚的质量为18.4284~18.4286g。18.4285有六位有效数字，前五位是确定的，最后一位"5"是不确定的可疑数字。如将此坩埚放在百分之一天平上称量，其质量应为（18.42±0.01）g。因为百分之一天平的称量精度为±0.01g。18.42为四位有效数字。再如，用刻度为0.1mL的滴定管测量溶液的体积为24.00mL，表示可能有±0.01mL的误差。"24.00"的数字中，前三位是准确的，后一位"0"是估计的，可疑的，但它们都是实际测得的，应全部有效，是四位有效数字。

有效数字的位数包括所有准确数字和一位估计数字，一般是从左侧第一个不为"0"的数字算起，有多少个数字，就为多少位有效数字。有效数字的位数可以用下列几个数据说明：

1.2104	25.315	五位有效数字
0.1000	24.13	四位有效数字
0.0120	1.65×10^{-6}	三位有效数字
0.0030	5.0	两位有效数字
0.001	0.3	一位有效数字

数字"0"在有效数字中有两种作用，当用来表示与测量精度有关的数值时，是有效数字；当用来指示小数点的位置，只起定位作用，与测量精度无关时，则不是有效数字。在上列数据中，数字之间的"0"和数字末尾的"0"均为有效数字，而数字前面的"0"只起定位作用，不是有效数字。如 0.0120g 是三位有效数字，若以毫克为单位表示时则为 12.0mg，数字前面的"0"消失，仍是三位有效数字。

以"0"结尾的正整数，有效数字位数不确定，最好用指数形式来表示。例如 450 这个数，可能是两位或三位有效数字，它取决于测量的精度。如只精确到两位数字，那么，是两位有效数字，写成 4.5×10^2；如精确到三位数字，写成 4.50×10^2。可见对于 10^x 指数的有效数字位数的确定，按 10^x 前的数字有几位就是几位有效数字；对于含有对数的有效数字位数的确定，如 pH 值，其位数仅取决于小数部分数字的位数，因为整数部分只说明这个数的方次，如 pH=11.20 是两位有效数字。整数 11 只表明相应真数的方次。

分析化学中常遇到倍数或分数的关系，他们为非测量所得，可视为有无限多位有效数字。

2. 有效数字的运算规则

(1) 有效数字的记录 记录测定结果时，只保留一位可疑数据。

(2) 有效数字的修约 目前一般采用"四舍六入，五后有数就进一，五后没数看单双"的规则进行修约。即当尾数≤4，弃去；尾数≥6 时进位；尾数等于 5 时，5 后有数就进位，若 5 后无数或为零时，则尾数 5 之前一位为偶数就弃去，若为奇数就进位。例如，将下列数据修约为四位有效数字：

3.2724→3.272
5.3766→5.377
4.28152→4.282
2.86250→2.862

(3) 加减运算 几个数字相加或相减时，它们的和或差的有效数字的保留应以小数点后位数最少（即绝对误差最大）的数为准，将多余的数字修约后再进行加减运算。

例如：计算 0.0121+25.64+1.05782

不正确的计算	正确的计算
0.0121	0.01
25.64	25.64
+1.05782	+1.06
26.70992	26.71

上面相加的三个数据中，25.64 的小数点后位数最少，绝对误差最大，因此应以 25.64 为准，保留有效数字位数到小数点后第二位，所以，左面的计算是不正确的，右面的计算是

正确的。

（4）**乘除运算** 几个数相乘或相除时，它们的积或商的有效数字的保留应以有效数字位数最少（即相对误差最大）的数为准，将多余的数字修约后再进行乘除。

例如：计算 $0.0121 \times 25.64 \times 1.05782$

三个数的相对误差分别为：

$$\frac{\pm 0.0001}{0.0121} \times 100\% = \pm 0.8\%$$

$$\frac{\pm 0.01}{25.64} \times 100\% = \pm 0.04\%$$

$$\frac{\pm 0.00001}{1.05782} \times 100\% = \pm 0.0009\%$$

可见，0.0121 的有效数字位数最少（三位），相对误差最大，故应以此数为准，将其他各数修约为三位，然后相乘得：

$$0.0121 \times 25.6 \times 1.06 = 0.328$$

（5）表示准确度和精密度时一般只取一位有效数字，最多取两位有效数字。

二、可疑值的取舍

在一系列的平行测定数据中，有时会出现个别数据和其他数据相差较远，这一数据通常称为可疑值。对于可疑值，若确定该次测定有错误，应将该值舍去，否则不能随意舍弃，要根据数理统计原理，判断是否符合取舍的标准，常用的比较严格而又实用方便的方法是 Q 检验法。

Q 检验法的步骤如下：

（1）把测得的数据由小到大排列：$x_1, x_2, x_3, \cdots, x_{n-1}, x_n$，其中 x_1 和 x_n 为可疑值。

（2）将可疑值与相邻的一个数值的差，除以最大值与最小值之差（常称为极差），所得的商即为 Q 值，即：

$$Q = \frac{x_2 - x_1}{x_n - x_1} \quad (\text{检验} \, x_1) \tag{4-12}$$

$$Q = \frac{x_n - x_{n-1}}{x_n - x_1} \quad (\text{检验} \, x_n) \tag{4-13}$$

（3）根据测定次数 n 和要求的置信度（测定值出现在某一范围内的概率）p 查表 4-3 得 Q_p。

（4）将 Q 值与 Q_p 相比较，若 $Q > Q_p$，则可疑值应舍弃，否则应保留。

表 4-3 Q 值表

测定次数 n	置信度 p		
	90%($Q_{0.90}$)	96%($Q_{0.96}$)	99%($Q_{0.99}$)
3	0.94	0.98	0.99
4	0.76	0.85	0.93
5	0.64	0.73	0.82
6	0.56	0.61	0.74
7	0.51	0.59	0.68
8	0.47	0.54	0.63
9	0.44	0.51	0.60
10	0.41	0.48	0.57

例 4-2 某试样经 4 次测定的分析结果分别为：30.22、30.34、30.38、30.42（%），试问 30.22% 是否应该舍弃？（置信度 90%）

解：$Q = \dfrac{30.34 - 30.22}{30.42 - 30.22} = 0.60$

查表 4-3，$n = 4$ 时，$Q_{0.90} = 0.76$，所以 $Q < Q_{0.90}$，可疑值 30.22% 应保留。

第四节　滴定分析概述

一、滴定分析方法的原理

滴定分析法又称容量分析法，是一种重要的化学分析方法。进行分析时，一般用滴定管将已知准确浓度的溶液（即标准溶液）滴加到被测物质的溶液中，直到按化学计量关系完全反应为止，根据所加标准溶液的浓度和消耗的体积可以计算出被测物质的含量。

已知准确浓度的溶液称为标准溶液，也叫滴定剂。用滴定管将标准溶液滴加到被测物溶液中的过程叫滴定。在滴定过程中标准溶液与被测物质发生的反应称为滴定反应。当滴定到达标准溶液与被测物质正好按滴定反应式完全反应时，称反应到达了化学计量点。为了确定化学计量点通常加入一种试剂，它能在化学计量点时发生颜色的变化，这种试剂称为指示剂。指示剂发生颜色变化，停止滴定的那一时刻称为滴定终点，简称终点。终点与化学计量点并不一定完全符合，由此而造成的误差称为终点误差。终点误差的大小取决于指示剂的性能和实验条件的控制。

滴定分析是实验室常用的基本分析方法之一，主要用来进行常量组分的分析。该方法具有操作简便、测定迅速、准确度高、设备简单、应用广泛的优点。

二、滴定分析的方法和方式

1. 滴定分析方法

根据滴定反应的类型不同，滴定分析方法分为四类：

(1) 酸碱滴定法（又称为中和滴定法）是以酸碱中和反应为基础的滴定分析方法。

(2) 氧化还原滴定法是以氧化还原反应为基础的滴定分析方法。

(3) 沉淀滴定法是以沉淀反应为基础的滴定分析方法。

(4) 配位滴定法是以配位反应为基础的滴定分析方法。

各类滴定方法将在以后的章节中详细讨论。

2. 滴定分析对滴定反应的要求

用于滴定分析的滴定反应必须符合下列条件：

(1) 反应必须定量完成，即反应必须按一定的化学计量关系（要求达到 99.9% 以上）进行，没有副反应发生，这是定量计算的基础。

(2) 滴定反应必须在瞬间完成。对反应速率较慢的反应，有时可用加热或加入催化剂等方法加快反应速率。

(3) 有比较简单可靠的确定终点的方法，如有适当的指示剂指示滴定终点。

3. 常用的滴定方式

(1) 直接滴定法　用标准溶液直接滴定被测物质的方式叫直接滴定法。例如，用盐酸标准溶液滴定 NaOH 溶液，用于直接滴定的标准溶液与被测物质之间的反应需符合对滴定反应的要求。

(2) 返滴定法 当滴定反应的反应速率较慢或被测物质是难溶的固体时，可先准确地加入过量的一种标准溶液，待其完全反应后，再用另一种标准溶液滴定剩余的前一种标准溶液，这种方式称为返滴定法，又叫回滴法。例如，测定 $CaCO_3$ 中的钙含量，可先加入过量的 HCl 标准溶液，待盐酸与 $CaCO_3$ 完全反应后，再用 NaOH 标准溶液滴定过量的 HCl。该方法需要两种标准溶液，滴定反应是两种标准溶液之间的反应。

(3) 置换滴定法 对于不按确定的反应式进行或伴有副反应的反应，可用置换滴定法进行测定，即先用适当的试剂与被测物质定量反应，使其置换出另一种物质，再用标准溶液滴定此生成物，这种滴定方式称为置换滴定法。例如，$Na_2S_2O_3$ 不能直接滴定 $K_2Cr_2O_7$ 及其他强氧化剂。因为在酸性溶液中强氧化剂将 $S_2O_3^{2-}$ 氧化为 $S_4O_6^{2-}$ 和 SO_4^{2-} 等混合物，反应没有一定的计量关系，无法进行计算。但在 $K_2Cr_2O_7$ 酸性溶液中加入过量的 KI，I^- 被氧化产生定量的 I_2，而 I_2 就可用 $Na_2S_2O_3$ 标准溶液滴定。该方法需要一种标准溶液和一种非标准溶液，滴定反应是标准溶液与新生成的产物之间的反应。

(4) 间接滴定法 不能直接与标准溶液反应的物质，有时可以通过另外的化学反应间接进行滴定。例如，测定 PO_4^{3-}，可将它沉淀为 $MgNH_4PO_4 \cdot 6H_2O$，沉淀过滤后以 HCl 溶解，加入过量的 EDTA 标准溶液，并调至氨性，用 Mg^{2+} 标准溶液返滴定剩余的 EDTA，再推算出 PO_4^{3-} 含量。

返滴定法、置换滴定法、间接滴定法等的应用，使滴定分析的应用更加广泛。

三、标准溶液

1. 基准物质

能用于直接配制标准溶液的物质称为基准物质。基准物质应符合下列条件：

① 纯度高 一般要求基准物质纯度在 99.9% 以上，杂质含量少到可以忽略不计。

② 组成恒定，与化学式完全相符 若基准物质含结晶水，其结晶水的含量应固定并符合化学式。

③ 稳定性高 在配制和储存中基准物质不会发生变化，例如烘干时不分解，称量时不吸湿，不吸收空气中的 CO_2，在空气中不易被氧化等。

④ 具有较大的摩尔质量 这样称取的质量较多，称量的相对误差小。

在滴定分析中常用的基准物质有邻苯二甲酸氢钾（$KHC_8H_4O_4$）、$Na_2B_4O_7 \cdot 10H_2O$、无水 Na_2CO_3、$CaCO_3$、金属铜、锌、$K_2Cr_2O_7$、KIO_3、As_2O_3、NaCl 等。表 4-4 列出了几种常见的基准物质的干燥条件和应用。

表 4-4 常用基准物质的干燥条件及其应用

基准物质		干燥后的组成	干燥条件	测定对象
名称	分子式			
碳酸氢钠	$NaHCO_3$	Na_2CO_3	270～300℃	酸
十水碳酸钠	$Na_2CO_3 \cdot 10H_2O$	Na_2CO_3	270～300℃	酸
硼砂	$Na_2B_4O_7 \cdot 10H_2O$	$Na_2B_4O_7 \cdot 10H_2O$	放在装有 NaCl 和蔗糖饱和溶液的密闭容器中	酸
碳酸氢钾	$KHCO_3$	K_2CO_3	270～300℃	酸
二水合草酸	$H_2C_2O_4 \cdot 2H_2O$	$H_2C_2O_4 \cdot 2H_2O$	室温干燥空气	碱或 $KMnO_4$
邻苯二甲酸氢钾	$KHC_8H_4O_4$	$KHC_8H_4O_4$	110～120℃	碱
重铬酸钾	$K_2Cr_2O_7$	$K_2Cr_2O_7$	140～150℃	还原剂

续表

基准物质		干燥后的组成	干燥条件	测定对象
名称	分子式			
溴酸钾	$KBrO_3$	$KBrO_3$	130℃	还原剂
碘酸钾	KIO_3	KIO_3	130℃	还原剂
铜	Cu	Cu	室温下干燥器中保存	还原剂
三氧化二砷	As_2O_3	As_2O_3	室温下干燥器中保存	氧化剂
草酸钠	$Na_2C_2O_4$	$Na_2C_2O_4$	130℃	氧化剂
碳酸钙	$CaCO_3$	$CaCO_3$	110℃	EDTA
锌	Zn	Zn	室温下干燥器中保存	EDTA
氧化锌	ZnO	ZnO	900~1000℃	EDTA
氯化钠	NaCl	NaCl	500~600℃	$AgNO_3$
氯化钾	KCl	KCl	500~600℃	$AgNO_3$
硝酸银	$AgNO_3$	$AgNO_3$	220~250℃	氯化物

2. 标准溶液的配制

标准溶液的配制通常有两种方法，即直接配制法和间接配制法。

（1）直接配制法　准确称取一定量的基准物质，溶解后定量转移到一定体积的容量瓶中，稀释至刻度。根据称取物质的质量和容量瓶的体积即可算出标准溶液的准确浓度。

（2）间接配制法　有些试剂不易制纯、组成不明确、放置时发生变化，它们都不能用直接法配制标准溶液，而要用间接配制法。即先配成接近所需浓度的溶液，再用基准物质（或另一种标准溶液）来测定它的准确浓度。这种利用基准物质来确定标准溶液浓度的操作过程称为标定。因此，间接配制法也称为标定法。标定一般至少做2~3次平行测定，标定的相对偏差通常要求≤0.2%。

3. 标准溶液浓度的表示方法

在滴定分析中，标准溶液的浓度通常用物质的量浓度或滴定度表示。

（1）物质的量浓度　物质的量浓度指单位体积溶液中所含溶质的物质的量。

$$c_B = \frac{n_B}{V} = \frac{\frac{m_B}{M_B}}{V} = \frac{m_B}{M_B V} \tag{4-14}$$

式中，c_B为物质的量浓度，$mol \cdot L^{-1}$；m_B是物质B的质量；M_B为物质B的摩尔质量；V为溶液体积。

（2）滴定度（T）　滴定度是指每毫升标准溶液相当于被测物质的质量，以$T_{x/s}$表示。例如，$T_{Fe/K_2Cr_2O_7} = 0.005585g \cdot mL^{-1}$表示1.00mL $K_2Cr_2O_7$标准溶液相当于0.005585g Fe。在生产实践中对分析对象进行分析，为简化计算，常采用滴定度的表示方法。

物质的量浓度和滴定度间可进行换算。

若滴定反应表示为：　　$aA\ +\ bB\ =\!\!=\!\!=\ P$
　　　　　　　　　　　滴定剂　被测物质　生成物

$T_{B/A}$表示1.00mL A溶液相当于B的质量（g），即：

$$T_{B/A} = c_A \times \frac{1.00}{1000} \times M_B \times \frac{b}{a}$$

$$c_A = \frac{1000 a T_{B/A}}{M_B b} \tag{4-15}$$

四、滴定分析法的计算

1. 被测物质与滴定剂之间的关系

（1）直接滴定法　被测物 B 与滴定剂 A 的反应为：
$$aA + bB = P$$
滴定至化学计量点时，两者的物质的量按 $a:b$ 的关系进行反应，即：
$$n_A = \frac{a}{b} n_B \quad \text{或} \quad n_B = \frac{b}{a} n_A \tag{4-16}$$

例如，用基准物 $H_2C_2O_4 \cdot 2H_2O$ 标定 NaOH 溶液的浓度，其反应为：
$$H_2C_2O_4 + 2NaOH = Na_2C_2O_4 + 2H_2O$$
则
$$n(NaOH) = 2n(H_2C_2O_4 \cdot 2H_2O)$$
$$n(H_2C_2O_4 \cdot 2H_2O) = \frac{1}{2} n(NaOH)$$

（2）返滴定法　如用盐酸测定 $CaCO_3$ 的含量时，先准确加入一定体积（过量）的 HCl 标准溶液，反应完全后，再用 NaOH 标准溶液滴定过量的 HCl 标准溶液。
$$CaCO_3 + 2HCl(\text{过量}) = CaCl_2 + CO_2 + H_2O$$
$$NaOH + HCl(\text{余}) = NaCl + H_2O$$
$$n_{\text{总}}(HCl) - n_{\text{余}}(HCl) = 2n(CaCO_3)$$
$$n_{\text{余}}(HCl) = n(NaOH)$$
$$c(HCl)V(HCl_{\text{总}}) - c(NaOH)V(NaOH) = 2m(CaCO_3)/M(CaCO_3)$$

（3）置换滴定法或间接滴定法　测定过程一般包括多个反应，计算时需要根据化学反应方程式推导出被测物质的物质的量与滴定剂的物质的量之间的关系。

例如，在酸性介质中，用基准物 $K_2Cr_2O_7$ 标定 $Na_2S_2O_3$ 溶液的反应为：
$$Cr_2O_7^{2-} + 6I^- + 14H^+ = 2Cr^{3+} + 3I_2 + 7H_2O$$
$$I_2 + 2S_2O_3^{2-} = 2I^- + S_4O_6^{2-}$$
总的计量关系为：$1Cr_2O_7^{2-} \sim 6I^- \sim 3I_2 \sim 6S_2O_3^{2-}$
则
$$n(K_2Cr_2O_7) = \frac{1}{6} n(Na_2S_2O_3) \quad \text{或} \quad n(Na_2S_2O_3) = 6n(K_2Cr_2O_7)$$

2. 被测组分含量的计算

在滴定分析中，被测组分的物质的量 $n(B)$ 是由滴定剂 A 的浓度 $c(A)$ 和消耗的体积 $V(A)$ 以及被测组分与滴定剂反应的物质的量的关系求得，即：
$$n(B) = \frac{b}{a} n(A) = \frac{b}{a} c(A) V(A) \tag{4-17}$$

故被测组分的质量为：
$$m(B) = \frac{b}{a} c(A) V(A) M(B) \tag{4-18}$$

$M(B)$ 为 B 的摩尔质量。

在滴定分析中，若准确称取试样的质量为 $m(s)$，被测组分的质量为 $m(B)$，则被测组分的质量分数 $w(B)$ 表示为：
$$w(B) = \frac{m(B)}{m(s)} \tag{4-19}$$

故
$$w(B) = \frac{\frac{b}{a}c(A)V(A)M(B)}{m(s)} \tag{4-20}$$

例 4-3 称取 $H_2C_2O_4 \cdot 2H_2O$ 基准物 0.1258g，用 NaOH 溶液滴定至终点消耗 19.85mL，计算 $c(NaOH)$。已知 $M(H_2C_2O_4 \cdot 2H_2O) = 126.07 \text{g} \cdot \text{mol}^{-1}$。

解： $H_2C_2O_4 + 2NaOH = Na_2C_2O_4 + 2H_2O$

$$c(NaOH) = \frac{n(NaOH)}{V(NaOH)} = \frac{2n(H_2C_2O_4 \cdot 2H_2O)}{V(NaOH)}$$

$$= \frac{2m(H_2C_2O_4 \cdot 2H_2O)/M(H_2C_2O_4 \cdot 2H_2O)}{V(NaOH)}$$

$$= \frac{(2 \times 0.1258)/126.07}{19.85 \times 10^{-3}} = 0.1005 (\text{mol} \cdot \text{L}^{-1})$$

例 4-4 为标定 $Na_2S_2O_3$ 溶液，称取 $K_2Cr_2O_7$ 0.1260g，用稀 HCl 溶解后，加入过量 KI，置于暗处 5min，待反应完毕后加水 80mL，用待标定的 $Na_2S_2O_3$ 溶液滴定。终点时耗用 $V(Na_2S_2O_3) = 19.47\text{mL}$，计算 $c(Na_2S_2O_3)$。已知 $M(K_2Cr_2O_7) = 294.2 \text{g} \cdot \text{mol}^{-1}$。

解： $Cr_2O_7^{2-} + 6I^- + 14H^+ = 2Cr^{3+} + 3I_2 + 7H_2O$

$$I_2 + 2S_2O_3^{2-} = 2I^- + S_4O_6^{2-}$$

$$n(K_2Cr_2O_7) = \frac{1}{6}n(Na_2S_2O_3)$$

$$\frac{m(K_2Cr_2O_7)}{M(K_2Cr_2O_7)} = \frac{1}{6}c(Na_2S_2O_3)V(Na_2S_2O_3)$$

$$c(Na_2S_2O_3) = \frac{6 \times 0.1260}{19.47 \times 10^{-3} \times 294.2} = 0.1320 (\text{mol} \cdot \text{L}^{-1})$$

例 4-5 为了标定 $0.1 \text{mol} \cdot \text{L}^{-1}$ 的 NaOH 标准溶液，应称取邻苯二甲酸氢钾多少克？已知 $M(KHC_8H_4O_4) = 204.2 \text{g} \cdot \text{mol}^{-1}$。

解： 邻苯二甲酸氢钾标定 NaOH 溶液的反应为：

$$KHC_8H_4O_4 + NaOH = KNaC_8H_4O_4 + H_2O$$

由方程式可知，标定时称量 $KHC_8H_4O_4$ 的物质的量等于所消耗 NaOH 溶液的物质的量，即：$n(KHC_8H_4O_4) = n(NaOH) = c(NaOH)V(NaOH)$

$$m(KHC_8H_4O_4) = c(NaOH)V(NaOH)M(KHC_8H_4O_4)$$

在滴定过程中，为了使体积测定误差≤0.1%，应控制 NaOH 溶液的用量在 20~30mL。所以有：

$$m(KHC_8H_4O_4) \geq 0.1 \text{mol} \cdot \text{L}^{-1} \times 0.020\text{L} \times 204.2 \text{g} \cdot \text{mol}^{-1} = 0.41\text{g}$$

$$m(KHC_8H_4O_4) \leq 0.1 \text{mol} \cdot \text{L}^{-1} \times 0.030\text{L} \times 204.2 \text{g} \cdot \text{mol}^{-1} = 0.61\text{g}$$

即称取 $KHC_8H_4O_4$ 0.41~0.61g 于锥形瓶中，适量水溶解后，加入指示剂，用 NaOH 溶液滴定至终点，即可计算 NaOH 溶液的浓度。

例 4-6 求 $0.1004 \text{mol} \cdot \text{L}^{-1}$ 的 NaOH 对 H_2SO_4 滴定度。现将 10.0g $(NH_4)_2SO_4$ 肥料样品溶于水后，其中游离 H_2SO_4 用该溶液滴定，用去 25.24mL 的 NaOH 溶液，求肥料样品中游离 H_2SO_4 的质量分数。已知 $M(H_2SO_4) = 98.08 \text{g} \cdot \text{mol}^{-1}$。

解： NaOH 滴定 H_2SO_4 的反应为：

$$H_2SO_4 + 2NaOH = Na_2SO_4 + 2H_2O$$

$$T_{H_2SO_4/NaOH} = \frac{m(H_2SO_4)}{V(NaOH)} = \frac{c(NaOH)V(NaOH)M(H_2SO_4)}{2V(NaOH) \times 1000}$$

$$=\frac{0.1004\times 0.001\times 98.08}{2\times 1}=4.924\times 10^{-3}\ (\text{g}\cdot\text{mL}^{-1})$$

$$w(\text{H}_2\text{SO}_4)=\frac{m(\text{H}_2\text{SO}_4)}{m}\times 100\%=\frac{T_{\text{H}_2\text{SO}_4/\text{NaOH}}\times V(\text{NaOH})}{m}\times 100\%$$

$$=\frac{4.924\times 10^{-3}\times 25.24}{10.0}\times 100\%=1.24\%$$

知识阅读

化学试剂的一般知识

化学试剂是指具有一定纯度标准的各种单质和化合物，对于某些用途来说，也可以是混合物。

随着化合物数目的增多，化学试剂的数量和品种与日俱增。化学试剂基本上可分为无机化学试剂（无机物）和有机化学试剂（有机物）两大类。根据其用途，可分为通用试剂和专用试剂两类。

化学试剂的等级规格是根据不同的纯度来决定的。随着科学和工业的发展，对化学试剂的纯度要求也愈加严格，愈加专门化，因而出现了具有特殊用途的专用试剂。化学试剂的纯度级别及其类别和性质，一般在标签的左上方用符号注明，规格则在标签的右端，并用不同颜色的标签加以区别。

（1）一级品即优级纯，又称保证试剂（符号G.R.），我国产品用绿色标签作为标志，这种试剂纯度很高，适用于精密分析，可做基准物质用。

（2）二级品即分析纯，又称分析试剂（符号A.R.），我国产品用红色标签作为标志，纯度较一级品略差，适用于多数分析，如配制滴定液，用于鉴别及杂质检查等。

（3）三级品即化学纯（符号C.P.），我国产品用蓝色标签作为标志，纯度较二级品相差较多，适用于工矿日常生产分析。

（4）四级品即实验试剂（符号L.R.），我国产品用棕黄色标签作为标志，杂质含量较高，纯度较低，在分析工作中常用作辅助试剂（如发生或吸收气体，配制洗液等）。

（5）基准试剂，它的纯度相当于或高于保证试剂，通常专用作容量分析的基准物质。称取一定量基准试剂稀释至一定体积，一般可直接得到滴定液，不需标定，基准品如标有实际含量，计算时应加以校正。

（6）光谱纯试剂（符号S.P.）杂质用光谱分析法测不出或杂质含量低于某一限度，这种试剂主要用于光谱分析中。

（7）色谱纯试剂用于色谱分析。

（8）生物试剂用于某些生物实验中。

（9）超纯试剂又称高纯试剂。

在滴定分析中的基准物质至少应是二级品。用来确定滴定终点的指示剂，其纯度往往不太明确，经常用到的标签为蓝色的化学纯试剂。另外，生物化学中使用的生物试剂，其纯度的表示与化学试剂不同。例如，蛋白质类试剂，经常以某种提取方法来表示其纯度，如层析纯、电泳纯等。此外，相对于通用试剂，还有一些具有特殊用途的试剂，即专用试剂，如光谱纯试剂、色谱纯试剂、放射化学纯试剂及荧光试剂等。

试剂的纯度标准一般在标签的上端用符号标明。

习 题

一、问答题

1. 标定标准溶液的浓度时，如何确定所称基准物质的质量范围？

2. 甲、乙二人同时分析一样品中的蛋白质含量，每次称取2.6g，进行两次平行测定，分析结果报告分别为

甲：5.654%　　5.646%

乙：5.7%　　　5.6%

试问哪一份报告合理？为什么？

3. 指出下列情况各引起什么误差，若是系统误差，应如何消除？
(1) 称量时试样吸收了空气中的水分；
(2) 所用砝码锈蚀；
(3) 天平零点稍有变动；
(4) 蒸馏水或试剂中，含有微量的被测离子；
(5) 滴定时，操作者不小心从锥形瓶中溅失了少量试剂。

4. 用基准 Na_2CO_3 标定 HCl 溶液时下列情况会对 HCl 的浓度产生何种影响（偏高，偏低或没有影响）？
(1) 滴定速度太快，附在滴定管内壁上 HCl 来不及流下来就读取滴定管中 HCl 的体积；
(2) 称取 Na_2CO_3 时，实际质量为 0.1834g，记录时误记为 0.1824g；
(3) 在将 HCl 标准溶液倒入滴定管之前，没有用 HCl 标准溶液荡洗滴定管；
(4) 锥形瓶中的 Na_2CO_3 用蒸馏水溶解时多加了 50mL 蒸馏水；
(5) 滴定管活塞漏出了 HCl 溶液；
(6) 摇动锥形瓶时 Na_2CO_3 溶液溅了出来；
(7) 滴定前忘记了调节零点，HCl 溶液的液面高于零点。

二、选择题

1. 在滴定分析中，一般用指示剂颜色的突变来判断化学计量点的到达，在指示剂变色时停止滴定。这一点称为（　　）。
　　A. 化学计量点　　　　B. 滴定误差　　　　C. 滴定终点　　　　D. 滴定分析

2. 直接法配制标准溶液必须使用（　　）。
　　A. 基准试剂　　　　B. 化学纯试剂　　　　C. 分析纯试剂　　　　D. 优级纯试剂

3. 分析某一蛋白质样品含量时，每次称取 2.6g，进行两次平行测定，其分析结果的质量分数表示正确的是（　　）。
　　A. 0.006　　　　B. 0.0057　　　　C. 0.00566　　　　D. 0.005664

4. 下列有关随机误差的论述中不正确的是（　　）。
　　A. 随机误差在分析中是不可避免的
　　B. 随机误差出现正误差和负误差的机会均等
　　C. 随机误差具有单向性
　　D. 随机误差是由一些不确定的偶然因素造成的

5. 消除或减免系统误差的方法有（　　）；减小偶然误差的方法有（　　）。
　　A. 进行对照试验　　　B. 进行空白试验　　　C. 增加平行测定次数
　　D. 遵守操作规程　　　E. 校准仪器　　　　　F. 校正分析方法

6. 分析化学中，根据分析方法所依据的物理或化学性质的不同，分析方法可分为（　　）。
　　A. 化学分析和仪器分析　　　　　　B. 定性分析和定量分析
　　C. 无机分析和有机分析　　　　　　D. 常量分析和微量分析

三、判断题

1. 所谓终点误差是由于操作者终点判断失误或操作不熟练而引起的。（　　）
2. 滴定管可估读到±0.01mL，若要求滴定的相对误差小于 0.1%，至少应耗用体积 20mL。（　　）
3. 在运算时，$\sqrt{3}$ 的有效数字位数一般取 4 位（即 1.732），1000 的有效数字位数为 4 位，989 的有效数字位数为 3 位。（　　）
4. 标准偏差比平均偏差更能灵敏地反映所测定结果的精密度。（　　）
5. 从精密度好就可断定分析结果可靠的前提是随机误差小。（　　）

四、计算题

1. 某铁矿石中含铁 39.16%，若甲的分析结果为 39.12%，39.15%，39.18%；乙的分析结果为 39.19%，39.24%，39.28%，试比较两人分析结果的准确度和精密度（用 $\overline{d_r}$ 表示）。

2. 如果要求分析结果达到 0.2% 或 1% 的准确度，问至少应用分析天平称取多少克试样？滴定时所用溶液的体积至少要多少毫升？

3. 某试样中钙的5次测定结果：39.10%，39.21%，9.17%，38.83%，39.14%。用 Q 检验法检查是否有应舍去的数据（置信度为90%）？

4. 已知某水样中钙的含量为 100mg·L^{-1}，若分别以 CaO 和 $CaCO_3$ 表示钙的含量，则结果分别是多少？

5. 配制 0.10mol·L^{-1} HCl 1.0L，需要浓盐酸［相对密度为1.18，w(HCl)＝0.37］多少毫升？配制 0.20mol·L^{-1} NaOH 溶液 500mL，需要固体 NaOH 多少克？

6. 计算 0.2015mol·L^{-1} HCl 溶液对 $Ca(OH)_2$ 和 NaOH 的滴定度。

7. 称取基准物质草酸（$H_2C_2O_4·2H_2O$）0.5987g 溶解后，转入 100mL 容量瓶中定容，移取 25.00mL 标定 NaOH 标准溶液，用去 NaOH 溶液 21.10mL。计算 NaOH 溶液的物质的量浓度。

8. 标定 0.20mol·L^{-1} 的 HCl 溶液，试计算需要 Na_2CO_3 基准物质的质量范围。

9. 分析不纯的 $CaCO_3$（其中不含干扰物质）。称取试样 0.3000g，加入浓度为 0.2500mol·L^{-1} 的 HCl 溶液 25.00mL，煮沸除去 CO_2，用浓度为 0.2012mol·L^{-1} 的 NaOH 溶液返滴定过量的酸，消耗 5.84mL，试计算试样中 $CaCO_3$ 的质量分数。

10. 用凯氏定氮法测定蛋白质的含氮量，称取粗蛋白试样 1.658g，将试样中的氮转化为 NH_3 并以 25.00mL 0.2018mol·L^{-1} HCl 标准溶液吸收，剩余的 HCl 用 0.1600mol·L^{-1} 的 NaOH 标准溶液返滴定，用去 NaOH 溶液 9.15mL，计算此粗蛋白试样中氮的质量分数。

第五章

酸碱平衡与酸碱滴定法

■【知识目标】
1. 理解酸碱质子理论。
2. 掌握一元弱酸、一元弱碱在水溶液中的质子转移平衡和 pH 计算。
3. 理解同离子效应。
4. 掌握缓冲溶液的组成、作用和缓冲原理。

■【能力目标】
1. 能用酸碱滴定法测定物质的酸、碱含量。
2. 学会酸碱标准溶液的配制及标定方法。
3. 熟练掌握滴定的基本原理和指示剂的选择。

第一节 酸碱质子理论

人类对酸碱的认识经历了漫长的时间，并逐步从感性认识深入到理性认识。近代酸碱理论的发展过程大致如下：阿仑尼乌斯（Arrhenius）提出的酸碱电离理论，布朗斯特（Brönsted）和劳莱（Lowry）提出的酸碱质子理论和路易斯提出的酸碱电子理论，皮尔森（Pearson）提出的软硬酸碱理论。本章仅介绍酸碱质子理论。

一、酸碱质子理论

1. 酸碱的定义

根据布朗斯特-劳莱的酸碱质子理论：凡是能给出质子的物质是酸，凡是能接受质子的物质是碱，酸和碱可以是分子也可以是阴、阳离子。例如：

$$HA(酸) \rightleftharpoons H^+ + A^-(碱)$$

酸（HA）给出一个质子变成碱（A^-）；反过来，碱（A^-）获得一个质子便可成为酸（HA）。酸 HA 和碱 A^- 总是成对出现、相互依存。这样一对酸碱的相互依存的关系称为共轭关系，相应的一对酸碱被称为共轭酸碱对，表示为 HA-A^-。HA 称为 A^- 的共轭酸，A^- 称为 HA 的共轭碱。共轭酸碱对之间只相差一个 H^+。例如：

$$酸 \rightleftharpoons 质子 + 碱$$
$$HAc \rightleftharpoons H^+ + Ac^-$$
$$NH_4^+ \rightleftharpoons H^+ + NH_3$$
$$H_2PO_4^- \rightleftharpoons H^+ + HPO_4^{2-}$$

$$HPO_4^{2-} \rightleftharpoons H^+ + PO_4^{3-}$$

酸给出质子生成其共轭碱或碱得到质子生成其共轭酸的过程称为酸碱半反应。像 HPO_4^{2-} 既可以给出质子又可以接受质子的物质称为两性物质。质子酸碱的强弱是根据给出或接受质子的难易来区分的。显然，酸越强，它的共轭碱越弱；反之，酸越弱，它的共轭碱越强。

2. 酸碱反应

根据酸碱质子理论，酸碱反应的实质是两个共轭酸碱对之间的质子传递反应，是两个共轭酸碱对共同作用的结果。例如：

$$\overset{H^+}{\overset{\frown}{HCl + NH_3}} \rightleftharpoons NH_4^+ + Cl^-$$

在上述反应中酸 HCl 把质子给了碱 NH_3 转变为其共轭碱 Cl^-，碱 NH_3 接受质子转变为其共轭酸 NH_4^+，反应涉及两个共轭酸碱对 HCl-Cl^- 和 NH_4^+-NH_3。所以，酸碱反应由两个酸碱半反应共同完成。

酸和碱的解离及盐类水解也是酸碱反应。例如，弱酸 HAc 在水中的解离：

$$\overset{H^+}{\overset{\frown}{HAc + H_2O}} \rightleftharpoons H_3O^+ + Ac^-$$

再如 NaAc 的水解：

$$\overset{H^+}{\overset{\frown}{Ac^- + H_2O}} \rightleftharpoons HAc + OH^-$$

在酸碱质子理论中，当谈及某种物质是酸或是碱时，必须同时提及其共轭碱或共轭酸。H_2O、HCO_3^- 是常见的两性物质，而 NH_3、HAc、甚至 HNO_3 是酸是碱难以确定，因为有 NH_2^-、NH_4^+、H_2Ac^+、$H_2NO_3^+$ 这样的物质存在。

二、溶液的酸碱性

1. 水的离子积

水是最常见的物质，也是常用的溶剂，同时又是一种较特殊的物质。按照酸碱质子理论，H_2O 既能接受 H^+ 形成 H_3O^+，又能给出 H^+ 形成 OH^-。所以，水是一种酸碱两性物质，水分子之间也可发生质子转移，称为水的质子自递作用，相应的解离方程为：

$$H_2O \rightleftharpoons H^+ + OH^-$$

实际上应写成：

$$\overset{H^+}{\overset{\frown}{H_2O + H_2O}} \rightleftharpoons H_3O^+ + OH^-$$

因此，水既是质子酸又是质子碱，水的质子自递作用也是可逆的酸碱反应。达到平衡状态时，反应的平衡常数为：

$$K_w = c(H_3O^+)c(OH^-)$$

简写为：

$$K_w = c(H^+)c(OH^-) \tag{5-1}$$

K_w 称为水的离子积常数，简称水的离子积。在一定温度下，K_w 是一个常数。298.15 K 时，$c(H^+) = c(OH^-) \approx 1.0 \times 10^{-7}$，$K_w \approx 1.0 \times 10^{-14}$。

由于水的质子自递是吸热反应,故 K_w 随温度的升高而增大(表 5-1)。

表 5-1　不同温度时的 K_w

温度/K	273.15	283.15	293.15	298.15	323.15	373.15
K_w	1.14×10^{-15}	2.92×10^{-15}	6.81×10^{-15}	1.01×10^{-14}	5.47×10^{-14}	5.50×10^{-13}

2. 水溶液的 pH

K_w 是温度的函数,不论是在纯水中还是在水溶液中均是如此,也就是说,在一定的温度下,水溶液中的 H^+ 和 OH^- 浓度的乘积是一个常数,知道了 $c(H^+)$,也就可以算出 $c(OH^-)$。一般情况下 $c(H^+)$ 和 $c(OH^-)$ 均较小,为方便起见,常用 pH 表示 H^+ 的浓度,即用 H^+ 浓度的负对数值表示水溶液的酸碱性。OH^- 浓度也常用 pOH 表示。

$$pH = -\lg c(H^+)$$
$$pOH = -\lg c(OH^-)$$

298.15K 时 $c(H^+)c(OH^-) = 1.0\times10^{-14}$

$$pH + pOH = 14$$

溶液的酸碱性取决于溶液中 $c(H^+)$ 和 $c(OH^-)$ 的相对大小:

$c(H^+) = c(OH^-) = 1.0\times10^{-7} \text{mol}\cdot\text{L}^{-1}$　　　　pH=7　　　溶液呈中性

$c(H^+) > c(OH^-)$　$c(H^+) > 1.0\times10^{-7} \text{mol}\cdot\text{L}^{-1}$　　　　pH<7　　　溶液呈酸性

$c(H^+) < c(OH^-)$　$c(H^+) < 1.0\times10^{-7} \text{mol}\cdot\text{L}^{-1}$　　　　pH>7　　　溶液呈碱性

pH 值的应用范围为 0~14,即溶液中的 H^+ 浓度范围为 $1\sim10^{-14} \text{mol}\cdot\text{L}^{-1}$。当溶液中的 $c(H^+)$ 或 $c(OH^-)$ 大于 $1\text{mol}\cdot\text{L}^{-1}$ 时,溶液的酸、碱度一般直接用 $c(H^+)$ 或 $c(OH^-)$ 表示。

需要指出的是,人们常说 pH 等于 7 的溶液呈中性,这里有一个前提条件:温度为 298.15K。严格说来,中性溶液指的是 $c(H^+) = c(OH^-)$ 的溶液。

在实际工作中,pH 的测定有很重要的意义。需要较准确测定溶液 pH 时可用酸度计,否则用 pH 试纸就可以了。

三、酸碱指示剂

1. 酸碱指示剂的变色原理

酸碱滴定过程本身不发生任何外观的变化,常借用其他物质来指示滴定终点。在酸碱滴定中用来指示滴定终点的物质叫酸碱指示剂。

酸碱指示剂一般是有机弱酸或有机弱碱,其酸式与其共轭碱式具有不同的结构,且颜色不同。当溶液 pH 改变时,指示剂得到质子由碱式转变为酸式,或者失去质子由酸式转变为碱式。由于结构的改变,引起溶液颜色发生变化。

例如,酚酞在水溶液中存在以下平衡:

无色(内酯式)　　　　　红色(醌式)　　　　　无色(羧酸盐式)

由平衡关系可以看出,在酸性条件下,酚酞以无色的分子形式存在,是内酯结构;在碱性条件下，转化为醌式结构的阴离子，显红色；当碱性强时，则形成无色的羧酸盐式。

又如甲基橙，它的碱式为偶氮式结构，呈黄色；酸式为醌式结构，呈红色。

$$(CH_3)_2N-\phi-N=N-\phi-SO_3^- \xrightleftharpoons[OH^-]{H^+} (CH_3)_2N-\phi=N-\overset{H}{N}-\phi-SO_3^-$$

黄色（碱式色）   红色（酸式色）

当溶液的酸度增大到一定程度，甲基橙主要以醌式结构的离子形式存在，溶液呈红色；酸度降低到一定程度，则主要以偶氮式结构存在，溶液呈黄色。

2. 指示剂的变色范围

下面以有机弱酸指示剂 HIn 为例，讨论指示剂颜色的变化与酸度的关系。

HIn 在水溶液中存在下列解离平衡：

$$HIn \rightleftharpoons H^+ + In^-$$

$$K(HIn) = \frac{c(H^+)c(In^-)}{c(HIn)}$$

$$\frac{c(In^-)}{c(HIn)} = \frac{K(HIn)}{c(H^+)}$$

指示剂所呈的颜色由 $c(In^-)/c(HIn)$ 决定。一定温度下，$K(HIn)$ 为常数，则 $c(In^-)/c(HIn)$ 的变化取决于 H^+ 的浓度。当 $c(H^+)$ 发生变化时，$c(In^-)/c(HIn)$ 发生变化，溶液的颜色也逐渐改变。根据人的眼睛辨别颜色的能力，当 $c(In^-)/c(HIn) < \frac{1}{10}$ 时，看到的是指示剂的酸色；当 $c(In^-)/c(HIn) > 10$ 时，看到的是指示剂的碱色；而当 $\frac{1}{10} < c(In^-)/c(HIn) < 10$ 时，看到的是指示剂的酸式和碱式的混合色。因此 $pH = pK(HIn) \pm 1$，称为指示剂变色的 pH 值范围，简称指示剂的变色范围。不同的指示剂，其 $K(HIn)$ 值不同，所以其变色范围也不同。常用的酸碱指示剂的变色范围见表 5-2。

表 5-2 常用的酸碱指示剂

指示剂	变色范围 pH 值	颜色 酸色	颜色 碱色	HIn 的 pK_a	浓度
百里酚蓝（第一次变色）	1.2~2.8	红	黄	1.6	0.1%的 20%乙醇溶液
甲基黄	2.9~4.0	红	黄	3.3	0.1%的 90%乙醇溶液
甲基橙	3.1~4.4	红	黄	3.4	0.05%的水溶液
溴酚蓝	3.1~4.6	黄	紫	4.1	0.1%的 20%乙醇溶液或其钠盐的水溶液
溴甲酚绿	3.8~5.4	黄	蓝	4.9	0.1%水溶液，每 100mg 指示剂加 0.05mol·L^{-1} NaOH 2.9mL
甲基红	4.4~6.2	红	黄	5.2	0.1%的 60%乙醇溶液或其钠盐的水溶液
溴百里酚蓝	6.0~7.6	黄	蓝	7.3	0.1%的 20%乙醇溶液或其钠盐的水溶液
中性红	6.8~8.0	红	黄橙	7.4	0.1%的 60%乙醇溶液
苯酚红	6.7~8.4	黄	红	8.0	0.1%的 60%乙醇溶液或其钠盐的水溶液
酚酞	8.0~10.0	无	红	9.1	0.1%的 90%乙醇溶液
百里酚蓝（第二次变色）	8.0~9.6	黄	蓝	8.9	0.1%的 20%乙醇溶液
百里酚酞	9.4~10.6	无	蓝	10.0	0.1%的 90%乙醇溶液

当 $c(In^-)/c(HIn)=1$ 时，$pH=pK(HIn)$，此 pH 值称为指示剂的理论变色点。指示剂的变色范围理论上应该是 2 个 pH 单位，但实测的各种指示剂的变色范围并非如此。这是因为指示剂的实际变色范围不是根据 $pK(HIn)$ 计算出来的，而是根据人眼通过实验观察的结果得来的。人眼对各种颜色的敏感程度不同，再加上指示剂的两种颜色之间相互掩盖，导致实测值与理论值有一定差异。

例如甲基橙的 $K(HIn)=4\times10^{-4}$，$pK(HIn)=3.4$，理论变色范围应为 2.4~4.4，而实测范围为 3.1~4.4。当 pH=3.1 时，$c(H^+)=8\times10^{-4}$ mol·L^{-1}，则 $\dfrac{c(In^-)}{c(HIn)}=\dfrac{K(HIn)}{c(H^+)}=\dfrac{4\times10^{-4}}{8\times10^{-4}}=\dfrac{1}{2}$。当 pH=4.4 时，$c(H^+)=5\times10^{-5}$ mol·L^{-1}，那么 $\dfrac{c(In^-)}{c(HIn)}=\dfrac{K(HIn)}{c(H^+)}=\dfrac{4\times10^{-4}}{4\times10^{-5}}=10$。

可见，$c(In^-)/c(HIn)\geqslant 10$ 时，才能看到碱式色（黄色），当 $c(HIn)/c(In^-)\geqslant 2$ 就能观察出酸式色（红色），产生这种差异是由于人眼对红色较黄色更为敏感的缘故。

第二节 酸 碱 平 衡

强酸强碱在溶剂中与水发生的质子酸碱反应是完全反应，没有酸碱平衡的存在。然而弱酸和弱碱是弱的电解质，在水溶液中发生反应是不完全的反应，在一定温度下，弱电解质在溶液中的解离是可逆的。弱酸和弱碱的溶液中不仅存在着弱电解质分子，也存在由分子解离生成的离子，这些分子和离子处于动态平衡，称为酸碱平衡。

一、一元弱酸（碱）的解离平衡

1. 解离度

根据酸碱质子理论，当酸或碱中加入溶剂水后，就会发生解离并产生相应的共轭碱或共轭酸。弱酸和弱碱属于弱电解质，在水溶液中只是部分解离，常用解离度表示。解离度是指弱酸（碱）在水溶液中已解离的部分与其解离前的全量之比，符号为 α，一般用百分数表示，表达式为：

$$\alpha=\dfrac{\text{已解离的部分}}{\text{解离前的全量}}\times 100\% \tag{5-2}$$

其中，弱酸（碱）在水溶液中已解离的部分和解离前的全量可以是分子数、质量、物质的量、浓度等。

2. 解离平衡常数

在一定温度下，弱酸（碱）分子解离成离子的速率与离子重新结合成弱酸（碱）分子的速率相等时，酸碱解离达到了平衡状态。例如，某一元弱酸 HA 的解离方程式为：

$$HA \rightleftharpoons H^+ + A^-$$

达到平衡时，HA、H^+ 和 A^- 的浓度不再发生变化，相应的平衡常数表达式为：

$$K_a=\dfrac{c(H^+)c(A^-)}{c(HA)} \tag{5-3}$$

K_a 称为该弱酸的解离平衡常数，又称为酸常数。若为一元弱碱，解离平衡常数用 K_b 表示，又称为碱常数。如某一元弱碱 A^- 的解离方程式为：

$$A^- + H_2O \rightleftharpoons HA + OH^-$$

$$K_b = \frac{c(\mathrm{HA})c(\mathrm{OH}^-)}{c(\mathrm{A}^-)} \tag{5-4}$$

K_a 和 K_b 的数值大小是衡量酸碱强弱的尺度。K_a 值越大，酸的强度越大；K_b 值越大，碱的强度越大。一些常见弱酸和弱碱的 K_a 和 K_b 值列于附录 3 中。

3. 稀释定律

设一元弱酸 HA 的起始浓度为 c，解离度为 α，达到解离平衡后，有：

$$c(\mathrm{H}^+) = c(\mathrm{A}^-) = c\alpha \qquad c(\mathrm{HA}) = c(1-\alpha)$$

代入式(5-3)，得：

$$K_a = \frac{(c\alpha)(c\alpha)}{c(1-\alpha)} = \frac{c\alpha^2}{1-\alpha}$$

一般情况下，α 值很小，可近似认为 $1-\alpha \approx 1$，故上式可简化为：

$$K_a = c\alpha^2$$

即

$$\alpha = \sqrt{\frac{K_a}{c}} \tag{5-5}$$

同理，对于一元弱碱有：

$$\alpha = \sqrt{\frac{K_b}{c}} \tag{5-6}$$

式(5-5) 和式(5-6) 称为稀释定律，其物理意义为：一定温度下，弱电解质的解离度与其浓度的平方根成反比，即溶液越稀，弱酸（碱）的解离度越大。

4. 一元弱酸（弱碱）溶液 pH 值的计算

一元弱酸以 HAc 为例。设其初始浓度为 c，当 $cK_a \geq 20K_w$ 时，可以忽略水的质子自递产生的 H^+。

	HAc $\rightleftharpoons$	H^+	$+$	Ac^-
初始浓度	c	0		0
平衡浓度	$c(\mathrm{HAc})$	$c(\mathrm{H}^+)$		$c(\mathrm{Ac}^-)$

平衡时，$c(\mathrm{H}^+) = c(\mathrm{Ac}^-)$，$c(\mathrm{HAc}) = c - c(\mathrm{H}^+)$

$$K_a = \frac{c(\mathrm{H}^+)c(\mathrm{Ac}^-)}{c(\mathrm{HAc})} = \frac{c^2(\mathrm{H}^+)}{c - c(\mathrm{H}^+)}$$

当 $c/K_a \geq 500$ 时，$\alpha < 5\%$，相对误差约为 2%，在准确度基本满足计算要求的情况下，为使计算简便，$c(\mathrm{HAc}) = c - c(\mathrm{H}^+) \approx c$

则

$$K_a = \frac{c^2(\mathrm{H}^+)}{c}$$

由此可得计算一元弱酸溶液中 H^+ 浓度的近似公式：

$$c(\mathrm{H}^+) = \sqrt{K_a c} \tag{5-7}$$

同样的方法可以导出计算一元弱碱溶液中 $c(\mathrm{OH}^-)$ 的计算公式。

当 $c/K_b \geq 500$ 时，

$$c(\mathrm{OH}^-) = \sqrt{K_b c} \tag{5-8}$$

例 5-1 $0.10 \mathrm{mol} \cdot \mathrm{L}^{-1}$ HAc 溶液中的 H^+ 浓度和解离度各为多少？若在该溶液中加入固体 NaAc，使 NaAc 浓度达到 $0.10 \mathrm{mol} \cdot \mathrm{L}^{-1}$，则 H^+ 浓度和解离度又分别是多少？

解：（1）由于 $c/K_a > 500$

$$c(H^+) = \sqrt{K_a c} = \sqrt{0.10 \times 1.76 \times 10^{-5}} = 1.3 \times 10^{-3} (\text{mol} \cdot \text{L}^{-1})$$

$$\alpha = \frac{1.3 \times 10^{-3}}{0.10} \times 100\% = 1.3\%$$

(2) 设加入 NaAc 后的 H^+ 的浓度为 $x \text{ mol} \cdot \text{L}^{-1}$，则

$$\text{HAc} \rightleftharpoons H^+ + \text{Ac}^-$$

平衡浓度/mol·L^{-1} $0.10-x$ x $0.10+x$
≈ 0.10 ≈ 0.10

$$K_a = \frac{c(H^+)c(\text{Ac}^-)}{c(\text{HAc})} = \frac{x(0.10+x)}{0.10-x} = 1.76 \times 10^{-5}$$

$$\frac{0.10x}{0.10} = 1.76 \times 10^{-5} \qquad x = 1.76 \times 10^{-5}$$

即 $$c(H^+) = 1.76 \times 10^{-5} \text{ mol} \cdot \text{L}^{-1}$$

$$\alpha = \frac{1.76 \times 10^{-5}}{0.10} \times 100\% \approx 0.018\% < 1.3\%$$

以上计算说明，在 HAc 溶液中加入固体 NaAc 后，HAc 的解离度降低。

二、多元弱酸（碱）的解离平衡及 pH 的计算

可以给出两个或两个以上质子的弱酸，称为多元弱酸。多元弱酸在水溶液中是分步给出质子的，每一步都有相应的酸常数。以二元弱酸 H_2S 为例说明多元弱酸水溶液中有关浓度的计算。

第一步 $\qquad H_2S \rightleftharpoons H^+ + HS^- \qquad K_{a1} = 9.1 \times 10^{-8}$

第二步 $\qquad HS^- \rightleftharpoons H^+ + S^{2-} \qquad K_{a2} = 1.1 \times 10^{-12}$

由于 $K_{a1} \gg K_{a2}$，说明 HS^- 给出质子的能力比 H_2S 小得多，因此在实际计算过程中，当 $c/K_{a1} > 500$ 时，可按一元弱酸近似计算，即：

$$c(H^+) = \sqrt{K_{a1} c}$$

在氢硫酸 H_2S 中，第一步给出的 H^+ 和生成 HS^- 的浓度是相等的，由于第二步 HS^- 给出的 H^+ 和消耗的 HS^- 都很少，可认为溶液中的 $c(H^+) \approx c(HS^-)$。由 HS^- 的酸常数表达式：

$$K_{a2} = \frac{c(H^+)c(S^{2-})}{c(HS^-)}$$

可得：

$$c(S^{2-}) = \frac{K_{a2} c(HS^-)}{c(H^+)} \approx K_{a2} \tag{5-9}$$

对于纯粹的二元弱酸，如果 $K_{a1} \gg K_{a2}$，则酸根离子浓度的近似数值等于 K_{a2}，与二元弱酸的起始浓度无关。

由 H_2S 的两级解离方程

(1) $H_2S \rightleftharpoons H^+ + HS^- \qquad K_{a1} = \dfrac{c(H^+)c(HS^-)}{c(H_2S)}$

(2) $HS^- \rightleftharpoons H^+ + S^{2-} \qquad K_{a2} = \dfrac{c(H^+)c(S^{2-})}{c(HS^-)}$

(1)+(2) 得到总的解离方程式：$H_2S \rightleftharpoons 2H^+ + S^{2-}$，与之相应的平衡常数表达式为：

$$K_a = \frac{c^2(H^+)c(S^{2-})}{c(H_2S)} = K_{a1}K_{a2}$$

并进一步可以得出：
$$c(S^{2-}) = \frac{K_{a1}K_{a2}c(H_2S)}{c^2(H^+)} \tag{5-10}$$

上式说明，二元弱酸根离子的浓度与溶液中的 H^+ 浓度的平方成反比，可用调节 $c(H^+)$ 的方法控制 $c(S^{2-})$。

例 5-2 (1) 计算 18℃ 时饱和氢硫酸 H_2S 溶液 $[c(H_2S) = 0.10\text{mol·L}^{-1}]$ 中 H^+、HS^-、S^{2-} 的浓度。(2) 计算在 H_2S 和 HCl 混合溶液中，当 $c(HCl)$ 为 0.30mol·L^{-1} 时 S^{2-} 的浓度。

解：(1) 因为 $K_{a1} \gg K_{a2}$，且 $c/K_{a1} > 500$，所以：

$$c(HS^-) = c(H^+) = \sqrt{K_{a1}c}$$
$$= \sqrt{0.1 \times 9.1 \times 10^{-8}} = 9.5 \times 10^{-5} (\text{mol·L}^{-1})$$

由 $c(S^{2-}) = K_{a2}$ 得 $c(S^{2-}) = 1.1 \times 10^{-12} (\text{mol·L}^{-1})$

(2) 因为同离子效应，在 H_2S 与 HCl 的混合液中，H_2S 解离产生的 H^+ 很少，故溶液中 $c(H^+) \approx 0.30\text{mol·L}^{-1}$

$$c(S^{2-}) = \frac{K_{a1}K_{a2}c(H_2S)}{c^2(H^+)}$$
$$= \frac{9.1 \times 10^{-8} \times 1.1 \times 10^{-12} \times 0.10}{0.30^2} = 1.1 \times 10^{-19} (\text{mol·L}^{-1})$$

多元弱碱水溶液中的 OH^- 浓度以及其他有关计算与多元弱酸的计算方法相似。

三、水溶液中共轭酸碱对 K_a 与 K_b 的关系

酸、碱并非孤立，酸是碱和质子的结合体，这种关系称为酸碱的共轭关系。右边的碱是左边的酸的共轭碱；左边的酸是右边碱的共轭酸。弱电解质在溶液中存在着电离平衡，我们以 HAc 的解离为例，来讨论共轭酸碱之间的关系。

HAc 与 Ac^- 为共轭酸碱对，在水溶液中：

$$HAc \rightleftharpoons H^+ + Ac^- \qquad K_a = \frac{c(H^+)c(Ac^-)}{c(HAc)}$$

$$Ac^- + H_2O \rightleftharpoons HAc + OH^- \qquad K_b = \frac{c(HAc)c(OH^-)}{c(Ac^-)}$$

而水的离子积表达式为：$\qquad K_w = c(H^+)c(OH^-)$

显然 $\qquad K_a K_b = K_w \tag{5-11}$

上式就是共轭酸碱对 K_a 和 K_b 的关系式。只要知道酸常数，就能求出共轭碱的碱常数，反之亦然。

例 5-3 已知 25℃ 时，HCN 的 $K_a = 4.93 \times 10^{-10}$，求其共轭碱 CN^- 的 K_b 值。

解：由共轭酸碱对 K_a 和 K_b 的关系知

$$K_a K_b = K_w$$

所以 $\qquad K_b = \frac{K_w}{K_a} = \frac{1.00 \times 10^{-14}}{4.93 \times 10^{-10}} = 2.03 \times 10^{-5}$

多元酸、多元碱的各级酸常数 K_a 与各级碱常数 K_b 的关系用 H_2CO_3 和 CO_3^{2-} 加以说明。

$$H_2CO_3 \rightleftharpoons H^+ + HCO_3^- \qquad\qquad CO_3^{2-} + H_2O \rightleftharpoons HCO_3^- + OH^-$$

$$K_{a_1}=\frac{c(H^+)c(HCO_3^-)}{c(H_2CO_3)} \qquad K_{b_1}=\frac{c(HCO_3^-)c(OH^-)}{c(CO_3^{2-})}$$

$$HCO_3^- \rightleftharpoons H^+ + CO_3^{2-} \qquad HCO_3^- + H_2O \rightleftharpoons H_2CO_3 + OH^-$$

$$K_{a_2}=\frac{c(H^+)c(CO_3^{2-})}{c(HCO_3^-)} \qquad K_{b_2}=\frac{c(H_2CO_3)c(OH^-)}{c(HCO_3^-)}$$

$$K_{a_1}K_{b_2}=K_w \qquad\qquad K_{a_2}K_{b_1}=K_w \tag{5-12}$$

四、同离子效应和缓冲溶液

1. 同离子效应

在 HAc 水溶液中，当解离达到平衡后，加入适量 NaAc 固体，使溶液中 Ac⁻ 的浓度增大，由浓度对化学平衡移动的影响可知，酸碱平衡向左移动，从而降低了 HAc 的解离度。显而易见，在 HAc 溶液中加入适量 HCl 等强酸，HAc 的解离度也将降低。

$$HAc \rightleftharpoons H^+ + Ac^-$$

同理，在氨水中加入适量固体 NH_4Cl 或 NaOH 等，则平衡向左移动，氨水的解离度也将降低。

$$NH_3 \cdot H_2O \rightleftharpoons NH_4^+ + OH^-$$

这种在弱酸或弱碱溶液中，加入含有相同离子的易溶强电解质使弱酸或弱碱的解离度降低的现象，叫做同离子效应。

2. 缓冲溶液

动物的体液必须维持在一定的 pH 范围内才能进行正常的生命活动。农作物，例如小麦的正常生长需要土壤的 pH 值为 6.3～7.5。在容量分析中，某些指示剂必须在一定的 pH 范围内才能显示所需要的颜色。上述的 pH 控制都需要缓冲溶液来完成，因此，缓冲溶液在生产、生活和生命活动中均具有重要的意义。

(1) 缓冲溶液及组成　能够抵抗少量外加酸、碱和水的稀释，而本身 pH 不甚改变的溶液称为缓冲溶液。常见的缓冲溶液由弱酸及其共轭碱、弱碱及其共轭酸组成。组成缓冲溶液的共轭酸碱对，叫做缓冲对或缓冲系。

(2) 缓冲原理　以 HAc-NaAc 缓冲溶液为例，HAc 溶液存在如下酸碱平衡：

$$HAc \rightleftharpoons H^+ + Ac^-$$

加入 NaAc 后，NaAc 完全解离

$$NaAc \rightleftharpoons Na^+ + Ac^-$$

由于同离子效应，HAc 的解离度降低，溶液中由 HAc 解离产生的 H⁺ 浓度很小。在缓冲溶液中，存在大量的 HAc 分子及 Ac⁻。当往缓冲溶液中加入少量强酸（如 HCl）时，强电解质解离出来的 H⁺ 绝大部分与 Ac⁻ 结合生成 HAc，溶液中 H⁺ 浓度改变很少，即 pH 保持了相对稳定，溶液中的 Ac⁻ 是抗酸成分。如果加入少量的强碱，强碱解离出来的大部分 OH⁻ 就会与 HAc 反应生成 H_2O 和 Ac⁻，溶液中 OH⁻ 浓度没有明显的变化，溶液的 pH 也同样保持了相对稳定，HAc 是抗碱成分。当加入适量的水稀释时，$c(H^+)$ 会降低，但由于 HAc 解离度增加，$c(H^+)$ 变化也不大，溶液的 pH 也不甚改变。总之，缓冲溶液具有保持 pH 相对稳定的性能，即具有缓冲作用。

同理，弱碱及其共轭酸体系的缓冲溶液也具有缓冲作用。

(3) 缓冲溶液 pH 值的计算　以 HAc-Ac⁻ 共轭酸碱对组成的缓冲溶液为例加以推导。

$$HAc \rightleftharpoons H^+ + Ac^-$$

$$NaAc = Na^+ + Ac^-$$

解离常数
$$K_a = \frac{c(H^+)c(Ac^-)}{c(HAc)}$$

所以
$$c(H^+) = K_a \frac{c(HAc)}{c(Ac^-)}$$

由于 HAc 的解离度很小，加上 Ac^- 的同离子效应，使 HAc 的解离度更小，故上式中的 $c(HAc)$ 可近似地认为就是 HAc 的初始浓度 c_a，即 $c(HAc)=c_a$，上式中的 $c(Ac^-)$ 也可近似地认为就是 NaAc 的初始浓度 c_b，即 $c(Ac^-)=c_b$，代入上式得：

$$c(H^+) = K_a \frac{c_a}{c_b} \tag{5-13}$$

$$pH = pK_a - \lg \frac{c_a}{c_b} \tag{5-14}$$

在一定的温度下，对于某一种质子弱酸，K_a 是一个常数，由式(5-13) 和式(5-14) 可以看出 $c(H^+)$ 或 pH 与弱酸及其共轭碱的浓度的比值有关。

对于弱碱 NH_3（或 $NH_3 \cdot H_2O$）及其共轭酸 NH_4^+（如 NH_4Cl）组成的缓冲溶液，若以 K_a 表示 NH_4^+ 的酸常数，c_a 表示 NH_4Cl 的初始溶液，c_b 表示 NH_3 的起始浓度，同样可导出式(5-13)、式(5-14) 两个公式。

例 5-4 25℃ 时，在 90mL 纯水中分别加入：(1) 10mL 0.010mol·L^{-1} HCl 溶液；(2) 10mL 0.010mol·L^{-1} NaOH 溶液。试计算纯水及分别加入 HCl 溶液或 NaOH 溶液后的 pH 值。

解：25℃ 时纯水中 $c(H^+)=1.0\times10^{-7}$ mol·L^{-1}，故 pH=7.00

(1) 加入 10mL HCl 溶液后，溶液总体积为 100mL

$$c(H^+) = \frac{0.010 \times 10}{100} = 0.0010 \text{ mol} \cdot \text{L}^{-1}$$

$$pH = 3.00$$

(2) 加入 10mL NaOH 溶液后，溶液总体积也为 100mL

$$c(OH^-) = \frac{0.010 \times 10}{100} = 0.0010 \text{ mol} \cdot \text{L}^{-1}$$

$$pOH = 3.00 \qquad pH = 11.00$$

计算表明，纯水中加入 HCl 或 NaOH 前后，pH 改变很明显，其改变量 $\Delta pH=4$。

例 5-5 在 90mL 浓度均为 0.10mol·L^{-1} HAc-NaAc 缓冲溶液中，分别加入：(1) 10mL 0.010mol·L^{-1} HCl 溶液；(2) 10mL 0.010mol·L^{-1} NaOH 溶液；(3) 10mL 水，试计算上述三种情况缓冲溶液的 pH 值。

解：未加 HCl、NaOH、水之前缓冲溶液的 pH 值为：

$$pH = pK_a - \lg \frac{c_a}{c_b} = 4.75 - \lg \frac{0.1}{0.1} = 4.75$$

(1) $c(HAc) = 0.10 \times \frac{90}{100} + 0.01 \times \frac{10}{100} = 0.091 \text{(mol·L}^{-1})$

$c(Ac^-) = 0.10 \times \frac{90}{100} - 0.01 \times \frac{10}{100} = 0.089 \text{(mol·L}^{-1})$

$$pH = pK_a - \lg \frac{c_a}{c_b} = 4.75 - \lg \frac{0.091}{0.089} = 4.74$$

(2) $c(\text{HAc}) = 0.10 \times \dfrac{90}{100} - 0.01 \times \dfrac{10}{100} = 0.089(\text{mol} \cdot \text{L}^{-1})$

$c(\text{Ac}^-) = 0.10 \times \dfrac{90}{100} + 0.01 \times \dfrac{10}{100} = 0.091(\text{mol} \cdot \text{L}^{-1})$

$$\text{pH} = \text{p}K_a - \lg \dfrac{c_a}{c_b} = 4.75 - \lg \dfrac{0.089}{0.091} = 4.76$$

(3) $c(\text{HAc}) = c(\text{Ac}^-) = 0.10 \times \dfrac{90}{100} = 0.090(\text{mol} \cdot \text{L}^{-1})$

$$\text{pH} = \text{p}K_a - \lg \dfrac{c_a}{c_b} = 4.75 - \lg \dfrac{0.090}{0.090} = 4.75$$

计算表明，除第三种情况 pH 值不变外，其余两种情况 pH 值的改变值只有 0.01，与例 5-5 在相同体积纯水中加入等量 HCl、NaOH 相比，缓冲溶液的 pH 值可以称得上不甚改变。

(4) 缓冲容量和缓冲范围　缓冲容量 β 是衡量缓冲溶液缓冲作用大小的量。体积相同的两种缓冲溶液，当加入等量的酸或碱时，pH 变化小的缓冲溶液其缓冲作用强。从另一方面也可以衡量缓冲溶液缓冲作用的大小，即缓冲溶液的 pH 改变相同值时，需加入的强酸或强碱越多，则该缓冲溶液的缓冲作用越强。

影响缓冲容量的因素有两个：

① 当缓冲溶液的缓冲组分的浓度比一定时，体系中两组分的浓度越大，缓冲容量越大。一般两组分的浓度控制在 $0.05 \sim 0.5 \text{mol} \cdot \text{L}^{-1}$ 较合适。

② 当两缓冲组分的总浓度一定时，缓冲组分的浓度比越接近 1，则缓冲容量越大，等于 1 时，缓冲容量最大。通常缓冲溶液的两组分的浓度比控制在 $0.1 \sim 10$，超出此范围则由于缓冲作用太小而认为失去缓冲作用。

根据公式 $\text{pH} = \text{p}K_a - \lg \dfrac{c_a}{c_b}$，当 $\dfrac{c_a}{c_b} = \dfrac{1}{10} = 0.1$ 时，$\text{pH} = \text{p}K_a + 1$；当 $\dfrac{c_a}{c_b} = \dfrac{10}{1} = 10$ 时，$\text{pH} = \text{p}K_a - 1$。$\text{pH} = \text{p}K_a \pm 1$ 称为缓冲范围。不同缓冲对组成的缓冲溶液，由于 $\text{p}K_a$ 不同，其缓冲范围也各异。

(5) 缓冲溶液的选择和配制　常用的缓冲溶液是由一定浓度的缓冲对组成的，一般来说，不同的缓冲溶液具有不同的缓冲容量和缓冲范围。实际工作中，为了满足需要，在选择缓冲溶液时应注意以下两个方面：

① 为了满足化学反应在某 pH 范围内进行，缓冲溶液的缓冲组分不应参与反应。

② 为了保证缓冲溶液具有足够的缓冲容量，缓冲对除了应有适量的浓度外，根据 $\text{pH} = \text{p}K_a - \lg \dfrac{c_a}{c_b}$ 及 $\dfrac{c_a}{c_b} = 1$ 时缓冲容量最大这一特点，应选择 $\text{p}K_a$ 与 pH 最接近的弱酸及其共轭碱来配制缓冲溶液。

缓冲溶液的配制方法常用的有以下三种：

① 在一定量的弱酸（或弱碱）溶液中加入固体共轭碱（或酸）。

② 用相同浓度的弱酸（或弱碱）及其共轭碱（或酸）溶液，按适当体积混合。

③ 在一定量且过量的弱酸（碱）中加入一定量的强碱（酸），通过酸碱反应生成的共轭碱（酸）与剩余的弱酸（碱）组成缓冲溶液。

(6) 常用的标准缓冲溶液　缓冲溶液通常认为有两类，一类标准缓冲溶液，是用作测量溶液 pH 值的参照溶液（表 5-3）；另一类是前面所讲的由缓冲对组成的缓冲溶液，是用来控制溶液酸度的（表 5-4）。此外，当用酸度计测量溶液的 pH 值时，可以用表 5-3 的常用标准缓冲溶液来校正仪器。

表 5-3 常用的标准缓冲溶液

pH 标准溶液	pH 值(实验值,298K)
饱和酒石酸氢钾(0.34mol·L^{-1})	3.56
0.05mol·L^{-1}邻苯二甲酸氢钾	4.01
0.025mol·L^{-1}KH$_2$PO$_4$-0.025mol·L^{-1}Na$_2$HPO$_4$	6.86
0.01mol·L^{-1}硼砂	9.18

表 5-4 常用的缓冲溶液体系

缓冲溶液	酸的存在形式	碱的存在形式	pK_a
氨基乙酸-HCl	H$_3$N$^+$CH$_2$COOH	H$_3$N$^+$CH$_2$COO$^-$	2.35
一氯乙酸-NaOH	CH$_2$ClCOOH	CH$_2$ClCOO$^-$	2.86
邻苯二甲酸氢钾-HCl	C$_6$H$_4$(COOH)$_2$	C$_6$H$_4$(COO$^-$)(COOH)	2.95
甲酸-NaOH	HCOOH	HCOO$^-$	3.74
HAc-NaAc	HAc	Ac$^-$	4.74
六次甲基四胺-HCl	(CH$_2$)$_6$N$_4$H$^+$	(CH$_2$)$_6$N$_4$	5.15
NaH$_2$PO$_4$-Na$_2$HPO$_4$	H$_2$PO$_4^-$	HPO$_4^{2-}$	7.20
三乙醇胺-HCl	HN$^+$(CH$_2$CH$_2$OH)$_3$	N(CH$_2$CH$_2$OH)$_3$	7.76
三(羟甲基)甲胺-HCl	H$_3$N$^+$C(CH$_2$OH)$_3$	H$_2$NC(CH$_2$OH)$_3$	8.21
Na$_2$B$_4$O$_7$-HCl	H$_3$BO$_3$	H$_2$BO$_3^-$	9.24
NH$_3$-NH$_4$Cl	NH$_4^+$	NH$_3$	9.26
乙醇胺-HCl	H$_3$N$^+$CH$_2$CH$_2$OH	H$_2$NCH$_2$CH$_2$OH	9.50
氨基乙酸-NaOH	H$_2$NCH$_2$COOH	H$_2$NCH$_2$COO$^-$	9.60
NaHCO$_3$-Na$_2$CO$_3$	HCO$_3^-$	CO$_3^{2-}$	10.25

第三节 酸碱滴定法及应用

酸碱滴定法是以酸碱反应为基础的滴定分析方法，是最重要和应用最广泛的分析方法之一。在酸碱滴定过程中，溶液的 pH 值可利用酸度计直接测量出来，也可以通过公式进行计算。以滴定剂的加入量为横坐标，溶液的 pH 值为纵坐标作图，便可得到滴定曲线。

一、强碱（酸）滴定强酸（碱）

1. 滴定过程中 pH 值的计算和滴定曲线

现以 0.1000mol·L^{-1} NaOH 滴定 20.00mL 0.1000mol·L^{-1} 的 HCl 为例，讨论滴定曲线和指示剂的选择。

（1）滴定前　溶液中的 $c(H^+)$ 为：
$$c(H^+)=0.1000 \text{mol·L}^{-1}; \text{pH}=1.00$$

（2）滴定开始至化学计量点前　例如，加入 18.00mL 0.1000mol·L^{-1}NaOH 溶液（中和百分数为 90%）时：
$$c(H^+)=0.1000\times\frac{2.00}{20.00+18.00}=5.26\times10^{-3}(\text{mol·L}^{-1}); \text{pH}=2.28$$

当加入 19.98mL NaOH 溶液（中和百分数为 99.9%）时：

$$c(H^+)=0.1000\times\frac{0.02}{20.00+19.98}=5.00\times10^{-5}(mol\cdot L^{-1});\ pH=4.30$$

(3) 化学计量点时 当加入 20.00mL NaOH 溶液（中和百分数为 100%）时，HCl 全部被中和成中性的 NaCl 水溶液。

$$c(H^+)=c(OH^-)=1.0\times10^{-7}(mol\cdot L^{-1});\ pH=7.00$$

(4) 计量点后 按过量的碱进行计算。当加入 20.02mL，即多加入 0.02mL 0.1000mol·L^{-1} NaOH 溶液（中和百分数为 100.1%），此时溶液的体积为 40.02mL，溶液中的 $c(OH^-)$ 为：

$$c(OH^-)=0.1000\times\frac{0.02}{40.02}=5.00\times10^{-5}(mol\cdot L^{-1});\ pH=9.70$$

如此逐一计算，将计算结果列于表 5-5 中，以 NaOH 的加入量（或中和百分数）为横坐标，以 pH 值为纵坐标作图，就可得滴定曲线，如图 5-1(a) 所示。

表 5-5 0.1000mol·L^{-1} NaOH 溶液滴定 0.1000mol·L^{-1} HCl 溶液

加入 NaOH 溶液体积 V/mL	剩余 HCl 溶液体积 V/mL	过量 NaOH 体积 V/mL	溶液 H^+ 浓度 /mol·L^{-1}	pH 值
0.00	20.00		1.00×10^{-1}	1.00
18.00	2.00		5.26×10^{-3}	2.28
19.80	0.20		5.00×10^{-4}	3.30
19.98	0.02		5.00×10^{-5}	4.30
20.00	0.00		1.00×10^{-7}	7.00
20.02		0.02	2.00×10^{-10}	9.70
20.20		0.20	2.00×10^{-11}	10.70
22.00		2.00	2.00×10^{-12}	11.70
40.00		20.00	3.00×10^{-13}	12.50

从表 5-5 和图 5-1(a) 中可以看出，从滴定开始到加入 19.98mL NaOH 溶液，即 99.9% 的 HCl 被滴定，溶液的 pH 变化较慢，只改变了 3.3 个 pH 单位；但从 19.98～20.02mL，即由剩余 0.1% 的 HCl（0.02mL）未被滴定到 NaOH 过量 0.1%（0.02mL），虽然只加了 0.04mL（约一滴 NaOH），pH 值却从 4.30 增加到 9.70，变化 5.4 个 pH 单位；再继续加入 NaOH 溶液，pH 值的变化又逐渐趋缓，滴定曲线又趋于平坦。在整个滴定过程中，只有在化学计量点前后很小的范围内，溶液的 pH 变化最大，称为滴定突跃。通常将计量点前后±0.1% 相对误差范围内溶液 pH 值的变化称为滴定突跃范围。在本例中滴定突跃范围为 pH=4.30～9.70。

2. 指示剂的选择

根据滴定突跃范围可以选择合适的指示剂。显然，最理想的指示剂应恰好在化学计量点时变色，如果根据指示剂的变色结束滴定，实际上在滴定突跃范围内变色的指示剂均可使用。即选择指示剂时应使指示剂的变色范围全部或部分落在滴定的突跃范围之内。

甲基红（变色范围 pH=4.4～6.2，红色到黄色）在滴定开始显红色，当溶液的 pH 值刚大于 4.4，红色中开始带黄色，变成中间颜色；pH 值逐渐增大，黄色成分逐渐增加，直到 pH 值为 6.2 时，溶液完全呈黄色；继续增大 pH 值，颜色不会再改变。可见，只要在甲基红呈现中间颜色时结束滴定，不管其中是红色成分多还是黄色成分多，溶液的 pH 值都处在突跃范围以内，因此以稍偏黄的中间色或刚完全呈黄色为好。此时，滴定终点的 pH 值与计量点更接近，终点误差更小。

酚酞（pH=8.0～10.0，无色至紫红色）在滴定开始时是无色的，计量点也是无色的；

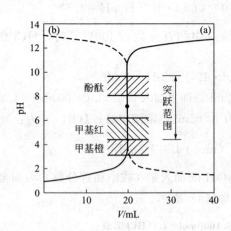 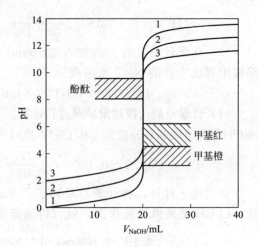

图 5-1 0.1000mol·L⁻¹ NaOH 滴定 20.00mL 0.1000mol·L⁻¹ HCl 的滴定曲线 (a) 和 0.1000mol·L⁻¹ HCl 滴定 20.00mL 0.1000mol·L⁻¹ NaOH 的滴定曲线 (b)

图 5-2 突跃范围与酸碱浓度的关系 NaOH 滴定相同浓度的 HCl,NaOH 和 HCl 的浓度分别为：1—1.000mol·L⁻¹；2—0.1000mol·L⁻¹；3—0.01000mol·L⁻¹

当 pH 值稍大于 8.0 时，开始出现淡红色；pH 值继续增大时，红色加深，直到 pH 值为 10.0 时，完全呈现紫红色。再滴入 NaOH，溶液颜色不再改变。可见，只要在酚酞还没有变为深紫红色时结束滴定基本上都是符合要求的。因出现红色时 NaOH 已过量，所以红颜色越淡终点误差越小。

甲基橙（pH=3.1~4.4，红色至黄色）在滴定开始为红色，刚开始改变颜色时，溶液的 pH 值已大于 3.1，即使溶液呈偏黄的中间颜色，溶液的 pH 值也还可能小于 4.3，因此在甲基橙还呈现中间颜色时结束滴定是不恰当的。当甲基橙恰好完全变成黄色时，溶液的 pH 值为 4.4，处在突跃范围以内，故只有以甲基橙恰好变黄作为滴定终点才是合适的。

从以上讨论可以看出，甲基红和酚酞由于变色范围基本上都处在突跃范围以内，所以它们是非常合适的指示剂；而甲基橙的变色范围仅有很小部分在突跃范围内，虽然还可采用，但不如甲基红和酚酞使用方便。

同理，如用 0.1000mol·L⁻¹ HCl 滴定 20.00mL 0.1000mol·L⁻¹ NaOH 溶液，滴定曲线的形状与 0.1000mol·L⁻¹ NaOH 滴定 20.00mL 0.1000mol·L⁻¹ 的 HCl 溶液的滴定曲线形状相反，如图 5-1(b) 所示。此时亦可选用甲基红、酚酞、甲基橙作为指示剂。此外，指示剂的选择还应该考虑人的视觉对颜色变化的敏感性，即颜色由浅到深，人的视觉较敏感，因此，选用甲基红为最佳。

3. 影响滴定突跃范围的因素

滴定突跃范围的大小与溶液的浓度有关，如图 5-2 所示，溶液越浓，突跃范围越大，可供选择的指示剂越多；反之，可供选择的指示剂越少。酸碱溶液的浓度增大 10 倍，突跃范围增加 2 个 pH 单位；浓度减小 10 倍，突跃范围缩小 2 个 pH 单位。如果用 0.01000mol·L⁻¹ NaOH 滴定 20.00mL 0.01000mol·L⁻¹ 的 HCl 溶液，突跃范围为 pH=5.30~8.70，可选择甲基红指示剂，不能用甲基橙，否则误差将超过 1%。

二、强碱（酸）滴定一元弱酸（碱）

1. 滴定过程中 pH 值的计算和滴定曲线

以 0.1000mol·L⁻¹ NaOH 滴定 20.00mL 0.1000mol·L⁻¹ HAc 为例进行讨论。滴定时

发生如下反应：

$$HAc + OH^- \rightleftharpoons Ac^- + H_2O$$

（1）滴定前　由于滴定前为 $0.1000 \text{mol} \cdot \text{L}^{-1}$ HAc 溶液，$c/K_a > 500$，所以用最简式计算：

$$c(H^+) = \sqrt{cK_a} = \sqrt{0.1000 \times 1.76 \times 10^{-5}} = 1.3 \times 10^{-3} (\text{mol} \cdot \text{L}^{-1})$$
$$pH = 2.87$$

（2）滴定开始至计量点前　溶液中未反应的 HAc 和反应产物 Ac^- 同时存在，组成一个缓冲体系。一般情况下可按下式计算：

$$pH = pK_a - \lg \frac{c_a}{c_b}$$

例如，当加入 19.98mL NaOH 溶液（中和百分数为 99.9%）时：

$$c_a = c(HAc) = \frac{0.02}{20.00 + 19.98} \times 0.1000 = 5.00 \times 10^{-5} (\text{mol} \cdot \text{L}^{-1})$$

$$c_b = c(Ac^-) = \frac{19.98}{20.00 + 19.98} \times 0.1000 = 5.00 \times 10^{-2} (\text{mol} \cdot \text{L}^{-1})$$

$$pH = pK_a - \lg \frac{c_a}{c_b} = pK_a - \lg \frac{c(HAc)}{c(Ac^-)} = 7.74$$

（3）计量点时　当加入 20.00mL NaOH 溶液（中和百分数为 100%）时，HAc 全部被中和生成 NaAc。由于在计量点时溶液的体积增大为原来的 2 倍，所以 Ac^- 的浓度为 $0.05000 \text{mol} \cdot \text{L}^{-1}$，又因为 $c/K_b > 500$，所以：

$$c(OH^-) = \sqrt{cK_b} = \sqrt{c \frac{K_w}{K_a}} = \sqrt{0.1000 \times \frac{1.0 \times 10^{-14}}{1.76 \times 10^{-5}}} = 5.3 \times 10^{-6} (\text{mol} \cdot \text{L}^{-1})$$

$$pOH = 5.28 \qquad pH = 14.00 - 5.27 = 8.73$$

（4）计量点后　计算方法与强碱滴定强酸时相同。例如，已滴入 NaOH 溶液 20.02mL（过量 0.02mL NaOH），此时溶液的 pH 可计算如下：

$$c(OH^-) = 0.1000 \times \frac{0.02}{20.00 + 20.02} = 5.0 \times 10^{-5} (\text{mol} \cdot \text{L}^{-1})$$

$$pOH = 4.30$$
$$pH = 9.70$$

将以上计算结果列于表 5-6 中，并以此绘制滴定曲线（图 5-3 中实线）。

表 5-6　$0.1000 \text{mol} \cdot \text{L}^{-1}$ NaOH 溶液滴定 $0.1000 \text{mol} \cdot \text{L}^{-1}$ HAc 溶液

加入 NaOH 溶液体积 V/mL	剩余 HAc 溶液体积 V/mL	过量 NaOH 体积 V/mL	pH 值
0.00	20.00		2.87
18.00	2.00		5.70
19.80	0.20		6.74
19.98	0.02		7.75
20.00	0.00		8.72
20.02		0.02	9.70
20.20		0.20	10.70
22.00		2.00	11.70
40.00		20.00	12.50

2. 滴定曲线的特点与指示剂的选择

观察图 5-3 所示的 0.1000mol·L^{-1}NaOH 滴定 20.00mL 0.1000mol·L^{-1}HAc（图 5-3 中实线）和相同浓度 NaOH 滴定 HCl 的滴定曲线（图 5-3 中虚线）。将两条曲线对比可以看出，NaOH 滴定 HAc 的曲线有以下一些特点：

（1）NaOH-HAc 滴定曲线起点 pH 值较 NaOH-HCl 的高 2 个单位。这是因为 HAc 的解离度要比等浓度的 HCl 小的缘故。

（2）滴定开始后至约 20%（图中消耗滴定剂的体积为 4mL 时所对应的中和百分数）的 HAc 被滴定时，NaOH-HAc 滴定曲线的斜率比 NaOH-HCl 的大。这是因为 HAc 被中和而生成 NaAc。由于 Ac$^-$ 的同离子效应，使 HAc 的解离度变小，因而 H$^+$ 浓度迅速降低，pH 值很快增大。但当继续滴加 NaOH 时，由于 NaAc 浓度相应增大，HAc 的浓度相应减小，缓冲作用增强，故使溶液的 pH 值增加缓慢，因此这一段曲线较为平坦。当中和百分数为 50% 时，溶液缓冲容量最大，因此该中和百分数附近 pH 值改变最慢。接近计量点时，由于溶液中 HAc 已很少，缓冲作用减弱，所以继续滴入 NaOH 溶液，pH 值变化速度又逐渐加快。直到计量点时，由于 HAc 浓度急剧减小，使溶液的 pH 值发生突变。但是应该注意，由于溶液中产生了大量的 Ac$^-$，Ac$^-$ 是一种碱，在水溶液中解离后产生了相当数量的 OH$^-$，而使计量点的 pH 值不是 7 而是 8.72，计量点在碱性范围内。计量点以后，溶液 pH 值变化规律与强碱滴定强酸时相同。

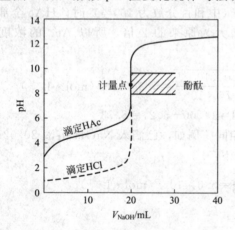

图 5-3　0.1000mol·L^{-1} NaOH 滴定 20.00mL 0.1000mol·L^{-1}HAc 溶液的滴定曲线

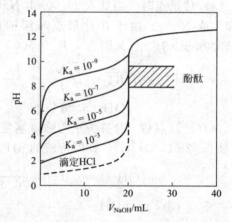

图 5-4　0.1000mol·L^{-1} NaOH 滴定 20.00mL 0.1000mol·L^{-1}各种不同强度的弱酸溶液的滴定曲线

（3）NaOH-HAc 滴定曲线的突跃范围（pH＝7.74～9.70）较 NaOH-HCl 的小得多，且在碱性范围内。因此在酸性范围内变色的指示剂，如甲基橙、甲基红等都不能使用，而酚酞、百里酚酞等均是合适的指示剂。

3. 影响滴定突跃的因素以及弱酸被强碱溶液滴定的判断依据

在滴定弱酸时，滴定突跃的大小除与溶液的浓度有关外，还与酸的强度有关，图 5-4 是用 0.1000mol·L^{-1}NaOH 溶液滴定 0.1000mol·L^{-1}不同强度弱酸的滴定曲线。从中可以看出：

（1）当酸的浓度一定时，K_a 值愈大，即酸愈强时，突跃范围愈大；K_a 值愈小，突跃范围愈小。当 $K_a \leq 10^{-9}$ 时，已无明显的突跃了，在此情况下，已无法利用一般的酸碱指示剂确定其滴定终点。

（2）另一方面，当 K_a 和浓度 c 两个因素同时变化，滴定突跃的大小将由 K_a 与 c 的乘积所决定。cK_a 越大，突跃范围越大；cK_a 越小，突跃范围越小。当 cK_a 很小时，计量点前后溶液 pH 值变化非常小，无法用指示剂准确确定终点，通常以 $cK_a \geq 10^{-8}$ 作为判断弱酸能否准确进行滴定的界限。

强酸滴定弱碱的情况与强碱滴定弱酸的情况相似。如用 $0.1000 \text{mol} \cdot \text{L}^{-1}$ HCl 滴定 20.00mL $0.1000 \text{mol} \cdot \text{L}^{-1}$ $NH_3 \cdot H_2O$ 溶液（图 5-5 中实线）。化学计量点时的产物是 NH_4Cl，化学计量点时 pH=5.28。突跃范围为 pH=6.26～4.30，在酸性范围内。所以应选择酸性范围内变色的指示剂，如甲基红。

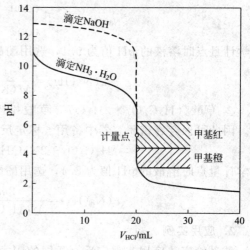

图 5-5　$0.1000 \text{mol} \cdot \text{L}^{-1}$ HCl 滴定 20.00mL $0.1000 \text{mol} \cdot \text{L}^{-1}$ $NH_3 \cdot H_2O$ 的滴定曲线

强酸滴定弱碱的突跃范围也与弱碱的强度和浓度有关。弱碱能否被强酸直接准确滴定，通常也以 $cK_b \geq 10^{-8}$ 作为判断依据。

三、酸碱滴定法的应用

1. 标准溶液的配制和标定

酸碱滴定中最常用的标准溶液是 HCl 溶液和 NaOH 溶液，其浓度在 $0.01 \sim 1.0 \text{mol} \cdot \text{L}^{-1}$ 较合适，最常用的浓度为 $0.1000 \text{mol} \cdot \text{L}^{-1}$。

（1）酸标准溶液　HCl 易挥发，其标准溶液应采用间接法配制，即先配制大概所需的浓度，再用基准物质标定其准确浓度，标定方法如下：

① 无水碳酸钠　无水碳酸钠是标定 HCl 溶液的常用基准物质，其优点是易制得纯品，但由于其易吸收空气中的水分，因此使用之前应在 180～200℃下干燥 2～3 小时后置于干燥器内冷却备用。标定反应如下：

$$Na_2CO_3 + 2HCl \rightleftharpoons 2NaCl + CO_2 \uparrow + H_2O$$

选用甲基橙做指示剂，标定结果可按下式计算：

$$c(HCl) = \frac{2m(Na_2CO_3)}{M(Na_2CO_3)V(HCl)}$$

② 硼砂（$Na_2B_4O_7 \cdot 10H_2O$）　硼砂在空气中易风化失去部分结晶水，所以应在水中重结晶两次后，再放在相对湿度为 60% 的恒湿器中保存。标定反应如下：

$$Na_2B_4O_7 + 2HCl + 5H_2O \rightleftharpoons 4H_3BO_3 + 2NaCl$$

选用甲基红做指示剂，终点时溶液呈橙红色，标定结果可按下式计算：

$$c(HCl) = \frac{2m(Na_2B_4O_7 \cdot 10H_2O)}{M(Na_2B_4O_7 \cdot 10H_2O)V(HCl)}$$

（2）碱标准溶液　NaOH 易吸收水分和空气中的 CO_2，其标准溶液应用间接法配制。标定 NaOH 标准溶液的基准物质常用的有邻苯二甲酸氢钾和草酸等。

① 邻苯二甲酸氢钾（ ）邻苯二甲酸氢钾易制得纯品，不吸潮，容易保存，摩尔质量大，它是用来标定 NaOH 溶液较好的基准物质。标定反应如下：

$$\text{NaOH} + \text{邻-C}_6\text{H}_4(\text{COOH})(\text{COOK}) \rightleftharpoons \text{邻-C}_6\text{H}_4(\text{COONa})(\text{COOK}) + \text{H}_2\text{O}$$

化学计量点时溶液的 pH 值为 9.1，选用酚酞做指示剂，标定结果可按下式计算：

$$c(\text{NaOH}) = \frac{m(\text{KHC}_8\text{H}_4\text{O}_4)}{M(\text{KHC}_8\text{H}_4\text{O}_4)V(\text{NaOH})}$$

② 草酸（$\text{H}_2\text{C}_2\text{O}_4 \cdot 2\text{H}_2\text{O}$） 草酸相当稳定，相对湿度在 5%～95% 时不会风化而失水。因此可保存在密闭容器中备用。标定反应如下：

$$\text{H}_2\text{C}_2\text{O}_4 + 2\text{NaOH} \rightleftharpoons \text{Na}_2\text{C}_2\text{O}_4 + 2\text{H}_2\text{O}$$

化学计量点时溶液的 pH 值为 8.4，选用酚酞做指示剂，标定结果可按下式计算：

$$c(\text{NaOH}) = \frac{2m(\text{H}_2\text{C}_2\text{O}_4 \cdot 2\text{H}_2\text{O})}{M(\text{H}_2\text{C}_2\text{O}_4 \cdot 2\text{H}_2\text{O})V(\text{NaOH})}$$

2. 应用实例

酸碱滴定法应用非常广泛。我国的国家标准（GB）和有关部门颁布标准中，许多试样如化学试剂、食品添加剂、石油、水样等，凡是涉及酸度、碱度的项目，大多都采用简便易行的酸碱滴定法，酸碱滴定法还应用于农业生产中作物、肥料、饲料中某些成分的测定。下面举几个应用实例。

（1）食醋中总酸度的测定（GB/T 12456—2008） 乙酸 HAc 是一种重要的农产品加工品，又是合成农药的重要原料。而食醋中的主要成分是乙酸，也含有少量的其他酸，如乳酸。

测定时，将食醋用不含 CO_2 的蒸馏水适当稀释后，用 NaOH 标准溶液滴定，中和后的产物为乙酸钠，化学计量点时的 pH 值为 8.7，应选用酚酞为指示剂，滴定至呈现红色即为终点，由所消耗的标准溶液的浓度和体积可计算出总酸度。

（2）工业硼酸中硼酸含量的测定 硼酸是一种弱酸（$K_a = 5.7 \times 10^{-10}$），不能用碱标准溶液直接滴定，其含量的测定采用间接滴定法，即用甘露醇和甘油强化硼酸，生成具有较强酸性的甘露醇或甘油配位强酸。生成酸的 $K_a = 5.5 \times 10^{-5}$，能满足 $cK_a > 10^{-8}$，因此可用 NaOH 标准溶液进行滴定。化学计量点的 pH 值为 8.7，应用酚酞做指示剂，用氢氧化钠标准溶液滴定至粉红色即为终点。

（3）混合碱的分析（双指示剂法）

① NaOH 和 Na_2CO_3 的混合物中各组分含量的测定 准确称取一定质量 $m(s)$ 的试样，溶于水后，先以酚酞做指示剂，用 HCl 标准溶液滴定至终点，记下用去 HCl 溶液的体积 V_1(L)。这时 NaOH 全部被滴定，而 Na_2CO_3 只被滴定至生成 NaHCO_3。然后加入甲基橙作指示剂，用 HCl 继续滴定至溶液由黄色变为橙色，此时 NaHCO_3 被滴定至生成 H_2CO_3，记下用去 HCl 溶液的体积 V_2(L)。

滴定过程为：

$$\boxed{\text{OH}^-, \text{CO}_3^{2-}} \xrightarrow{+ \text{HCl}(V_1)} \boxed{\text{H}_2\text{O}, \text{HCO}_3^-} \xrightarrow{+ \text{HCl}(V_2)} \boxed{\text{H}_2\text{CO}_3(\text{H}_2\text{O} + \text{CO}_2)}$$

NaOH 和 Na_2CO_3 的质量分数（常用百分含量表示）分别为：

$$w(\text{Na}_2\text{CO}_3) = \frac{c(\text{HCl})V_2(\text{HCl})M(\text{Na}_2\text{CO}_3)}{m(s)}$$

$$w(\text{NaOH}) = \frac{c(\text{HCl})[V_1(\text{HCl}) - V_2(\text{HCl})]M(\text{NaOH})}{m(s)}$$

② Na_2CO_3 和 $NaHCO_3$ 的混合物中各组分含量的测定　测定方法与 NaOH 和 Na_2CO_3 的混合物的分析方法类似，亦常用双指示剂法。滴定过程为：

$$\boxed{\dfrac{CO_3^{2-}}{HCO_3^-}} + HCl(V_1) \rightarrow \boxed{\dfrac{HCO_3^-}{HCO_3^-}} + HCl(V_2) \rightarrow \boxed{H_2CO_3(CO_2 + H_2O)}$$

根据滴定过程的分析，可以得出：

$$w(Na_2CO_3) = \frac{c(HCl)V_1(HCl)M(Na_2CO_3)}{m(s)}$$

$$w(NaHCO_3) = \frac{c(HCl)[V_2(HCl) - V_1(HCl)]M(NaHCO_3)}{m(s)}$$

NaOH 和 $NaHCO_3$ 是不能共存的。若某试样中可能含有 NaOH、Na_2CO_3 或 $NaHCO_3$，或由它们组成的混合物，设以酚酞及甲基橙为指示剂的滴定终点用去 HCl 的体积分别为 V_1 mL、V_2 mL，则未知试样的组成与 V_1、V_2 的关系见表 5-7。

表 5-7　V_1、V_2 的大小与试样组成的关系

V_1、V_2 的大小及关系	$V_1 > V_2, V_2 \neq 0$	$V_1 < V_2, V_1 \neq 0$	$V_1 = V_2 \neq 0$	$V_1 \neq 0, V_2 = 0$	$V_1 = 0, V_2 \neq 0$
试样组成	OH^-、CO_3^{2-}	CO_3^{2-}、HCO_3^-	CO_3^{2-}	OH^-	HCO_3^-

（4）氮含量的测定　常用的铵盐，如 $(NH_4)_2SO_4$、NH_4Cl 等常需要测定其中氮的含量。但由于 $K_a(NH_4^+) = 5.64 \times 10^{-10}$，酸性太弱，不能直接用 NaOH 标准溶液进行滴定。

① 蒸馏法　将一定质量 $m(s)$ 的铵盐试样放入蒸馏瓶中，加过量的浓 NaOH 溶液使 NH_4^+ 转化为气态 NH_3，并用过量 HCl 标准溶液吸收 NH_3，再用 NaOH 标准溶液返滴定过量的 HCl。计量点时，溶液的 pH 由生成的 NH_4Cl 决定，pH = 5.10，可用甲基红做指示剂。氮的含量按下式计算：

$$w(N) = \frac{[c(HCl)V(HCl) - c(NaOH)V(NaOH)]M(N)}{m(s)}$$

蒸馏出的 NH_3 若用过量的 H_3BO_3 溶液吸收，反应方程式为：

$$NH_3 + H_3BO_3 \rightleftharpoons NH_4^+ + H_2BO_3^-$$

用 HCl 标准溶液滴定 $H_2BO_3^-$（较强的碱）的方程式为：

$$H_2BO_3^- + H^+ \rightleftharpoons H_3BO_3$$

计量点时 pH ≈ 5，可用甲基红作指示剂，按下式计算氮的含量：

$$w(N) = \frac{c(HCl)V(HCl)M(N)}{m(s)}$$

对于有机物，如蛋白质中氮含量的测定，一般采用凯式定氮法。将试样经过一系列的处理后，氮则转化为铵态氮（NH_4^+），然后按蒸馏法进行测定。

② 甲醛法　甲醛与铵盐作用可表示如下：

$$4NH_4^+ + 6HCHO \rightleftharpoons (CH_2)_6N_4H^+ + 3H^+ + 6H_2O$$

在滴定前溶液为酸性，$(CH_2)_6N_4$（六次甲基四胺）与质子结合，以它的共轭酸形式存在。在 NaOH 滴定至终点时，仍被中和成 $(CH_2)_6N_4$。计量点时溶液的 pH 值为 8.70，可选用酚酞做指示剂。氮的含量按下式计算：

$$w(N) = \frac{c(NaOH)V(NaOH)M(N)}{m(s)}$$

知识阅读

食物的酸碱性与人体健康

我们日常摄取的食物可大致分为酸性食物和碱性食物。在自然健康的状态，我们身体应当呈现弱碱性，也就是血液的 pH 值在 7.4 左右。当身体处此弱碱状态时，体内极为复杂的各种生化作用可以发挥到极致。所有废物的排除快速且彻底，不会累积在体内。相反地，如果摄取太多酸性食物，导致身体及血液转成偏酸性，久而久之，会导致器官衰竭而衍生各种疾病。因此，平时我们应该减少或避免酸性食物。

好吃的东西几乎都是酸性的，如鱼、肉、米饭、酒、砂糖等；碱性食物如海带、白萝卜、豆腐等多半是不易引起食欲但却对身体有益的食物。很多人以为酸的东西就是酸性食物，诸如一看就会令人流口水的草莓、柠檬等，其实，这些东西却是典型的碱性食物。

食物的酸碱性可以参考食物中的钙、磷的含量来判断，钙含量多的就是碱性食物，磷含量多的就是酸性食物。所以我们应该好好检讨自己平日所吃的东西，是否酸性过度。白米饭是典型酸性食物，以此为主食的中国人，如果没有摄取相当量的碱性食物，就容易变成酸性体质。尤其是近年来，工业发展而引起环境污染、果菜类的农药污染、化学加工食品等危害变本加厉，加上土壤的酸性化导致食物中的钙也相对减少。

此外还有一种造成酸性体质的原因，那就是都市人精神上的压力反应。来自外部的压力，透过大脑而传到副肾和脑下垂体，以荷尔蒙分泌再传达到各器官，此时，若测定血液中的钙离子的含量，一定会比正常值低，也就是压力使血液中的钙离子含量降低，使血液酸性化。总之，环境污染、不正常生活、情绪过于紧张及饮食习惯等使我们体质逐渐转为酸性，从而影响人体健康。为了健康，我们应该做到：

（1）保持良好的心情　情绪对体液酸化影响很大，适量运动以及杜绝抽烟、酗酒等不良嗜好。

（2）不吃宵夜　通常晚上八点过后进食就称之为宵夜。因晚上人体活动力低，且大部分器官处于休息状态，因此食物留在肠胃里会变酸、发酵、产生毒素，使体质变酸。

（3）要吃早餐　人体在凌晨 4:30 体温达到最低点，血液循环会变慢，如果睡太晚再加上不吃早餐，血液循环变慢，氧气减少，形成缺氧性燃烧，会使体质变酸。

（4）调整饮食结构　酸碱食物的比例建议为 20∶80。多喝碱性离子水，少喝酸性水，如纯净水、可乐等。如果体质偏酸性，可多实用碱性食物，例如糙米、蔬菜、水果，另外海藻类食品也是很好的选择。从营养的角度看，酸性食物和碱性食物的合理搭配是身体健康的保障。

习　题

一、选择题

1. 根据酸碱质子理论，下列只可以作酸的是（　　）。

A. HCO_3^-　　　　　B. H_2CO_3　　　　　C. OH^-　　　　　D. H_2O

2. 下列为两性物质是（　　）。
   A. CO_3^{2-}　　　　B. H_3PO_4　　　　C. HCO_3^-　　　　D. HCl
3. 某酸碱指示剂的 $pK_{HIn}=5.0$，则其理论变色范围 pH 值为（　　）。
   A. 2～8　　　　　B. 3～7　　　　　C. 4～6　　　　　D. 5～7
4. 下列用于标定 HCl 的基准物质是（　　）。
   A. 无水 Na_2CO_3　　B. $NaHCO_3$　　C. 邻苯二甲酸氢钾　　D. 草酸
5. 某混合碱首先用盐酸滴定至酚酞变色，消耗 HCl V_1(mL)，接着加入甲基橙指示剂，滴定至甲基橙由黄色变为橙色，消耗 V_2(mL)，若 $V_1 > V_2$，则其组成为（　　）。
   A. $NaOH$-Na_2CO_3　　　　　　　　B. Na_2CO_3
   C. $NaHCO_3$-$NaOH$　　　　　　　　D. $NaHCO_3$-Na_2CO_3
6. NaOH 滴定 CH_3COOH 时，应选用的指示剂是（　　）。
   A. 甲基橙　　　　B. 甲基红　　　　C. 酚酞　　　　D. 都可以
7. 下列物质的浓度均为 $0.10 mol \cdot L^{-1}$，其中能用强碱直接滴定的是（　　）。
   A. 氢氰酸（$K_a=6.2\times10^{-10}$）　　　　B. 硼酸（$K_a=7.3\times10^{-10}$）
   C. 乙酸（$K_a=1.76\times10^{-5}$）　　　　D. 苯酚（$K_a=1.1\times10^{-10}$）

二、判断题
1. 温度一定，无论酸性溶液或碱性溶液，水的离子积常数都一样。（　　）
2. 共轭酸碱对 NH_3-NH_4^+，NH_4^+ 为共轭酸。（　　）
3. 用 NaOH 滴定某弱酸时，滴定突跃范围只与弱酸的浓度有关。（　　）

三、简答题
1. 根据酸碱质子理论，酸碱的定义是什么？酸碱反应的实质是什么？
2. 用酸碱质子理论判断下列物质哪些是酸？哪些是碱？哪些是两性物质？
   HCl、CO_3^{2-}、HCO_3^-、$H_2PO_4^-$、NH_4^+、NH_3、S^{2-}、H_2S
3. 什么是滴定突跃？它的大小与哪些因素有关？酸碱滴定中指示剂的选择原则是什么？

四、计算题
1. 25℃时，CH_3COOH 的 $K_a=1.76\times10^{-5}$，计算 CH_3COO^- 的 K_b。
2. 计算下列溶液的 pH 值：
   (1) $0.10 mol \cdot L^{-1}$ HNO_3 溶液；
   (2) $0.01 mol \cdot L^{-1}$ CH_3COOH 溶液。
3. 称取邻苯二甲酸氢钾基准物质 0.4112g，标定 NaOH 溶液，滴定至终点时用去 NaOH 溶液 20.11mL，求 NaOH 溶液的浓度 [已知 M(邻苯二甲酸氢钾)$=204.2 g \cdot mol^{-1}$]。
4. 称取工业纯碱试样 0.3020g，溶解后以甲基橙为指示剂，用 $0.1980 mol \cdot L^{-1}$ 的 HCl 标准溶液滴定，消耗盐酸 26.50mL，求纯碱的纯度？
5. 用甲醛法测定某铵盐样品的氮含量。准确称取样品 0.4802g，溶解后加入中性甲醛，反应完全后，以酚酞为指示剂，用 $0.1098 mol \cdot L^{-1}$ 的 NaOH 标准溶液滴定至终点，消耗 NaOH 溶液 25.60mL，计算铵盐样品中氮的含量。

第六章
沉淀溶解平衡和沉淀滴定法

■【知识目标】
1. 了解沉淀溶解平衡、溶度积、溶解度的概念。
2. 掌握溶度积规则。
3. 了解影响沉淀溶解平衡的因素；掌握沉淀滴定法的原理、特点。

■【能力目标】
1. 能够应用溶度积规则判断沉淀的生成和溶解。
2. 掌握 $AgNO_3$ 和 NH_4SCN 标准溶液的配制与标定的方法、操作技术及应用。
3. 掌握滴定终点的正确判断，能够应用沉淀滴定法进行有关物质的测定。

第一节 沉淀溶解平衡

难溶电解质的沉淀溶解平衡是一种多相平衡，其基本理论在物质的制备、分离、提纯等方面得到了广泛的应用。

一、溶解度和溶度积

1. 溶解度

实验证明，任何难溶电解质在水溶液中总是或多或少地溶解，绝对不溶解的物质是不存在的。溶解性是物质的重要性质之一。物质的溶解性常用溶解度来表示，其定义是：在一定温度下的饱和溶液中，一定量的溶剂中含有溶质的质量，常用 s 表示。对于物质在水中的溶解能力来说，常用 100g 水中所溶解的溶质的最大质量来表示溶解度。如果在 100g 水中能溶解 1g 以上的溶质，称为可溶物质；小于 0.01g 时，称为难溶物质；溶解度介于可溶与难溶之间的，称为微溶物质。例如 $BaSO_4$、$AgCl$、$CaCO_3$ 都是难溶的强电解质。

2. 溶度积

在一定温度下，将难溶电解质 $AgCl$ 放入水中，在 $AgCl$ 的表面，一部分 Ag^+ 和 Cl^- 脱离 $AgCl$ 表面，成为水合离子进入溶液，这一过程称为沉淀的溶解。进入溶液中的水合 Ag^+ 和 Cl^- 在不停地运动，当其碰撞到 $AgCl$ 表面后，一部分又重新形成难溶性固体 $AgCl$，这一过程称为沉淀的生成，简称沉淀。经过一段时间的溶解和沉淀，溶解的速率和沉淀的速率相等时，即达到沉淀溶解平衡，此时溶液为 $AgCl$ 的饱和溶液。

对任一难溶强电解质（用 A_mB_n 表示），在一定温度下，在水溶液中达到沉淀溶解平衡时，其平衡方程式为：

$$A_mB_n \underset{\text{沉淀}}{\overset{\text{溶解}}{\rightleftharpoons}} mA^{n+}(aq) + nB^{m-}(aq)$$

平衡时，$c(A^{n+})$、$c(B^{m-})$ 不再变化，$c^m(A^{n+})$ 与 $c^n(B^{m-})$ 的乘积为一常数，用 K_{sp} 表示，即：

$$K_{sp} = c^m(A^{n+})c^n(B^{m-}) \tag{6-1}$$

K_{sp} 称为溶度积常数，简称溶度积，它表示在一定温度下，难溶电解质的饱和溶液中，各离子浓度以其计量数为指数的幂的乘积为一常数，其大小反映了物质的溶解能力。各种难溶强电解质的溶度积常数 K_{sp} 见附录4。

溶度积常数和其他平衡常数一样，具有以下特点：溶度积常数与物质的本性、温度有关，而与浓度无关。溶液浓度的变化只会使沉淀溶解平衡移动，溶度积常数不会改变。

二、溶度积规则及其应用

对任一难溶电解质，其水溶液都存在下列解离平衡：

$$A_mB_n \underset{\text{沉淀}}{\overset{\text{溶解}}{\rightleftharpoons}} mA^{n+}(aq) + nB^{m-}(aq)$$

任一状态时，离子浓度以其计量数为指数的幂乘积用 Q_i 表示，则：

$$Q_i = c^m(A^{n+})c^n(B^{m-}) \tag{6-2}$$

Q_i 称为该难溶电解质的离子积。

当 $Q_i = K_{sp}$ 时，溶液处于沉淀溶解平衡状态，此时为饱和溶液，既无沉淀生成，又无固体溶解；

当 $Q_i > K_{sp}$ 时，溶液为过饱和溶液，可以析出沉淀，并直至溶液中 $Q_i = K_{sp}$，即溶液达到沉淀溶解平衡状态为止；

当 $Q_i < K_{sp}$ 时，溶液为不饱和溶液，若溶液中有难溶电解质固体存在，固体将溶解形成离子进入溶液。若难溶电解质固体的存在量大于其溶解度，则溶液最终达到沉淀溶解平衡，形成饱和溶液。

以上三条称为溶度积规则，我们不仅可以利用溶度积规则来判断溶液中是否有沉淀析出，而且也可以利用溶度积规则，通过控制溶液中某离子的浓度，使沉淀溶解或产生沉淀。

三、沉淀溶解平衡的移动

1. 沉淀的生成

（1）同离子效应 同离子效应不仅会使弱电解质的解离度降低，而且会使难溶电解质的溶解度降低。在 $AgNO_3$ 溶液中使 Ag^+ 生成 AgCl 沉淀，若加入与 AgCl 含有相同离子的易溶强电解质如 NaCl，由于溶液中 $c(Cl^-)$ 的增大，会导致 AgCl 沉淀溶解平衡逆向移动。

$$AgCl \rightleftharpoons Ag^+ + Cl^-$$
$$\text{平衡向左移动}$$
$$NaCl \rightleftharpoons Na^+ + Cl^-$$

达到新平衡时，溶液中 $c(Ag^+)$ 比原平衡中 $c(Ag^+)$ 小，即 AgCl 的溶解度降低了。

由此可见，利用同离子效应，可以使某种离子沉淀得更完全。因此进行沉淀反应时，为确保沉淀完全，可加入适当过量（一般过量 20%~50% 即可）的沉淀剂。

（2）加入沉淀剂 由溶度积规则可知，在难溶电解质的溶液中，若 $Q_i > K_{sp}$，就会有沉淀生成。向溶液中加入的沉淀剂的量愈大，则被沉淀离子的残留浓度愈小，但不可能将该离子完全沉淀下来。在分析化学中，某一离子是否沉淀完全，一般是根据该离子的残留浓度进行判断，若该离子的残留浓度$\leq 10^{-5}$ mol·L^{-1}，则认为该离子已经沉淀完全，否则，认为沉淀不完全。

2. 沉淀的溶解

根据溶度积规则，沉淀溶解的必要条件是$Q_i < K_{sp}$。当$Q_i < K_{sp}$时，溶液中的沉淀开始溶解。常用的沉淀溶解方法是在平衡体系中加入一种化学试剂，让其与溶液中难溶电解质的阴离子或阳离子发生化学反应，从而降低该离子的浓度，使难溶电解质溶解。根据反应的类型或反应产物的不同，使沉淀溶解的方法可分为下列几类。

(1) 生成弱电解质　对于弱酸盐沉淀，可通过加入一种试剂使其生成弱电解质而溶解。如碳酸钙、草酸钙、磷酸钙等弱酸盐难溶物，大多数能溶于强酸。以碳酸钙溶于盐酸为例，其溶解过程可表示为：

$$CaCO_3(s) \rightleftharpoons Ca^{2+} + CO_3^{2-}$$
$$\downarrow 2H^+$$
$$H_2CO_3 \rightleftharpoons CO_2\uparrow + H_2O$$

即在碳酸钙的沉淀平衡体系中，碳酸根与氢离子结合生成了弱电解质H_2CO_3（进一步分解为二氧化碳和水），降低了碳酸根的浓度，破坏了碳酸钙在水中的离解平衡，使反应向碳酸钙沉淀溶解的方向进行，并最终溶解。对于一些难溶性氢氧化物，也可以通过加入一种试剂使其生成弱电解质而溶解。如$Mg(OH)_2$、$Mn(OH)_2$、$Al(OH)_3$和$Fe(OH)_3$都能溶于强酸溶液，其中$Mg(OH)_2$和$Mn(OH)_2$还能溶于足量的铵盐溶液中。以$Mg(OH)_2$沉淀溶于强酸或铵盐为例，其溶解过程为：

$$Mg(OH)_2(s) \rightleftharpoons Mg^{2+} + 2OH^-$$
$$\downarrow NH_4^+ \rightarrow NH_3 \cdot H_2O$$
$$\downarrow H^+ \rightarrow H_2O$$

$Mg(OH)_2$在水中解离出Mg^{2+}和OH^-，达到平衡时$Q_i = K_{sp}$，此时若加入含有H^+或NH_4^+的溶液，则生成水或氨水，降低了氢氧根离子的浓度，破坏了$Mg(OH)_2$在水中的沉淀溶解平衡，使$Q_i < K_{sp}$，平衡向沉淀溶解的方向移动，致使$Mg(OH)_2$沉淀溶解。

(2) 发生氧化还原反应　对于一些能够发生氧化还原反应的难溶电解质，则可加入氧化剂或还原剂使其溶解。如硫化铜、硫化铅等硫化物，溶度积特别小，一般不能溶于强酸，而加入强氧化剂后发生氧化还原反应，可使硫化物溶解。

$$3CuS(s) + 2NO_3^- + 8H^+ \rightleftharpoons 3Cu^{2+} + 2NO(g) + 3S(s) + 4H_2O$$

由于硫离子被氧化成单质硫析出，降低了硫离子的浓度，使$Q_i < K_{sp}$，所以硫化铜能溶于硝酸。

(3) 生成配合物　对于一些能够发生配位反应的难溶电解质，加入适当配位剂则可使其溶解。如氯化银沉淀中加入适量氨水，由于银离子形成配合离子，降低了银离子浓度，使$Q_i < K_{sp}$，从而使氯化银沉淀溶于氨水。

$$AgCl(s) \rightleftharpoons Ag^+ + Cl^-$$
$$\downarrow 2NH_3$$
$$[Ag(NH_3)_2]^+$$

四、分步沉淀

根据溶度积规则，$Q_i > K_{sp}$是沉淀生成的必要条件。如果在某一溶液中含有几种离子能与同一沉淀剂反应生成不同的沉淀，那么，当向溶液中加入该沉淀剂时，根据溶度积规则，生成沉淀时需要沉淀剂浓度小的离子，先生成沉淀；需要沉淀剂浓度大的离子，则后生成沉淀。这种溶液中几种离子按先后顺序沉淀的现象称为分步沉淀。在分析化学中，分步沉淀被广泛地应用于测定或分离混合离子。

例 6-1 溶液中氯离子和碘离子的浓度均为 $0.010 \text{mol} \cdot \text{L}^{-1}$，向该溶液滴加硝酸银溶液，何者先沉淀？后一种离子沉淀时，前一种离子是否沉淀完全？

解：
$$Ag^+ + Cl^- \rightleftharpoons AgCl\downarrow \quad K_{sp}(AgCl)=1.8\times10^{-10}$$
$$Ag^+ + I^- \rightleftharpoons AgI\downarrow \quad K_{sp}(AgI)=8.5\times10^{-17}$$

当氯离子和碘离子发生沉淀时，所需银离子浓度分别为：

$$c(Ag^+)=\frac{1.8\times10^{-10}}{0.010}=1.8\times10^{-8}(\text{mol}\cdot\text{L}^{-1})$$

$$c(Ag^+)=\frac{8.5\times10^{-17}}{0.010}=8.5\times10^{-15}(\text{mol}\cdot\text{L}^{-1})$$

由计算结果可知，当氯离子和碘离子同时存在时，生成碘化银沉淀所需银离子的浓度较小，所以，滴加硝酸银溶液时，先生成黄色的碘化银沉淀，当溶液中的银离子浓度大于 $1.8\times10^{-8}\text{mol}\cdot\text{L}^{-1}$ 时，才开始生成氯化银白色沉淀。

当氯离子开始沉淀时，溶液中残留的碘离子浓度为：

$$c(I^-)=\frac{K_{sp}(AgI)}{c(Ag^+)}=\frac{8.5\times10^{-17}}{1.8\times10^{-8}}=4.7\times10^{-9}(\text{mol}\cdot\text{L}^{-1})$$

碘离子的浓度远小于 $10^{-5}\text{mol}\cdot\text{L}^{-1}$，说明氯离子还未开始沉淀，碘离子已被沉淀完全，所以两离子可完全分离。

例 6-2 在氯离子和铬酸根浓度均为 $0.050\text{mol}\cdot\text{L}^{-1}$ 的溶液中，滴加硝酸银溶液后（设体积不变），发生沉淀的先后顺序如何？

解：
$$Ag^+ + Cl^- \rightleftharpoons AgCl\downarrow \quad K_{sp}(AgCl)=1.8\times10^{-10}$$
$$2Ag^+ + CrO_4^{2-} \rightleftharpoons Ag_2CrO_4\downarrow \quad K_{sp}(Ag_2CrO_4)=1.1\times10^{-12}$$

滴加硝酸银后，产生氯化银、铬酸银沉淀所需银离子浓度分别为：

$$c(Ag^+)=\frac{1.8\times10^{-10}}{0.05}=3.6\times10^{-9}(\text{mol}\cdot\text{L}^{-1})$$

$$c(Ag^+)=\sqrt{\frac{1.1\times10^{-12}}{0.050}}=4.7\times10^{-6}(\text{mol}\cdot\text{L}^{-1})$$

由上面计算可知，虽然 $K_{sp}(AgCl)>K_{sp}(Ag_2CrO_4)$，但氯化银与铬酸银的沉淀类型不同，铬酸银开始沉淀所需银离子的浓度大于氯化银形成沉淀所需银离子的浓度，所以，氯化银先沉淀，铬酸银后沉淀。

对于同类型难溶电解质，当被沉淀离子的浓度相同或相近时，生成的难溶物其 K_{sp} 小的离子先沉淀出来，K_{sp} 大的离子则后沉淀下来。

五、沉淀的转化

在硝酸银溶液中加入淡黄色铬酸钾溶液后，产生砖红色铬酸银沉淀，再加氯化钠溶液后，砖红色铬酸银沉淀转化为白色氯化银沉淀。这种由一种难溶化合物借助于某试剂转化为另一种更难溶化合物的过程叫做沉淀的转化。一种难溶化合物可以转化为更难溶化合物，反之则难以实现。

上述反应的过程为：

$$2Ag^+ + CrO_4^{2-} \rightleftharpoons Ag_2CrO_4(s)\downarrow$$

$$Ag_2CrO_4(s) + 2Cl^- \rightleftharpoons 2AgCl(s)\downarrow + CrO_4^{2-}$$

已知 $K_{sp}(Ag_2CrO_4)=1.1\times10^{-12}$，$K_{sp}(AgCl)=1.8\times10^{-10}$，

则第二个反应式的平衡常数为：

$$K_j = \frac{K_{sp}(Ag_2CrO_4)}{[K_{sp}(AgCl)]^2} = \frac{1.1\times10^{-12}}{(1.8\times10^{-10})^2} = 3.4\times10^7$$

K_j 值很大，说明正向反应进行的程度很大，即砖红色铬酸银沉淀转化为白色氯化银沉淀很容易发生。

第二节 沉淀滴定法及应用

一、沉淀滴定法概述

沉淀滴定法是以沉淀反应为基础的一种滴定分析法。根据滴定分析对滴定反应的要求，沉淀反应必须满足下列条件：

(1) 反应必须迅速，沉淀的溶解度很小；
(2) 沉淀的组成要固定，即反应按化学计量式定量进行；
(3) 有适当的方法或指示剂指示终点；
(4) 吸附现象不影响终点的确定。

在已知的化学反应中，能够形成沉淀的反应很多，但由于很多沉淀反应不能完全满足上述条件，所以能用于滴定分析的沉淀反应很少。

在沉淀滴定分析中，应用较多的是一些生成难溶银盐的反应。如：

$$Ag^+ + Cl^- \rightleftharpoons AgCl\downarrow$$
$$Ag^+ + I^- \rightleftharpoons AgI\downarrow$$
$$Ag^+ + SCN^- \rightleftharpoons AgSCN\downarrow$$

以生成难溶银盐反应为基础的沉淀滴定法称为银量法。银量法主要用于测定氯离子、溴离子、碘离子、硫氰酸根和银离子等。除了银量法以外，利用其他沉淀反应也能够进行滴定分析。如，六氰合铁（Ⅱ）酸钾 $K_4[Fe(CN)_6]$ 与锌离子、钡离子、硫酸根离子的沉淀反应；四苯硼酸钠 $[NaB(C_6H_5)_4]$ 与钾离子形成的沉淀反应等，这些沉淀反应也符合滴定分析法的要求，都可用于沉淀滴定分析。本章主要学习应用较为广泛的银量法。

二、沉淀滴定法及指示剂的选择

银量法是以生成难溶银盐反应为基础的沉淀滴定法，根据滴定分析中所使用的指示剂不同，银量法可以分为：莫尔法、佛尔哈德法、法扬司法。这里只学习莫尔法和佛尔哈德法。

1. 莫尔（Mohr）法

莫尔法是以硝酸银为标准溶液、以铬酸钾作为指示剂的银量法。

(1) 基本原理　莫尔法主要用于测定氯的含量，其滴定反应为：

$$Ag^+ + Cl^- \rightleftharpoons AgCl\downarrow \qquad K_{sp}(AgCl)=1.8\times10^{-10}$$
$$2Ag^+ + CrO_4^{2-} \rightleftharpoons Ag_2CrO_4\downarrow \qquad K_{sp}(Ag_2CrO_4)=1.1\times10^{-12}$$

在滴定分析时，首先将适量的 K_2CrO_4 指示剂加入含有 Cl^- 的中性溶液中，然后滴加硝酸银标准溶液。根据溶度积规则，Ag^+ 与 Cl^- 先生成白色的 AgCl 沉淀，当 Cl^- 沉淀完全后，稍过量的硝酸银标准溶液与 CrO_4^{2-} 生成砖红色的 Ag_2CrO_4 沉淀，即为滴定终点。

(2) 滴定条件

① 指示剂的用量 滴定达到化学计量点时，溶液中 Ag^+ 和 Cl^- 浓度相等。

$$c(Ag^+)=c(Cl^-)=\sqrt{1.8\times 10^{-10}}=1.34\times 10^{-5}(mol\cdot L^{-1})$$

此时，若刚好有砖红色的 Ag_2CrO_4 沉淀生成，指示反应终点到达，则 CrO_4^{2-} 的浓度应控制为：

$$c(CrO_4^{2-})=\frac{K_{sp}(Ag_2CrO_4)}{c^2(Ag^+)}=\frac{1.1\times 10^{-12}}{(1.34\times 10^{-5})^2}=6.1\times 10^{-3}(mol\cdot L^{-1})$$

根据溶度积规则，滴定到终点时，若铬酸根的浓度过大，出现砖红色 Ag_2CrO_4 沉淀所需银离子的浓度就比较小，即滴定终点提前，溶液中剩余氯离子的浓度过大，测定结果偏低，产生负误差；反之，铬酸根浓度过小，滴定到终点时，要使 Ag_2CrO_4 沉淀析出，必须多加一些硝酸银溶液才行，即终点滞后于化学计量点，将产生正误差。因此，指示剂的用量过大或小都不合适。实践证明，若铬酸根浓度太高，则其本身的颜色会影响对 Ag_2CrO_4 沉淀颜色的观察，即影响滴定终点的判断，所以，在滴定分析中，溶液中铬酸根的浓度一般控制在 $5.0\times 10^{-3}\ mol\cdot L^{-1}$ 左右。

由上述分析可知，铬酸根浓度降低为 $5.0\times 10^{-3}\ mol\cdot L^{-1}$ 后，将造成终点拖后，产生正误差，但这种误差一般比较小，能够满足滴定分析的要求。若分析结果要求的准确度比较高，必须做空白实验进行校正。

② 溶液的酸度 使用莫尔法测定氯离子的含量，溶液的 pH 值为 6.5～10.5。若酸度过高，则由于铬酸的酸性较弱，铬酸根将产生下列副反应：

$$H^+ + CrO_4^{2-} \rightleftharpoons HCrO_4^- \qquad 2HCrO_4^- \rightleftharpoons Cr_2O_7^{2-} + H_2O$$

即有一部分铬酸根离子转化成 $HCrO_4^-$ 和 $Cr_2O_7^{2-}$，致使 CrO_4^{2-} 浓度下降，Ag_2CrO_4 沉淀出现延迟，甚至不生成沉淀，无法正确指示滴定终点。因此，实验中 pH 值不能低于 6.5。

若溶液碱性过强，则银离子与氢氧根离子结合生成氧化银沉淀，所以实验中溶液的 pH 值不能高于 10.5。

$$2Ag^+ + 2OH^- \rightleftharpoons 2Ag(OH)\downarrow$$
$$\longrightarrow Ag_2O\downarrow + H_2O$$

若溶液的酸性太强，可用硼砂或碳酸氢钠中和；若溶液碱性太强，可用稀硝酸中和。

③ 除去干扰 当溶液中有铵离子存在时，若 pH 值较高，铵离子将变成 NH_3，与银离子生成银氨配离子，消耗部分硝酸银标准溶液，影响滴定。所以，溶液中有铵盐存在时，pH 值一般应控制在 6.5～7.2。

溶液中如果有与银离子、铬酸根离子形成沉淀的干扰离子存在，如磷酸根、砷酸根、硫离子、碳酸根、草酸根等阴离子或钡离子、铅离子、汞离子等阳离子，都应设法除去。

④ 防止沉淀的吸附作用 用莫尔法测定卤离子或拟卤离子时，生成的沉淀颗粒很小，具有强烈的吸附作用。根据沉淀的吸附原理，生成的卤化银沉淀将优先吸附溶液中的卤离子，使卤离子浓度下降，终点提前到达，因此，滴定时必须剧烈摇动，使吸附的卤离子解吸下来，提高滴定的准确度。

碘化银和硫氰酸银沉淀对碘离子和硫氰酸根离子的吸附能力更强，剧烈摇动也达不到解吸的目的。所以，莫尔法可以测定氯离子和溴离子，但不适宜测定碘离子和硫氰酸根离子。

(3) 应用范围 莫尔法的选择性较差，一般应用于测定氯离子、溴离子或银离子。测定氯离子和溴离子时必须用硝酸银标准溶液直接滴定，而不能用氯离子和溴离子直接滴定银离子。这是因为在银离子溶液中加入铬酸钾指示剂后，先生成砖红色 Ag_2CrO_4 沉淀，再用卤离子滴定时，滴定终点是由铬酸银沉淀转化成卤化银沉淀，这种转化反应非常缓慢，不能正确指示滴定终点。同理，银离子的测定要用返滴定法。

2. 佛尔哈德（Volhard）法

佛尔哈德法是用硫氰酸铵作标准溶液，以铁铵矾$[NH_4Fe(SO_4)_2]$作指示剂的银量法。根据滴定方式的不同，佛尔哈德法又可分为直接滴定法和返滴定法两种。

（1）基本原理

① 直接滴定法 在含银离子的酸性溶液中，加入铁铵矾指示剂，用硫氰酸钾或硫氰酸铵标准溶液进行滴定，溶液中首先出现白色的硫氰酸银沉淀，达到化学计量点时，过量的硫氰酸根离子与Fe^{3+}形成红色配离子，即为滴定终点。反应如下：

$$Ag^+ + SCN^- \rightleftharpoons AgSCN\downarrow（白色） \quad K_{sp}=1.0\times10^{-12}$$

$$Fe^{3+} + SCN^- \rightleftharpoons Fe(SCN)^{2+}（红色） \quad K_f=1.38\times10^2$$

在化学计量点时，若刚好能看到$Fe(SCN)^{2+}$的红色，则滴定终点最为理想，因此Fe^{3+}的用量非常重要。达到化学计量点时，硫氰酸根的浓度为：

$$c(SCN^-)=c(Ag^+)=\sqrt{K_{sp}(AgSCN)}=\sqrt{1.0\times10^{-12}}$$
$$=1.0\times10^{-6}(mol\cdot L^{-1})$$

如果此时刚好能看到$Fe(SCN)^{2+}$的红色，$Fe(SCN)^{2+}$的浓度一般应在$6.0\times10^{-6}\,mol\cdot L^{-1}$左右，则$Fe^{3+}$的浓度可由下式计算：

$$c(Fe^{3+})=\frac{c[Fe(SCN)^{2+}]}{K_f[(FeSCN)^{2+}]c(SCN^-)}$$
$$=\frac{6.0\times10^{-6}}{1.38\times10^2\times1.0\times10^{-6}}=0.04(mol\cdot L^{-1})$$

在上述条件下，溶液呈较深的橙黄色，影响终点观察，所以，Fe^{3+}的浓度一般控制在$0.015\,mol\cdot L^{-1}$左右。此时的终点误差很小，不足以影响分析结果的准确度。

在滴定过程中产生的硫氰酸银沉淀易吸附银离子，使终点提前到达，因此在滴定过程中，必须剧烈摇动，使被吸附的银离子解吸出来。

② 返滴定法 对于不适宜用硫氰酸铵作标准溶液直接滴定的离子（如Cl^-、Br^-、I^-和SCN^-等），可以使用返滴定法。即滴定前首先向待测溶液中加入过量的已知准确浓度的硝酸银标准溶液，然后加入铁铵矾作指示剂，以硫氰酸铵标准溶液滴定过量的硝酸银，至等量点时，稍过量的硫氰酸铵即可与Fe^{3+}作用，生成红色配合物，指示滴定终点。

用返滴定法测定氯离子时，测定过程可用下列方程式表示：

$$Ag^+（过量）+Cl^- \rightleftharpoons AgCl\downarrow$$
$$SCN^- + Ag^+（余量）\rightleftharpoons AgSCN\downarrow$$
$$SCN^- + Fe^{3+} \rightleftharpoons Fe(SCN)^{2+}（红色）$$

根据沉淀的转化原理，由于氯化银的溶解度比硫氰酸银的溶解度大，在化学计量点加入的硫氰酸铵标准溶液，能够和氯化银沉淀反应生成硫氰酸银沉淀，而引起滴定误差。

$$AgCl(s)+SCN^- \rightleftharpoons AgSCN(s)+Cl^-$$

尽管上述反应转化速度较慢，但经剧烈摇动后，红色会消失，使滴定终点难以判断，而产生很大的误差。为避免上述沉淀转化引起的误差，可采取如下方法解决：

a. 在加入过量硝酸银溶液后，将溶液煮沸，使氯化银沉淀聚沉，并过滤，然后在滤液中进行滴定。

b. 加入少量硝基苯等有机溶剂，使生成的氯化银沉淀被有机溶剂包裹后，再用硫氰酸铵标准溶液滴定。

在测定溴离子和碘离子时，由于溴化银和碘化银的溶解度比硫氰酸银的溶解度小，不会发生沉淀转化反应，所以不必将其沉淀过滤或加入有机溶剂。在测定碘离子时，指示剂必须在加入过量的硝酸银后再加入，否则铁离子会将碘离子氧化成为单质碘而干扰测定。

$$2Fe^{3+} + 2I^- \rightleftharpoons 2Fe^{2+} + I_2$$

（2）滴定条件

① Fe^{3+} 的浓度一般控制在 $0.015\,mol \cdot L^{-1}$ 左右。Fe^{3+} 的浓度过大时，溶液呈较深的橙黄色，影响终点观察；Fe^{3+} 的浓度过小时，滴定终点拖后。

② 在滴定过程中，溶液的 pH 值一般控制在 0~1。溶液为碱性时，不仅 Fe^{3+} 会生成氢氧化铁沉淀，而且银离子也会生成氧化银沉淀而干扰测定。在该酸度范围内，Fe^{3+} 的黄色较浅，对终点的影响较小。

③ 在接近终点时，应充分摇动，使硫氰酸银沉淀吸附的银离子解吸出来，否则，终点提前达到。

④ 凡能与硫氰酸根起反应的物质，必须预先除去，如铜离子和汞离子等；能与铁离子发生氧化还原反应的物质也应除去。

（3）应用范围　佛尔哈德法的最大优点是在酸性溶液中进行测定，许多能够和银离子生成沉淀的干扰离子不影响分析结果。采用不同的滴定方式，佛尔哈德法可测定氯离子、溴离子、碘离子、硫氰酸根和银离子等，因此其用途较为广泛。

三、标准溶液的配制与标定

1. 硝酸银标准溶液的配制和标定

硝酸银标准溶液可以采用直接法配制，也可采用间接法配制。对于基准物硝酸银试剂，可采用直接法配制，但在配制前应先将硝酸银在 280℃ 进行干燥。由于硝酸银见光易分解，因此，作为基准物的硝酸银固体和配制好的溶液都应避光保存。

如果硝酸银纯度不高，必须采用间接法配制，即先配制近似浓度的溶液，然后用基准物氯化钠标定。但基准物氯化钠应先在 500℃ 下灼烧至不发生爆裂声为止，然后放入干燥器内备用。标定时可用莫尔法。选用的方法应和测定待测试样的方法一致，这样可抵消测定方法所引起的系统误差。

2. 硫氰酸铵标准溶液的配制和标定

硫氰酸铵与硫氰酸钾易吸潮，而且易含杂质，不能用直接法配制其标准溶液，因此，应先配制近似浓度的溶液，然后用硝酸银标准溶液按佛尔哈德法进行标定。

四、银量法应用示例

银量法可以用来测定无机卤化物，也可测定有机卤化物，应用范围比较广泛。

1. 天然水中氯含量的测定

在水质分析中，一般采用莫尔法对氯的含量进行测定。若水样中含有磷酸盐、亚硫酸盐等阴离子，则应采用佛尔哈德法。

2. 有机卤化物中卤素的测定

有机物中所含卤素一般是以共价键结合的，因此，测定前应将其进行处理，使其转化为卤素离子后再进行测定。

3. 银合金中银的测定

首先用硝酸溶解银合金，将银转化为硝酸银，但必须逐出氮的氧化物，否则它能与硫氰酸根作用而影响滴定终点。然后用佛尔哈德法测定银的含量。

> **知识阅读**
>
> **含氟牙膏**
>
> 　　含氟牙膏中氟化物通常有两种，单氟磷酸钠（Na_2PO_3F）和氟化钠（NaF），这两种氟化物可单独添加也可以同时使用（即双氟牙膏）。
>
> 　　含氟牙膏防蛀原理为：龋齿发生在牙釉质上，也可能是局部发生在牙釉下面的牙本质里，是由去矿化作用引起的。去矿化作用是指有机酸穿透牙釉质表面使牙齿的矿物质——羟基磷灰石溶解，这些酸是由口腔细菌在糖代谢或可酵解的碳水化合物代谢过程中释放出来的。由于细菌在牙釉质表面形成一层黏附着的菌斑，细菌制造的酸能够长时间地跟牙齿表面密切接触，因此，羟基磷灰石被酸溶解，生成磷酸氢根离子和钙离子向齿外扩散，被唾液冲走，发生的反应如下：
>
> $$Ca_{10}(PO_4)_6(OH)_2 + 8H^+ \rightleftharpoons 10Ca^{2+} + 6HPO_4^{2-} + 2H_2O$$
>
> 　　氟离子会与羟基磷灰石反应生成氟磷灰石：
>
> $$Ca_{10}(PO_4)_6(OH)_2 + 2F^- \rightleftharpoons Ca_{10}(PO_4)_6F_2 + 2OH^-$$
>
> 　　氟离子被吸收后，通过吸附或者离子交换的过程，在组织和牙齿中取代羟基磷灰石的羟基，使之转化为氟磷灰石，在牙齿的表面形成坚硬的保护层，使硬度增大、抗酸性增强，抑制腐蚀性增强，抑制嗜酸菌的活性。溶解度研究证实，氟磷灰石比羟基磷灰石更能抵抗酸的侵蚀。据研究，牙釉质表层 $60\mu m$ 厚度里氟磷灰石的含量是釉质内层的 10 倍，细菌分泌的酸是通过微小的孔洞进入牙齿的釉质引起含氟磷灰石较少的内层牙质云矿化形成的。在 X 射线照片上去矿化的亚表层区域显示一个不透光的白斑。临床观察表明，含氟牙膏能通过沉积氟磷灰石使白斑再矿化。氟离子也能减少蛀牙，不仅因为它比较大，氢氧根离子在磷灰石晶体结构里更匹配，还因为它能抑制口腔细菌产生酸。故使用含氟牙膏能使人的牙齿更健康。

习　题

一、填空题

1. 莫尔法是在中性或弱碱性介质中，以_____作指示剂的一种银量法；而佛尔哈德法是在酸性介质中，以_____作指示剂的一种银量法。

2. 根据滴定方式，滴定条件和选用指示剂的不同，银量法可分为_____、_____和_____。

3. 同离子效应使难溶电解质的溶解度_____。

4. 已知 As_2S_3 的溶解度为 $2.0\times 10^{-3} g\cdot L^{-1}$，则它的溶度积 K_{sp} 是_____。

5. 某难溶强电解质 A_2B_3，其溶解度 s 与溶度积 K_{sp} 的关系是_____。

6. 在含有 Cl^-，Br^-，I^- 的混合溶液中，已知三者浓度均为 $0.010 mol\cdot L^{-1}$，若向混合溶液中滴加 $AgNO_3$ 溶液，首先应沉淀出的是_____，而_____沉淀最后析出。[$K_{sp}(AgCl)=1.8\times 10^{-10}$，$K_{sp}(AgBr)=5.0\times 10^{-13}$，$K_{sp}(AgI)=8.3\times 10^{-17}$]。

7. 用佛哈德法测定 Br^- 和 I^- 时，不需要过滤除去银盐沉淀，这是因为_____、_____的溶解度比_____的小，不会发生_____反应。

8. 佛尔哈德法中消除 AgCl 沉淀转化影响的方法有_____除去 AgCl 沉淀或加入_____包裹 AgCl 沉淀。

二、选择题

1. 莫尔法用 $AgNO_3$ 标准溶液滴定 NaCl 时，所用的指示剂是（　　）。
　A. KSCN　　　　B. $K_2Cr_2O_7$　　　　C. K_2CrO_4　　　　D. $NH_4Fe(SO_4)_2\cdot 12H_2O$

2. 加 $AgNO_3$ 试剂生成白色沉淀，证明溶液中有 Cl^- 存在，需在（　　）介质中进行。
　A. 氨性　　　　B. NaOH 溶液　　　　C. 稀 CH_3COOH　　　　D. 稀 HNO_3

3. 佛尔哈德法测定 Cl^- 时，溶液中忘记加硝基苯，在滴定过程中剧烈摇动，则会使结果（　　）。

A. 偏低 　　　　B. 偏高 　　　　C. 无影响 　　　　D. 正负误差不一定

4. 某难溶物质的化学式是 M_2X，则溶解度 s 与溶度积 K_{sp} 的关系是（　　）。

A. $s=K_{sp}$ 　　B. $s^2=K_{sp}$ 　　C. $2s^2=K_{sp}$ 　　D. $4s^3=K_{sp}$

5. $Mg(OH)_2$ 沉淀在下列四种情况下，其溶解度最大的是（　　）。

A. 在纯水中 　　　　　　　　　　　B. 在 $0.10 mol·L^{-1} CH_3COOH$ 溶液中
C. 在 $0.10 mol·L^{-1}$ 氨水中 　　　D. 在 $0.10 mol·L^{-1} MgCl_2$ 溶液中

6. 莫尔法测定 Cl^- 时，pH 值为 6.5～10.5，溶液的 pH 值高于 10.5 则产生（　　）。

A. AgCl 溶解 　　B. Ag_2CrO_4 溶解 　　C. Ag_2O 沉淀 　　D. AgCl 吸附 Cl^-

7. 下面叙述中，正确的是（　　）。

A. 溶度积大的化合物溶解度肯定大
B. 向含 AgCl 固体的溶液中加适量水使 AgCl 溶解又达平衡时，AgCl 溶解度不变，其溶解度也不变
C. 将难溶物质放入水中，溶解达到平衡时，离子浓度的乘积就是该物质的溶度积
D. AgCl 水溶液的导电性很弱，所以 AgCl 为弱电解质

8. 用莫尔法测定时，不能存在的阳离子是（　　）。

A. K^+ 　　　　B. Na^+ 　　　　C. Ba^{2+} 　　　　D. Ag^+

9. 以 Fe^{3+} 为指示剂，NH_4SCN 为标准溶液滴定 Ag^+ 时，应在（　　）条件下进行。

A. 酸性 　　　　B. 碱性 　　　　C. 弱碱性 　　　　D. 中性

10. pH＝4 时用莫尔法滴定 Cl^- 含量，将使结果（　　）。

A. 偏高 　　　　B. 偏低 　　　　C. 忽高忽低 　　　　D. 无影响

11. 莫尔法测定氯的含量时，其滴定反应的酸度条件是（　　）。

A. 强酸性 　　　B. 弱酸性 　　　C. 弱碱性 　　　D. 弱碱性或中性

12. 指出下列条件适于佛尔哈德法的是（　　）。

A. pH＝6.5～10 　　　　　　　　　　B. 以 K_2CrO_4 为指示剂
C. 滴定酸度为 $c(H^+)$ 0.1～1 $mol·L^{-1}$ 　　D. 以荧光黄为指示剂

三、判断题

1. 控制一定的条件，沉淀反应可以达到绝对完全。（　　）
2. 难溶强电解质的 K_{sp} 越小，其溶解度也就越小。（　　）
3. 同离子效应可使难溶电解质的溶解度大大降低。（　　）
4. 借助适当的试剂，可使许多难溶强电解质转化为更难溶的强电解质，两者的 K_{sp} 相差越大，这种转化就越容易。（　　）
5. AgCl 固体在 $1.0 mol·L^{-1}$ NaCl 溶液中，由于盐效应的影响使其溶解度比在纯水中要略大些。（　　）
6. 为使沉淀损失减小，洗涤 $BaSO_4$ 沉淀时不用蒸馏水，而用稀 H_2SO_4。（　　）
7. 用水稀释 AgCl 的饱和溶液后，AgCl 的溶度积和溶解度都不变。（　　）
8. 向饱和溶液中加入固体，会使溶解度降低，溶度积减小。（　　）
9. 在常温下，Ag_2CrO_4 和 $BaSO_4$ 的溶度积分别为 $2.0×10^{-12}$ 和 $1.6×10^{-10}$，前者小于后者，因此 Ag_2CrO_4 要比 $BaSO_4$ 难溶于水。（　　）
10. 佛尔哈德法是在中性或弱碱性介质中，以铁铵矾作指示剂来确定滴定终点的一种银量法。（　　）

四、计算题

1. 已知下列物质的溶解度，计算其溶度积常数。

(1) $CaCO_3$ 　$s(CaCO_3)=5.3×10^{-3} g·L^{-1}$
(2) Ag_2CrO_4 　$s(Ag_2CrO_4)=2.1×10^{-2} g·L^{-1}$

2. 已知下列物质的溶度积常数，计算在饱和溶液中各种离子的浓度。

(1) CaF_2 　$K_{sp}(CaF_2)=3.9×10^{-11}$
(2) $PbSO_4$ 　$K_{sp}(PbSO_4)=1.6×10^{-8}$

3. 通过计算说明将下列各组溶液以等体积混合时，哪些能生成沉淀？哪些不能？各混合液中的浓度分

别是多少?

(1) 1.5×10^{-6} mol·L^{-1} $AgNO_3$ 和 1.5×10^{-5} mol·L^{-1} NaCl

(2) 1.5×10^{-4} mol·L^{-1} $AgNO_3$ 和 1.5×10^{-4} mol·L^{-1} NaCl

(3) 1.0×10^{-2} mol·L^{-1} $AgNO_3$ 和 1.0×10^{-3} mol·L^{-1} NaCl

4. 称取分析纯 $AgNO_3$ 4.326g,加水溶解后定容至 250.0mL,取出 20.00mL,用 NH_4SCN 溶液滴定,总计用去 18.48mL,则 $AgNO_3$ 和 NH_4SCN 溶液的浓度各为多少?

5. 称取分析纯 NaCl 1.1690g,加水溶解后配成 250.0mL 溶液,吸取此溶液 25.00mL,加入 $AgNO_3$ 溶液 30.00mL,剩余 Ag^+ 用 NH_4SCN 回滴,总计用去 12.00mL。已知直接滴定 25.00mL $AgNO_3$ 溶液时需要 20.00mL NH_4SCN 溶液,计算 $AgNO_3$ 和 NH_4SCN 溶液的浓度。

6. 取基准试剂 NaCl 0.2000g 溶于水,加入 $AgNO_3$ 标准溶液 50.00mL,以铁铵矾作指示剂,用 NH_4SCN 标准溶液滴定,用去 25.00mL。已知 1.00mL NH_4SCN 标准溶液相当于 1.20mL $AgNO_3$ 标准溶液,计算 $AgNO_3$ 和 NH_4SCN 溶液的浓度。

7. 将浓度为 0.1131mol·L^{-1} $AgNO_3$ 溶液 32.00mL,加入含有氯化物的试样 0.2368g 的溶液中,然后用浓度为 0.1151mol·L^{-1} NH_4SCN 溶液滴定剩余的 $AgNO_3$ 溶液,用去 10.04mL,试求试样中氯的含量。

8. 取水样 50.00mL,加入 0.01028mol·L^{-1} $AgNO_3$ 溶液 25.00mL,用 4.20mL 0.0095mol·L^{-1} 的 NH_4SCN 溶液滴定剩余的 $AgNO_3$,求水中氯离子的含量(用 mg·L^{-1} 表示)。

第七章 氧化还原平衡和氧化还原滴定法

■【知识目标】
1. 明确氧化还原反应的基本概念及规律。
2. 掌握原电池的有关知识。
3. 掌握标准电极电势的意义和影响电极电势的因素。
4. 了解电极电势的应用。
5. 熟悉并掌握高锰酸钾法、重铬酸钾法和碘量法的基本原理及其应用。

■【能力目标】
1. 掌握氧化还原方程式的配平。
2. 掌握有关原电池的知识。
3. 掌握有关电极电势的计算和电极电势的应用。
4. 掌握常见的氧化还原滴定原理与方法。
5. 掌握氧化还原滴定分析结果的计算方法。

第一节 氧化还原反应

一、氧化还原反应的基本概念

1. 氧化数

1970年国际纯粹与应用化学联合会（IUPAC）对氧化数定义如下：氧化数是指某元素一个原子的表观电荷数（又叫荷电数）由假设把每个化学键中的电子指定给电负性（元素的电负性是指元素的原子在分子中对电子吸引的能力大小。电负性越大，元素对电子的吸引力越大）更大的原子而求得。如在氯化钠中氯元素的电负性比钠元素大，所以氯原子获得一个电子，氧化数为－1，而钠原子的氧化数为＋1；二氧化碳中的碳可以认为在形式上失去4个电子，表观电荷数是＋4，每个氧原子形式上得到2个电子，表观电荷数是－2。这种形式上的表观电荷数就表示原子在化合物中的氧化数。

确定氧化数的一般规则如下：

（1）任何形态的单质中元素的氧化数为零。如Ne，F_2，P_4和S_8中的Ne，F，P和S的氧化数均为零。

（2）在化合物中氢元素的氧化数一般为＋1，但在与活泼金属生成的离子型氢化物如NaH、CaH_2中H的氧化数为－1；氧在化合物中的氧化数一般是－2，但在过氧化物如H_2O_2，Na_2O_2等中氧化数为－1，在超氧化物如KO_2中氧化数为－1/2，在氟氧化物如

OF_2 中氧化数为 +2；在所有的氟化物中，氟的氧化数均为 -1；碱金属元素的氧化数为 +1；碱土金属元素的氧化数为 +2。

（3）在共价化合物中，把两个原子共用的电子对指定给电负性较大的原子后，各原子所具有的形式电荷数就是它们的氧化数。如在 HCl 分子中，将一对共用电子指定给电负性较大的氯原子，则氯的氧化数是 -1，氢的氧化数是 +1。

（4）在离子化合物中，元素的氧化数为该元素离子的电荷数。例如 NaCl，NaCl 溶于水离解成 Na^+ 和 Cl^-，Na 的氧化数为 +1，Cl 的氧化数为 -1。即单原子离子的氧化数等于它所带的电荷数。

（5）在中性分子中，各元素氧化数的代数和等于零。多原子离子中所有元素的氧化数代数和等于该离子所带的电荷数。

根据上述规则，可以计算元素的氧化数。例如，$KMnO_4$ 中 Mn 的氧化数为 +7；$S_4O_6^{2-}$ 中 S 的氧化数为 +5/2；Fe_3O_4 中 Fe 的氧化数为 +8/3。

2. 氧化还原反应

化学反应前后元素的氧化数发生变化的一类反应称为氧化还原反应，例如下列反应：

$$2\overset{0}{Mg}+\overset{0}{O_2}=2\overset{+2\ -2}{MgO}$$

$$\overset{+2}{Cu}O+\overset{0}{H_2}=\overset{0}{Cu}+\overset{+1}{H_2}O$$

反应前后元素的氧化数不发生变化的化学反应称非氧化还原反应，如：

$$NaOH+HCl=NaCl+H_2O$$

（1）**氧化和还原**　在氧化还原反应中，失去电子而元素氧化数升高的过程称为**氧化**；获得电子而元素氧化数降低的过程称为**还原**。

例如：

$$\underset{\text{氧化数降低，还原}}{\overset{\text{氧化数升高，氧化}}{\overset{+2}{Cu}O+\overset{0}{H_2}=\overset{0}{Cu}+\overset{+1}{H_2}O}}$$

在氧化还原反应中，某些元素的氧化数之所以发生改变，其实质是元素原子之间有电子的得失（包括电子对的偏移），一些元素失去电子，氧化数升高，必定同时有另一些元素得到电子，氧化数降低。也就是说，一个氧化还原反应必然包括氧化和还原两个同时发生的过程。

（2）**氧化剂和还原剂**　在氧化还原反应中，得到电子，氧化数降低的物质称为**氧化剂**；失去电子，氧化数升高的物质称为**还原剂**。

常见的氧化剂有活泼的非金属单质，如 Cl_2、O_2 等；元素（如 Mn 等）处于高氧化数时的氧化物，如 MnO_2 等；元素（如 S、N 等）处于高化合价时的含氧酸，如浓 H_2SO_4、HNO_3 等；元素（如 Mn、Cl、Fe 等）处于高化合价时的盐，比如 $KMnO_4$、$KClO_3$、$FeCl_3$ 等；过氧化物，如 Na_2O_2 等。

常见的还原剂有活泼的金属单质，如 Na、Al、Zn、Fe 等；某些非金属单质，如 H_2、C、Si 等；元素（如 C、S 等）处于低化合价时的氧化物，如 CO、SO_2 等；元素（如 Cl 等）处于低化合价时的酸，如 HCl、H_2S；元素（如 S、Fe 等）处于低化合价时的盐，如 Na_2SO_3、$FeSO_4$ 等。

某些含有中间氧化数的物质，如 SO_2、HNO_2、H_2O_2，在反应时其氧化数可能升高而作为还原剂，也可能降低而作为氧化剂。例如：

$$\overset{-1}{H_2O_2} + 2Fe^{2+} + 2H^+ =\!\!=\!\!= 2Fe^{3+} + 2\overset{-2}{H_2O} \quad (H_2O_2\text{作氧化剂})$$

$$\overset{-1}{H_2O_2} + Cl_2 =\!\!=\!\!= 2HCl + \overset{0}{O_2} \quad (H_2O_2\text{作还原剂})$$

氧化剂和还原剂为同一种物质的氧化还原反应称为自身氧化还原反应，例如：

$$2KClO_3 \xrightarrow{MnO_2} 2KCl + 3O_2\uparrow$$

某一物质中同一氧化态的同一元素的原子部分被氧化，部分被还原的反应称为歧化反应，例如：

$$Cl_2 + H_2O =\!\!=\!\!= HClO + HCl$$

歧化反应是自身氧化还原反应的一种特殊类型。

二、氧化还原电对和氧化还原半反应的配平

在氧化还原反应中，氧化剂（氧化型）在反应过程中氧化数降低，其产物具有较低的氧化数，为还原型；还原剂（还原型）在反应过程中氧化数升高，其产物具有较高的氧化数，为氧化型。氧化型和其还原型产物（或者还原型和其氧化型产物）构成的共轭体系称为氧化还原电对，简称电对，可用"氧化型/还原型"表示。如在氧化还原反应 $Cu^{2+} + Zn =\!\!=\!\!= Cu + Zn^{2+}$ 中，氧化剂 Cu^{2+} 和其还原产物 Cu 构成 Cu^{2+}/Cu 电对，还原剂 Zn 和其氧化产物 Zn^{2+} 构成 Zn^{2+}/Zn 电对。电对中氧化数较大的氧化型在前，氧化数较小的还原型在后。

任何一种物质的氧化型和还原型都可以组成氧化还原电对，而每个电对构成相应的氧化还原半反应，写成通式是：

$$\text{氧化型} + n\text{e}^- =\!\!=\!\!= \text{还原型}$$

式中，n 表示半反应中电子转移的个数。例如，Cu^{2+}/Cu 电对和 Zn^{2+}/Zn 电对的半反应可以表示为：

$$Cu^{2+} + 2e^- =\!\!=\!\!= Cu \quad ①$$

$$Zn^{2+} + 2e^- =\!\!=\!\!= Zn \quad ②$$

配平氧化还原半反应时不仅要遵循质量守恒定律，还要保证电荷守恒。对于复杂的氧化还原电对，如 MnO_4^-/Mn^{2+} 和 SO_4^{2-}/SO_3^{2-} 电对，氧化型和还原型的 O 原子个数并不相等，在配平其半反应时，应按反应进行的酸碱条件，添加适当数目的 H^+、OH^- 或 H_2O 以配平 H 和 O。如在酸性介质中 O 多的一边要加 H^+，少的一边则加 H_2O；碱性介质中 O 多的一边加 H_2O，少的一边则加 OH^-；中性介质 O 多的一边加 H_2O，另一边则加 H^+ 或 OH^-。

按上述规则，MnO_4^-/Mn^{2+} 和 SO_4^{2-}/SO_3^{2-} 电对的半反应配平后分别为：

$$MnO_4^- + 8H^+ + 5e^- =\!\!=\!\!= Mn^{2+} + 4H_2O \quad ③$$

$$SO_4^{2-} + 2H^+ + 2e^- =\!\!=\!\!= SO_3^{2-} + H_2O \quad ④$$

掌握氧化还原半反应的配平后，根据一个氧化还原反应中两个电对得失电子数相等的原则，将半反应式经适当组合，即可得到一个完整的氧化还原反应式。如①－②移项后得：

$$Cu^{2+} + Zn =\!\!=\!\!= Cu + Zn^{2+}$$

③×2－④×5 移项整理得：

$$2MnO_4^- + 5SO_3^{2-} + 6H^+ + 5H_2O =\!\!=\!\!= 2Mn^{2+} + 5SO_4^{2-} + 8H_2O$$

该反应式为酸性溶液中 $KMnO_4$ 与 K_2SO_3 反应的离子反应方程式。将离子反应式改写为分子反应式，即得 $KMnO_4$ 与 K_2SO_3 反应的化学反应方程式。

$$2KMnO_4 + 5K_2SO_3 + 3H_2SO_4 =\!\!=\!\!= 2MnSO_4 + 6K_2SO_4 + 3H_2O$$

第二节 原电池与电极电势

一、原电池

1. 原电池的组成

在硫酸铜溶液中放入一锌片,将发生如下的氧化还原反应:

$$Zn+Cu^{2+} \Longleftrightarrow Zn^{2+}+Cu$$

由于反应中 Zn 片和 $CuSO_4$ 溶液接触,所以电子直接从 Zn 片转移给 Cu^{2+},没有电流产生,反应释放出来的化学能转变为热能。

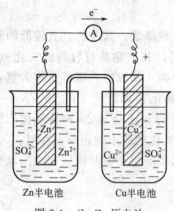

图 7-1 Cu-Zn 原电池

如图 7-1 所示,在一个盛有 $CuSO_4$ 溶液的烧杯中插入 Cu 片,组成铜电极;在另一个盛有 $ZnSO_4$ 溶液的烧杯中插入锌片,组成锌电极,把两个烧杯中的溶液用一个倒置的 U 形管连接起来。U 形管内装满用 KCl 饱和溶液和琼胶做成的冻胶,该 U 形管称为盐桥。当用导线把铜电极和锌电极连接起来时,检流计指针发生偏转,说明导线中有电流通过。这种能将化学能转变为电能的装置,称为原电池。

在上述原电池中,锌电极上的锌失去电子变成 Zn^{2+} 进入溶液,留在锌电极上的电子通过导线流到铜电极,铜电极上的 Cu^{2+} 得到电子而析出金属铜。随着反应的进行,Zn^{2+} 不断进入溶液,过剩的 Zn^{2+} 将使锌电极附近的 $ZnSO_4$ 溶液带正电,这样就会阻止继续生成 Zn^{2+};另一方面,由于铜的析出,将使铜电极附近的 $CuSO_4$ 溶液因 Cu^{2+} 减少而带负电从而阻碍 Cu 的继续析出,最终导致电流中断。盐桥的作用就是消除溶液中正电荷、负电荷的影响,使负离子向 $ZnSO_4$ 溶液扩散,正离子向 $CuSO_4$ 溶液扩散,以保持溶液的电中性,这样,氧化还原反应就能够持续进行,从而获得持续电流。

上述原电池由两部分组成:一部分是 Cu 片和 $CuSO_4$ 溶液,另一部分是 Zn 片和 $ZnSO_4$ 溶液,这两部分各称为半电池或电极,上述原电池中则称为 Cu 电极和 Zn 电极,分别对应着 Cu^{2+}/Cu 电对和 Zn^{2+}/Zn 电对。在电极的金属和溶液界面上发生的反应(半反应)称为电极反应或半电池反应。由 Cu 电极和 Zn 电极组成的原电池称为 Cu-Zn 原电池。

在原电池中,流出电子的电极称为负极,接受电子的电极为正极。负极上发生氧化反应,正极上发生还原反应。电子流动的方向是从负极到正极,而电流流动的方向则相反。

例如,在 Cu-Zn 原电池中,电极反应为:

负极反应 $\quad Zn \Longleftrightarrow Zn^{2+}+2e^-$

正极反应 $\quad Cu^{2+}+2e^- \Longleftrightarrow Cu$

将两个电极反应相加,即可得到原电池的总反应,即电池反应:

$$Zn+Cu^{2+} \Longleftrightarrow Zn^{2+}+Cu$$

2. 原电池的符号

为了书写方便,原电池可用电池符号表示。例如 Cu-Zn 原电池可表示如下:

$$(-)Zn \mid ZnSO_4(c_1) \parallel CuSO_4(c_2) \mid Cu(+)$$

其中,"$\mid$"表示固液两相的界面;"$\parallel$"表示盐桥,盐桥两边为两个半电池;c_1 和 c_2 分别是 $ZnSO_4$ 溶液和 $CuSO_4$ 溶液的浓度(如果电极反应中有气体物质,则应标出其分压)。在书写原电池符号时，习惯上把负极（一）写在左边，正极（＋）写在右边，所以原电池符号两边的（＋）和（一）也可以省略不写。

从理论上来说，任何氧化还原反应，或者说任何两个氧化还原电对都可以设法构成原电池，例如，电对 Fe^{3+}/Fe^{2+}，虽没有金属参加氧化还原反应，但可在一个含有 Fe^{3+} 和 Fe^{2+} 的溶液中插入金属 Pt 片作为导体，构成电极；同样，电对 Sn^{4+}/Sn^{2+} 也可以构成一个电极。这两个电极可构成如下的原电池：

$$(-)Pt|Sn^{2+}(c_1),Sn^{4+}(c_2)\parallel Fe^{3+}(c_3),Fe^{2+}(c_4)|Pt(+)$$

在这里，Pt 片本身并不参与氧化还原反应，而只起导体的作用。

二、电极电势

1. 电极电势的产生

以金属电极为例说明电极电势的产生。在金属晶体中有金属离子和自由电子。当把金属（M）插入它的盐溶液中时，一方面金属表面的金属离子受到极性水分子的吸引，有溶解进入溶液的倾向。金属越活泼或溶液中金属离子浓度越小，金属溶解的趋势越大。另一方面，溶液中的金属离子受到金属表面电子的吸引，也有沉积到金属表面的倾向，金属越不活泼或溶液中金属离子浓度越大，金属离子沉积的趋势越大。在一定条件下，这两种相反的倾向可达到动态平衡：

$$M(s) \underset{沉淀}{\overset{溶解}{\rightleftharpoons}} M^{n+} + ne^-$$

如果溶解倾向大于沉积倾向，达到平衡后金属表面将有一部分金属离子进入溶液，使金属表面带负电，而金属附近的溶液带正电（图 7-2A）；反之，如果沉积倾向大于溶解倾向，达到平衡后金属表面则带正电，而金属附近的溶液带负电（图 7-2B）。

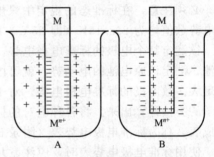

图 7-2 双电层结构示意图

不论是哪一种情况，在达到平衡后，金属与其盐溶液界面之间都会因带相反电荷而形成双电层结构。双电层之间存在电位差，这种由于双电层的作用在金属和它的盐溶液之间产生的电位差称为电极的绝对电势。电极电势的大小除与电极的本性有关外，还与温度、介质及离子浓度等因素有关。

目前还无法由实验测定单个电极的绝对电势，但可以用电位差计测定电池的电动势 E，并规定电动势等于两个电极的电极电势的差值。若电极电势用 φ 表示，正极的电极电势为 φ_+，负极的电极电势为 φ_-，则

$$E = \varphi_+ - \varphi_- \tag{7-1}$$

2. 标准电极电势

（1）标准氢电极 迄今为止，还无法测得单个电极的绝对电势，只能选定某一电极，以其电极电势作为参比标准，将其他电极的电极电势与之比较，从而得到各种电极的电极电势的相对值。一般用标准氢电极作为标准，标准氢电极的构造如图 7-3 所示。把一块镀有铂黑的铂片插入含有氢离子（浓度为 $1mol \cdot L^{-1}$，严格地说，应是 H^+ 的活度为 $1mol \cdot L^{-1}$）的溶液中，在一定温度下（通常是 298K）通入压力为 $10^5 Pa$

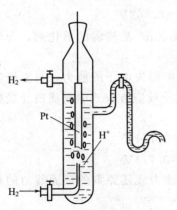

图 7-3 标准氢电极的构造

的纯氢气，氢气被铂黑所吸附。被 H_2 饱和的铂片与溶液中的 H^+ 之间建立动态平衡：

$$2H^+(1mol \cdot L^{-1}) + 2e^- \rightleftharpoons H_2(p^\ominus)$$

H_2 与 H^+ 在界面形成双电层，这种状态下的电极电势即为氢电极的标准电极电势。国际上规定标准氢电极的电极电势值为零：

$$\varphi^\ominus(H^+/H_2) = 0.000V$$

(2) 标准电极电势 $\varphi^\ominus$　在热力学标准状态下，某电极的电极电势称为该电极的标准电极电势，用符号 $\varphi^\ominus$ 来表示。

热力学标准状态是指温度 T 及标准压力 $p^\ominus$（$p^\ominus=100kPa$）下的状态，简称标准状态，用右上标"$\ominus$"表示。当系统处于标准态时，指系统中各物质均处于各自的标准态。对具体的物质而言，相应的标准态如下：

纯理想气体物质的标准态是该气体处于标准压力 $p^\ominus$ 下的状态；混合理想气体中任一组分的标准态是该气体组分的分压为 $p^\ominus$ 时的状态（在无机及分析化学中，气体均近似看作理想气体）。

纯液体（或纯固体）物质的标准态就是标准压力 $p^\ominus$ 下的纯液体（或固体）。

溶液中溶质的标准态是指标准压力 $p^\ominus$ 下溶质的浓度为 $c^\ominus$（$c^\ominus=1mol \cdot L^{-1}$）的溶液。

必须注意，在标准态的规定中只规定了标准压力 $p^\ominus$，并没有规定温度。一般的标准电极电势数值均为 298.15K（即 25℃）时的数值，若非 298.15K 须特别指明。

欲测定某个电极的标准电极电势，在标准状态下，把待测电极和标准氢电极组成一个原电池，测定该原电池的电动势，就可以计算出待测电极的标准电极电势，采用这种方法可以测定大多数电极的标准电极电势，对于不能直接测定的电对的标准电极电势可以通过化学热力学的方法计算出来。将各种电对的标准电极电势按照标准电极电势的代数值递增的顺序排列成表，称为标准电极电势表（附录 5）。

使用标准电极电势表时，应注意几个问题：

① 附录 5 中 $\varphi^\ominus$ 值从上向下依次增大。在氢电极上方的电对，其 $\varphi^\ominus$ 值为负值，而在氢电极下方的电对，其 $\varphi^\ominus$ 值为正值。

② 附录 5 中电极反应都统一写成还原反应：

$$氧化态 + ne^- \rightleftharpoons 还原态$$

$\varphi^\ominus$ 值越大，表明电对中的氧化型物质的氧化能力越强，还原型物质的还原能力越弱；$\varphi^\ominus$ 值越小，表明电对中的还原型物质的还原能力越强，氧化型物质的氧化能力越弱。例如：

$$MnO_4^- + 8H^+ + 5e^- \rightleftharpoons Mn^{2+} + 4H_2O \quad \varphi^\ominus_{MnO_4^-/Mn^{2+}} = 1.507V$$

$$Zn^{2+} + 2e^- \rightleftharpoons Zn \quad \varphi^\ominus_{Zn^{2+}/Zn} = -0.762V$$

可知，MnO_4^- 是较强的氧化剂，Mn^{2+} 是较弱的还原剂；相反 Zn^{2+} 是较弱的氧化剂，金属 Zn 是较强的还原剂。

③ $\varphi^\ominus$ 是强度性质，它的数值的大小仅表示物质在水溶液中得失电子的能力，与电极反应的写法和得失电子的多少无关，例如，Fe^{3+}/Fe^{2+} 电极，无论反应方程式中物质的计量数是多少，$\varphi^\ominus$ 值保持不变。

$$Fe^{3+} + e^- \rightleftharpoons Fe^{2+} \quad \varphi^\ominus_{Fe^{3+}/Fe^{2+}} = 0.771V$$

$$2Fe^{3+} + 2e^- \rightleftharpoons 2Fe^{2+} \quad \varphi^\ominus_{Fe^{3+}/Fe^{2+}} = 0.771V$$

④ $\varphi^\ominus$ 的大小只表示在标准状态时水溶液中氧化剂的氧化能力或还原剂的还原能力的相对强弱，不适用于高温、非水等其他体系。

⑤ $\varphi^\ominus$ 的大小与反应速率无关。$\varphi^\ominus$ 的大小是电极处于平衡状态时表现出的特征值，与平

衡到达的快慢、反应速度大小无关。

⑥ 酸表和碱表　根据电极反应和电对的性质，电极电势表分为酸表和碱表。

a. 酸表　若电极反应中出现 H^+（如 $O_2+4H^++4e^- \rightleftharpoons 2H_2O$），或者氧化型、还原型物质能在酸性溶液中存在（如 $Fe^{3+}+e^- \rightleftharpoons Fe^{2+}$，$Cl_2+2e^- \rightleftharpoons 2Cl^-$），则有关电对的 $\varphi^{\ominus}$ 值列入酸表中。

b. 碱表　若电极反应中出现 OH^-（如 $MnO_4^-+2H_2O+3e^- \rightleftharpoons MnO_2+4OH^-$），或者氧化型、还原型物质能在碱性溶液中存在（如 S^{2-}），则有关电对的 $\varphi^{\ominus}$ 值列入碱表中。

c. 其他　金属与它的阳离子盐的电对查酸表，如 Mg^{2+}/Mg 电对的 $\varphi^{\ominus}$ 值列入酸表中；表现两性的金属与它的阴离子盐的电对查碱表，如 ZnO_2^{2-}/Zn 的 $\varphi^{\ominus}$ 值列入碱表中。

三、能斯特方程式和影响电极电势的因素

1. 能斯特（Nernst）方程式

在一定状态下，电极电势的大小不仅与电对的本性有关，而且也和溶液中离子的浓度、气体的压力、温度等因素有关。

对于电极反应：
$$a\mathrm{Ox}+ne^- \rightleftharpoons b\mathrm{Red}$$

$$\varphi=\varphi^{\ominus}+\frac{RT}{nF}\ln\frac{c^a(\mathrm{Ox})}{c^b(\mathrm{Red})} \tag{7-2}$$

这个关系式称为能斯特方程式，式中 φ 是氧化型物质 Ox 和还原型物质 Red 为任意浓度时电对的电极电势；a 和 b 是氧化型物质 Ox 和还原型物质 Red 的化学计量数；$\varphi^{\ominus}$ 是电对的标准电极电势；R 是气体常数，等于 $8.314\mathrm{J}\cdot\mathrm{mol}^{-1}\cdot\mathrm{K}^{-1}$；$n$ 是电极反应的电子转移数；F 是法拉第常数。

298.15K 时，将各常数代入上式，并将自然对数换成常用对数，得：

$$\varphi=\varphi^{\ominus}+\frac{0.0592}{n}\lg\frac{c^a(\mathrm{Ox})}{c^b(\mathrm{Red})} \tag{7-3}$$

使用能斯特方程式时，必须注意几个问题：

（1）若电极反应中氧化型或还原型物质的计量数不是 1，能斯特方程式中各物质的浓度项变为以计量数为指数的幂。

（2）若电极反应中某物质是固体或纯液体，则不写入能斯特方程式中。如果是气体，则用该气体的分压和标准态压力（$p^{\ominus}$）的比值表示。例如：

$$Zn^{2+}+2e^- \rightleftharpoons Zn$$

$$\varphi_{Zn^{2+}/Zn}=\varphi^{\ominus}_{Zn^{2+}/Zn}+\frac{0.0592}{2}\lg c(Zn^{2+})$$

$$Br_2(l)+2e^- \rightleftharpoons 2Br^-$$

$$\varphi_{Br_2/Br^-}=\varphi^{\ominus}_{Br_2/Br^-}+\frac{0.0592}{2}\lg\frac{1}{c^2(Br^-)}$$

$$O_2+4H^++4e^- \rightleftharpoons 2H_2O$$

$$\varphi_{O_2/H_2O}=\varphi^{\ominus}_{O_2/H_2O}+\frac{0.0592}{4}\lg\frac{p(O_2)}{p^{\ominus}}c^4(H^+)$$

（3）公式中的 $c(\mathrm{Ox})$ 和 $c(\mathrm{Red})$ 并非专指氧化数有变化的物质的浓度，若有氧化剂、还原剂以外的物质参加电极反应（如 H^+，OH^- 等），也应把这些物质的浓度乘以相应的方次表示在公式中。例如：

$$MnO_4^-+8H^++5e^- \rightleftharpoons Mn^{2+}+4H_2O$$

$$\varphi_{MnO_4^-/Mn^{2+}} = \varphi^{\ominus}_{MnO_4^-/Mn^{2+}} + \frac{0.0592}{5}\lg\frac{c(MnO_4^-)c^8(H^+)}{c(Mn^{2+})}$$

2. 影响电极电势的因素

(1) 氧化型或还原型物质浓度的改变对电极电势的影响。

例 7-1 计算 298 K 时电对 Fe^{3+}/Fe^{2+} 在下列情况下的电极电势：
① $c(Fe^{3+})=0.100 mol\cdot L^{-1}$, $c(Fe^{2+})=1.00 mol\cdot L^{-1}$；② $c(Fe^{3+})=1.00 mol\cdot L^{-1}$, $c(Fe^{2+})=0.100 mol\cdot L^{-1}$。

解：
$$Fe^{3+} + e^- \rightleftharpoons Fe^{2+}$$

$$\varphi_{Fe^{3+}/Fe^{2+}} = \varphi^{\ominus}_{Fe^{3+}/Fe^{2+}} + 0.0592\lg\frac{c(Fe^{3+})}{c(Fe^{2+})}$$

① $\varphi_{Fe^{3+}/Fe^{2+}} = 0.771 + 0.0592\lg\frac{0.100}{1.00} = 0.712(V)$

② $\varphi_{Fe^{3+}/Fe^{2+}} = 0.771 + 0.0592\lg\frac{1.00}{0.100} = 0.830(V)$

计算结果表明，降低电对中氧化型物质的浓度，电极电势数值减小，即电对中氧化型物质的氧化能力减弱或还原型物质的还原能力增强；降低电对中还原型物质的浓度，电极电势数值增大，即电对中氧化型物质的氧化能力增强或还原型物质的还原能力减弱。

(2) 溶液酸碱性对电极电势的影响　如果电极反应中有 H^+ 或 OH^- 参加，那么溶液的酸碱性会对电极电势产生很大影响。

例 7-2 设 $c(Cr_2O_7^{2-}) = c(Cr^{3+}) = 1.00 mol\cdot L^{-1}$，计算 298.15 K 时电对 $Cr_2O_7^{2-}/Cr^{3+}$ 分别在 $1.00 mol\cdot L^{-1}$ HCl 和中性溶液中的电极电势。

解： 电极反应为 $Cr_2O_7^{2-} + 6e^- + 14H^+ \rightleftharpoons 2Cr^{3+} + 7H_2O$

$$\varphi_{Cr_2O_7^{2-}/Cr^{3+}} = \varphi^{\ominus}_{Cr_2O_7^{2-}/Cr^{3+}} + \frac{0.0592}{6}\lg\frac{c(Cr_2O_7^{2-})c^{14}(H^+)}{c(Cr^{3+})}$$

$$= 1.232 + \frac{0.0592}{6}\lg c^{14}(H^+)$$

在 $1.00 mol\cdot L^{-1}$ HCl 溶液中，$c(H^+) = 1.00 mol\cdot L^{-1}$

$$\varphi_{Cr_2O_7^{2-}/Cr^{3+}} = 1.232 + \frac{0.0592}{6}\lg 1.00^{14} = 1.232(V)$$

在中性溶液中，$c(H^+) = 10^{-7} mol\cdot L^{-1}$

$$\varphi_{Cr_2O_7^{2-}/Cr^{3+}} = 1.232 + \frac{0.0592}{6}\lg(1.00\times 10^{-7})^{14} = 0.265(V)$$

可见，$K_2Cr_2O_7$（以及大多数含氧酸盐）作为氧化剂的氧化能力受溶液酸度的影响非常大，酸度越高，其氧化能力越强。

溶液酸度不仅影响电对电极电势的数值，也影响氧化还原反应的产物。例如 MnO_4^- 作为氧化剂，在不同的酸碱性溶液中的产物就不同：

$$2MnO_4^- + 5SO_3^{2-} + 6H^+ \xrightarrow{酸性} 2Mn^{2+} + 5SO_4^{2-} + 3H_2O$$

$$2MnO_4^- + 3SO_3^{2-} + H_2O \xrightarrow{中性} 2MnO_2 + 3SO_4^{2-} + 2OH^-$$

$$2MnO_4^- + SO_3^{2-} + 2OH^- \xrightarrow{强碱性} 2MnO_4^{2-} + SO_4^{2-} + H_2O$$

(3) 生成沉淀对电极电势的影响　若一个电极反应的氧化型物质或还原型物质和沉淀剂作用生成沉淀，就会降低有关物质的浓度，从而引起电极电势数值的改变。

若氧化型物质和沉淀剂作用生成沉淀，氧化型物质的浓度减小，使电极电势降低。反之，若电对中的还原型物质和沉淀剂作用生成沉淀，还原型物质的浓度减小，则电极电势升高。

（4）生成配合物对电极电势的影响　如果参加电极反应的氧化型或还原型物质和配合剂作用生成配合物，则氧化型或还原型物质的浓度要发生较大变化，会使电对的电极电势发生明显改变。

若氧化型物质和配合剂作用生成配合物，氧化型物质的浓度减小，使电极电势降低。反之，若电对中的还原型物质和配合剂作用生成配合物，还原型物质的浓度减小，则电极电势升高。

四、电极电势的应用

1. 计算原电池的电动势

利用 Nernst 公式分别计算出原电池中正负极的电极电势，则可计算原电池的电动势。

2. 判断氧化还原反应进行的方向

从理论上讲，凡是能自发进行的氧化还原反应，均能组成原电池。当原电池的电动势 $E>0$ 时，则该原电池的总反应为自发反应，所以原电池电动势也是判断氧化还原反应进行方向的依据。

对于氧化还原反应：

当 $E>0$　　即 $\varphi_+>\varphi_-$　　正反应能自发进行

$E=0$　　即 $\varphi_+=\varphi_-$　　反应达到平衡

$E<0$　　即 $\varphi_+<\varphi_-$　　逆反应能自发进行

如果在标准状态下，则可用 $E^\ominus$ 或 $\varphi^\ominus$ 进行判断。所以，要判断一个氧化还原反应进行的方向，只要将此反应组成原电池，使反应物中的氧化剂电对作正极，还原剂电对作负极，比较两电极电势值的相对大小即可。

例 7-3　判断下列两种情况下反应自发进行的方向：

(1) $Pb + Sn^{2+}(1.00 \text{mol} \cdot L^{-1}) \rightleftharpoons Pb^{2+}(0.100 \text{mol} \cdot L^{-1}) + Sn$

(2) $Pb + Sn^{2+}(0.100 \text{mol} \cdot L^{-1}) \rightleftharpoons Pb^{2+}(1.00 \text{mol} \cdot L^{-1}) + Sn$

解： $\varphi^\ominus_{Sn^{2+}/Sn} = -0.138V$　　$\varphi^\ominus_{Pb^{2+}/Pb} = -0.126V$

(1) $\varphi_+ = \varphi^\ominus_{Sn^{2+}/Sn} = -0.138 + \dfrac{0.0592}{2}\lg 1.00 = -0.138(V)$

$\varphi_- = \varphi^\ominus_{Pb^{2+}/Pb} = -0.126 + \dfrac{0.0592}{2}\lg 0.100 = -0.156(V)$

$\varphi_+ > \varphi_-$，反应正向进行。

(2) $\varphi_+ = \varphi^\ominus_{Sn^{2+}/Sn} = -0.138 + \dfrac{0.0592}{2}\lg 0.100 = -0.168(V)$

$\varphi_- = \varphi^\ominus_{Pb^{2+}/Pb} = -0.126 + \dfrac{0.0592}{2}\lg 1.00 = -0.126(V)$

$\varphi_+ < \varphi_-$，反应逆向进行。

此例说明，当氧化剂电对和还原剂电对的 $\varphi^\ominus$ 相差不大时，物质的浓度将对反应方向起决定性作用。大多数氧化还原反应如果组成原电池，其电动势一般大于 0.2V，在这种情况下，浓度的变化虽然会影响电极电势，但一般情况下不会使电动势的正负值发生改变。

3. 判断氧化还原反应进行的程度

把一个可逆的氧化还原反应设计成原电池,利用原电池的标准电动势 $E^{\ominus}$ 可计算该氧化还原反应的标准平衡常数 $K^{\ominus}$。

$$\lg K^{\ominus} = \frac{nFE^{\ominus}}{2.303RT} \tag{7-4}$$

当 $T=298.15K$ 时,将有关常数代入,得:

$$\lg K^{\ominus} = \frac{nE^{\ominus}}{0.0592} \tag{7-5}$$

知道了电池的标准电动势或两电对的标准电极电势及电池反应的得失电子数 n,即可计算出该氧化还原反应的标准平衡常数 $K^{\ominus}$。

第三节 氧化还原滴定法及应用

一、氧化还原滴定法的特点

氧化还原滴定法是以氧化还原反应为基础的滴定分析方法,是滴定分析中应用最广泛的方法之一。通常根据所用氧化剂或还原剂的不同,可将氧化还原滴定法分为高锰酸钾法、重铬酸钾法、碘量法、溴酸钾和铈量法等。

氧化还原滴定法可以直接测定具有还原性、氧化性的物质,也可以间接测定某些不具有氧化性、还原性的物质。如土壤有机质、水中耗氧量、水中溶解氧的测定等。氧化还原滴定对氧化还原反应的一般要求是:

(1) 滴定剂与被滴定物质电对的电极电势要有较大的差值(一般要求 $\Delta\varphi^{\ominus} \geqslant 0.40V$)。
(2) 有适当的方法或指示剂指示反应的终点。
(3) 滴定反应能迅速完成。

二、氧化还原指示剂

在氧化还原滴定中,可借用某些物质颜色的变化来确定滴定终点,这类物质就是氧化还原指示剂。在实际应用中,根据指示剂反应性质的不同,氧化还原指示剂可分为以下三种:

1. 自身指示剂

在氧化还原滴定中,有些标准溶液或被滴定物质本身有颜色,而反应产物为无色或颜色很浅,根据反应物颜色的变化以指示滴定终点的到达,这类物质称为自身指示剂。例如在高锰酸钾法中,$KMnO_4$ 溶液本身显紫红色,在酸性溶液中滴定无色或浅色的还原剂时,MnO_4^- 被还原为无色的 Mn^{2+},因而滴定到达计量点后,稍过量的 $KMnO_4$(浓度仅为 $5\times10^{-6} mol \cdot L^{-1}$)就可使溶液呈粉红色,指示滴定终点的到达。

2. 特殊指示剂(专属指示剂)

有些物质本身不具有氧化还原性,但它能与氧化剂或还原剂作用产生特殊的颜色,从而达到指示滴定终点的目的,这类指示剂称为特殊指示剂或专属指示剂。例如,I_2 可以与直链淀粉形成深蓝色的包结化合物。在碘量法中,$c(I_2)=1\times10^{-6} mol \cdot L^{-1}$ 时,加入淀粉溶液即可看到蓝色,显色反应特效且灵敏,当 I_2 被还原为 I^- 时蓝色消失。碘量法中常用可溶性淀粉溶液作指示剂。

3. 氧化还原指示剂

氧化还原指示剂是一些本身具有氧化还原性的有机化合物,其氧化型和还原型具有明显不同的颜色，随着溶液电势的变化而发生颜色的变化。例如，常用的氧化还原指示剂二苯胺磺酸钠。它的氧化型呈红紫色，还原型是无色的。当用 $K_2Cr_2O_7$ 滴定 Fe^{2+} 到化学计量点时，稍过量的 $K_2Cr_2O_7$ 就将二苯胺磺酸钠由无色的还原型氧化成红紫色的氧化型，指示滴定终点的到达。表 7-1 列出了一些重要的氧化还原指示剂的颜色变化。

表 7-1 常用的氧化还原指示剂的颜色变化

指示剂	颜色变化	
	氧化型	还原型
次甲基蓝	蓝色	无色
二苯胺	紫色	无色
二苯胺磺酸钠	红紫色	无色
邻苯胺基苯甲酸	红紫色	无色
邻二氮菲亚铁	浅蓝色	红色

三、常见的氧化还原滴定法

1. 高锰酸钾法

（1）概述　高锰酸钾是一种强氧化剂，在不同酸度的溶液中，它的氧化能力和还原产物不同。

在强酸性溶液中：
$$MnO_4^- + 8H^+ + 5e^- \rightleftharpoons Mn^{2+} + 4H_2O \qquad \varphi^\ominus = 1.507V$$

在中性或弱碱性溶液中：
$$MnO_4^- + 2H_2O + 3e^- \rightleftharpoons MnO_2 + 4OH^- \qquad \varphi^\ominus = 0.595V$$

在强碱性溶液中：
$$MnO_4^- + e^- \rightleftharpoons MnO_4^{2-} \qquad \varphi^\ominus = 0.558V$$

在强酸性溶液中 $KMnO_4$ 的氧化能力强，所以一般都在强酸性条件下使用。$KMnO_4$ 本身为紫红色，在滴定无色或浅色溶液时无需另加指示剂，其本身即可作为自身指示剂。

（2）标准溶液的配制与标定　市售的 $KMnO_4$ 试剂纯度约为 99%～99.5%，其中常含有少量硫酸盐、氯化物、硝酸盐及二氧化锰等杂质，易还原析出 MnO_2 和 $MnO(OH)_2$ 沉淀。$KMnO_4$ 还能自行分解：

$$4KMnO_4 + 2H_2O \rightleftharpoons 4MnO_2\downarrow + 4KOH + 3O_2$$

而 Mn^{2+} 和 MnO_2 又能促进 $KMnO_4$ 的分解，上述反应见光时反应速率更快。所以 $KMnO_4$ 标准溶液只能间接配制。具体配制方法如下：

① 称取稍多于理论量的 $KMnO_4$，溶解于一定体积的蒸馏水中。

② 将溶液加热至沸，并保持微沸约 1h，然后放置 2～3 天，使溶液中可能含有的还原性物质完全被氧化。

③ 将溶液中的沉淀过滤除去。

④ 将过滤后的 $KMnO_4$ 溶液储存于棕色瓶中，放在暗处，以避免 $KMnO_4$ 的光分解，使用前再进行标定。

标定 $KMnO_4$ 溶液的基准物质很多，常用的有 $Na_2C_2O_4$，$H_2C_2O_4 \cdot 2H_2O$ 等。其中以 $Na_2C_2O_4$ 最常用，因它易提纯、稳定及不含结晶水，在 105～110℃烘干 2h，置于干燥器中冷却后即可使用。

用 $Na_2C_2O_4$ 标定 $KMnO_4$ 的反应在 H_2SO_4 溶液中进行：

$$2MnO_4^{2-} + 5C_2O_4^{2-} + 16H^+ = 2Mn^{2+} + 10CO_2\uparrow + 8H_2O$$

为了使滴定反应定量且迅速，应注意以下条件：

① 温度 滴定反应在室温下反应缓慢，为了提高反应速率，需加热到75~85℃进行滴定。但温度也不宜过高，温度超过90℃，$H_2C_2O_4$会发生分解：

$$H_2C_2O_4 \xrightarrow{>90℃} H_2O + CO\uparrow + CO_2\uparrow$$

② 酸度 为了保证滴定反应能正常进行，溶液必须保持一定的酸度。酸度过高会促使$H_2C_2O_4$分解；酸度过低会使$KMnO_4$部分还原为MnO_2。开始滴定时，溶液酸度约为0.5~1mol·L^{-1}，滴定终点时溶液酸度约为0.2~0.5mol·L^{-1}。

③ 滴定速度 即便加热MnO_4^-与$C_2O_4^{2-}$，在无催化剂存在时反应速率也很慢。滴定开始时，第一滴高锰酸钾溶液滴入后，红色很难褪去，需待红色消失后再滴加第二滴。由于反应中产生的Mn^{2+}对反应具有催化作用，几滴$KMnO_4$加入后，反应明显加速，这时可适当加快滴定速度。否则加入的$KMnO_4$在热溶液中来不及与$C_2O_4^{2-}$反应，而发生分解：

$$4MnO_4^- + 12H^+ = 4Mn^{2+} + 5O_2\uparrow + 6H_2O$$

若在滴定前加入几滴$MnSO_4$溶液，滴定一开始反应速率就较快。

④ 终点判断 $KMnO_4$可作为自身指示剂，滴定至化学计量点时，稍过量的$KMnO_4$溶液可使溶液呈粉红色，若在30s内不褪色，即认为达到滴定终点。

(3) 应用实例 钾是肥料的三大要素之一，草木灰是农业上最常用的钾肥，其钾含量一般在5%~10%。测定钾含量时，首先将试液在HAc介质中加入$Na_3[Co(NO_2)_6]$试剂，使之转变为$K_2Na[Co(NO_2)_6]$黄色沉淀：

$$2K^+ + Na^+ + [Co(NO_2)_6]^{3-} = K_2Na[Co(NO_2)_6]\downarrow$$

沉淀经过滤、洗净后溶于已知过量的酸性$KMnO_4$标准溶液中。

$$5K_2Na[Co(NO_2)_6] + 11MnO_4^- + 28H^+$$
$$= 11Mn^{2+} + 5Na^+ + 10K^+ + 30NO_3^- + 14H_2O + 5Co^{2+}$$

剩余的$KMnO_4$用$Na_2C_2O_4$标准溶液回滴至紫红色刚退去即为终点。

根据下式计算钾的含量（以K_2O的质量分数表示）：

$$w(K_2O) = \frac{[c(KMnO_4)V(KMnO_4) - \frac{2}{5}c(Na_2C_2O_4)V(Na_2C_2O_4)]\frac{5M(K_2O)}{11}}{1000m_s} \times 100\%$$

(7-6)

用高锰酸钾法间接测定钙或直接滴定Fe^{2+}时，若滴定反应中用HCl调节酸度，测定结果会偏高。这主要是因为部分$KMnO_4$被Cl^-还原所致：

$$2MnO_4^- + 10HCl + 6H^+ = 2Mn^{2+} + 5Cl_2 + 8H_2O$$

而且，$KMnO_4$与Fe^{2+}的反应能加快$KMnO_4$与Cl^-的反应速度。这种由于一种氧化还原反应的发生而促进另一种氧化还原反应进行的过程，称为诱导反应。诱导反应常给定量分析带来误差，应引起重视。

高锰酸钾法的优点是氧化能力强，可以采用直接、间接、返滴定等多种滴定方式对多种有机物和无机物进行测定，比如还原性物质如Fe、As(Ⅲ)、Sb(Ⅲ)、H_2O_2、抗坏血酸等，氧化性物质如CrO_4^{2-}，非氧化还原物质如钙、汞等。其缺点是试剂中常含有少量的杂质，配制的标准溶液不太稳定，易与空气和水中的多种还原性物质发生反应，干扰严重，滴定选择性差。

2. 重铬酸钾法

(1) 概述 $K_2Cr_2O_7$ 在酸性条件下是一种强氧化剂，其半反应为：

$$Cr_2O_7^{2-} + 14H^+ + 6e^- \rightleftharpoons 2Cr^{3+} + 7H_2O \qquad \varphi^{\ominus} = 1.232V$$

由其标准电极电势可以看出，$K_2Cr_2O_7$ 的氧化能力没有 $KMnO_4$ 强，测定对象没有高锰酸钾法广泛。但 $K_2Cr_2O_7$ 法具有以下特点：

① $K_2Cr_2O_7$ 容易提纯，在 140~150℃ 温度下干燥后可以直接配制成标准溶液。

② $K_2Cr_2O_7$ 溶液相当稳定，只要存放在密闭的容器中其浓度可长期保持不变。

③ $K_2Cr_2O_7$ 氧化性较弱，选择性较高，在 HCl 浓度不太高时 $K_2Cr_2O_7$ 不能氧化 Cl^-，因此可在盐酸介质中滴定。

④ $K_2Cr_2O_7$ 滴定法需外加指示剂，常用指示剂为二苯胺磺酸钠。

⑤ $K_2Cr_2O_7$ 滴定反应速度快，通常在常温下进行滴定。

应当指出，$K_2Cr_2O_7$ 和 Cr^{3+} 都是污染物，使用时应注意废液的处理，以免污染环境。

(2) 应用实例 在酸性条件下，Fe^{2+} 可以定量地被 $K_2Cr_2O_7$ 氧化成 Fe^{3+}。在 H_2SO_4-H_3PO_4 混合酸溶液中，以二苯胺磺酸钠为指示剂，用 $K_2Cr_2O_7$ 标准溶液滴定至溶液由浅绿色（Cr^{3+}）变为蓝紫色即为滴定终点。

滴定反应为：$Cr_2O_7^{2-} + 6Fe^{2+} + 14H^+ \rightleftharpoons 2Cr^{3+} + 6Fe^{3+} + 7H_2O$

$$w(Fe) = \frac{6c(K_2Cr_2O_7)V(K_2Cr_2O_7)M(Fe)}{m} \times 100\% \qquad (7-7)$$

加入 H_3PO_4 的目的有两个：一是与生成的 Fe^{3+} 形成配离子 $[Fe(HPO_4)]^+$，降低 Fe^{3+}/Fe^{2+} 电对的电极电势，扩大滴定突跃范围，使指示剂的变色范围落在滴定突跃范围之内；二是生成的配离子为无色，消除了溶液中 Fe^{3+}（黄色）干扰，有利于滴定终点的观察。

3. 碘量法

(1) 概述 碘量法是基于 I_2 的氧化性和 I^- 的还原性建立起来的氧化还原分析法。I_2/I^- 电对的半反应为：

$$I_3^- + 2e^- \rightleftharpoons 3I^- \qquad \varphi^{\ominus} = 0.534V$$

碘量法采用淀粉作指示剂，其灵敏度很高，I_2 的浓度为 5×10^{-6} mol·L^{-1} 时即显蓝色。根据 I_2 的氧化性和 I^- 的还原性，碘量法常分为直接碘量法和间接碘量法。

(2) 直接碘量法 直接碘量法是以 I_2 作滴定剂，故又称碘滴定法。该法只能用于滴定还原性较强的物质，如 S^{2-}、SO_3^{2-}、Sn^{2+}、$S_2O_3^{2-}$、AsO_2^-、SbO_3^{3-} 和抗坏血酸等。其反应条件为弱酸性或中性。在碱性条件下 I_2 会发生歧化反应：

$$3I_2 + 6OH^- \rightleftharpoons IO_3^- + 5I^- + 3H_2O$$

由于 I_2 所能氧化的物质不多，所以直接碘量法在应用上受到限制。

(3) 间接碘量法 间接碘量法是利用 I^- 的还原性，测定具有氧化性的物质。测定中，首先使被测氧化性物质与过量的 KI 发生反应，定量地析出 I_2，然后用 $Na_2S_2O_3$ 标准溶液滴定析出的 I_2，从而间接测定。间接碘量法又称为滴定碘法，其滴定反应为：

$$I_2 + 2S_2O_3^{2-} \rightleftharpoons 2I^- + S_4O_6^{2-}$$

在间接碘量法中，为了获得准确的分析结果，必须严格控制反应条件：

① 控制溶液的酸度 一般在弱酸性或中性条件下进行。在强酸性溶液中 $Na_2S_2O_3$ 会分解，且 I^- 易被空气所氧化：

$$S_2O_3^{2-} + 2H^+ \rightleftharpoons SO_2 \uparrow + S \downarrow + H_2O$$

$$4I^- + 4H^+ + O_2 \rightleftharpoons 2I_2 + 2H_2O$$

而在碱性条件下，$Na_2S_2O_3$ 与 I_2 会发生如下的副反应：

$$S_2O_3^{2-} + 4I_2 + 10OH^- \rightleftharpoons 2SO_4^{2-} + 8I^- + 5H_2O$$

这种副反应影响滴定反应的定量关系。另外，在碱性溶液中 I_2 也会发生歧化反应。

② 防止 I_2 的挥发和 I^- 的氧化 为防止 I_2 的挥发可加入过量 KI（比理论量多 2~3 倍），并在室温下进行滴定，滴定的速度要适当，不要剧烈摇动，滴定时最好使用碘量瓶。

③ 应在临近终点时加入淀粉指示剂 滴定过程中，应先用 $Na_2S_2O_3$ 溶液将生成的碘大部分滴定后，溶液呈淡黄色时再加入淀粉指示剂，用 $Na_2S_2O_3$ 溶液继续滴定至蓝色刚好消失即为终点。若淀粉加入过早，则大量的碘单质与淀粉生成蓝色包结物，这一部分碘被淀粉分子包裹后不易与 $Na_2S_2O_3$ 起反应，造成滴定误差。

(4) 标准溶液的配制

① 碘标准溶液的配制 用升华的方法制得的纯碘，可以直接配制成标准溶液。但通常是用市售的碘先配成近似浓度的碘溶液，然后用已知浓度的 $Na_2S_2O_3$ 标准溶液进行标定。由于碘几乎不溶于水，但能溶于 KI 溶液，故配制碘溶液时，应加入过量的 KI。碘溶液应避免与橡皮等有机物接触，也要防止见光、受热，否则浓度将发生变化。

② 硫代硫酸钠标准溶液的配制 硫代硫酸钠（$Na_2S_2O_3 \cdot 5H_2O$）常含有少量 S、Na_2SO_3、Na_2SO_4 等杂质，易风化、潮解，且溶液中若溶解有氧气、二氧化碳或微生物时，$Na_2S_2O_3$ 会析出单质硫，所以不能直接配制成标准溶液。

配制 $Na_2S_2O_3$ 溶液时需用新煮沸并冷却了的蒸馏水，除去氧气、二氧化碳和杀死细菌，并加入少量 Na_2CO_3 使溶液呈弱碱性，以防止 $Na_2S_2O_3$ 的分解。光照会促进 $Na_2S_2O_3$ 分解，因此应将溶液储存于棕色瓶中，暗处放置 7~10 天，待其浓度稳定后，再进行标定，但不宜长期保存。

用来标定 $Na_2S_2O_3$ 溶液的基准物质有 KIO_3，$KBrO_3$ 和 $K_2Cr_2O_7$ 等。用 $K_2Cr_2O_7$ 标定 $Na_2S_2O_3$ 的反应式为：

$$Cr_2O_7^{2-} + 6I^- + 14H^+ \rightleftharpoons 2Cr^{3+} + 3I_2 + 7H_2O$$
$$2S_2O_3^{2-} + I_2 \rightleftharpoons S_4O_6^{2-} + 2I^-$$

为防止 I^- 的氧化，基准物质与 KI 反应时，酸度应控制在 0.2~0.4 mol·L^{-1} 之间，且加入 KI 的量应超过理论用量的 5 倍，以保证反应完全进行。

(5) 应用实例 碘量法可以测定很多无机物和有机物，应用十分广泛。

① 维生素 C 含量的测定（直接碘量法）维生素 C 是生物体中不可缺少的维生素之一，它具有抗坏血病的功能，所以又称抗坏血酸。它也是衡量蔬菜、水果食用部分品质的常用指标之一。抗坏血酸分子中的烯醇基具有较强的还原性，能被定量氧化成二酮基：

$$\text{C-C=C-C-C-CH} + I_2 \rightleftharpoons \text{C-C-C-C-C-CH} + 2HI$$

用直接碘量法可直接滴定维生素 C，从反应式看，在碱性溶液中有利于反应向右进行，但碱性条件会使抗坏血酸被空气中氧气所氧化，也造成 I_2 的歧化反应，所以一般在 HAc 介质中、避免光照等条件下滴定。

$$w(Vc) = \frac{c(I_2)V(I_2)M(Vc)}{m_s} \times 100\% \quad (7-8)$$

② 硫酸铜中铜含量的测定（间接碘量法） 间接碘量法测 Cu^{2+} 是基于 Cu^{2+} 与过量的

KI 反应定量生成 I_2，然后用 $Na_2S_2O_3$ 标准溶液滴定。其反应式为：

$$2Cu^{2+} + 4I^- = 2CuI\downarrow + I_2$$

$$2S_2O_3^{2-} + I_2 = S_4O_6^{2-} + 2I^-$$

由此可得：

$$w(Cu) = \frac{c(Na_2S_2O_3)V(Na_2S_2O_3)M(Cu)}{m_s} \times 100\% \tag{7-9}$$

由于 CuI 沉淀表面强烈地吸附 I_2，会导致测定结果偏低，为此测定时常加入 KSCN，使 CuI 沉淀转化为溶解度更小的 CuSCN 沉淀：

$$CuI + SCN^- = CuSCN + I^-$$

这样就可将 CuI 吸附的 I_2 释放出来，提高测定的准确度。

还应注意，KSCN 应当在滴定接近终点时加入，否则 SCN^- 会还原 I_2 使结果偏低。另外，为了防止 Cu^{2+} 水解，反应必须在酸性溶液中进行，一般控制 pH 值在 3～4。酸度过低，反应速率慢，终点拖长；酸度过高，I^- 则被空气氧化为 I_2，使结果偏高。

知识阅读

水果电池

顾名思义，就是用水果制作成的电池，但是也不是任何一种水果都可以制作而成的，一定要是含有果酸的水果，如柠檬、酸橙、苹果、梨、菠萝等，这是由于水果中的果酸可作为电解质来构成导通回路。

水果电池是由水果（酸性）、两金属片和导线简易制作而成的。两金属片一定要是活动性强弱相差较大的金属片，我们一般采用是铜片和锌片，由于锌片的活动性较强，易失去电子，因此作为负极；相对而言，铜片的活动性较弱，不易失去电子，因此作为正极。铜片和锌片通过电解质（即水果中富含的果酸）和导线构成闭合回路，铜片置换出果酸中的氢离子产生正电荷，锌片失去电子产生负电荷，因此闭合回路中产生电流，若在该电路中再连接一个 LED 的话，灯泡便可以发光。同学们自己动手试试吧。

习　题

一、选择题

1. 下列有关氧化数的说法，论点错误的是（　　）。
   A. 对于双原子分子，若价键两端的原子是同一种元素时，则原子的氧化数为零
   B. 元素的氧化数与其电负性是两个互不相关的概念
   C. 分子中一个原子的表观电荷数就是它的氧化数
   D. 单原子离子化合物中，元素的氧化数就等于相应离子的电荷数

2. 下列化合物中，硫原子的氧化数为 6 的是（　　）。
   A. H_2S　　　　　　B. H_2SO_3　　　　　　C. H_2SO_4　　　　　　D. CS_2

3. 已知电极反应 $O_2 + 2H_2O + 4e^- \rightleftharpoons 4OH^-$ 的 $\varphi^\ominus = 0.401V$, 当 pH = 12.00, $p(O_2) = 1.0 \times 10^5$ Pa 时,此电对的电极电势为(　　)。
   A. -0.52V　　　　B. 0.52V　　　　C. 0.28V　　　　D. 0.37V

4. 已知 $\varphi^\ominus(Ni^{2+}/Ni) = -0.257V$, 测得该电极的 $\varphi^\ominus(Ni^{2+}/Ni) = -0.21V$, 说明该体系中 $c(Ni^{2+})$ 的值(　　)。
   A. >1mol·L^{-1}　　B. <1mol·L^{-1}　　C. 1mol·L^{-1}　　D. 无法确定

5. 高锰酸钾法在强酸性溶液中的还原产物为(　　)。
   A. MnO_2　　　　B. Mn^{2+}　　　　C. Mn^{3+}　　　　D. Mn

6. 有关配制、标定高锰酸钾溶液的叙述,不正确的是(　　)。
   A. 溶液标定前需煮沸一定时间或放置数天,然后过滤除去二氧化锰
   B. 必须保存在棕色试剂瓶中
   C. 用草酸钠标定高锰酸钾溶液时,只能用硫酸,不能用盐酸或硝酸调节酸度
   D. 滴定开始至结束应快速滴加高锰酸钾溶液至滴定终点

7. $K_2Cr_2O_7$ 法测定铁矿石中 Fe 含量时,加入 H_3PO_4 的主要目的之一是(　　)。
   A. 加快反应的速度　　　　　　　B. 防止出现 $Fe(OH)_3$ 沉淀
   C. 与 Fe^{3+} 生成配离子　　　　D. 提供必要的酸度

8. 碘量法的误差主要来源于(　　)。
   A. 指示剂变色不明显　　　　　　B. 碘具有挥发性
   C. 碘离子易被空气中的氧氧化　　D. B 和 C

9. 配制 $Na_2S_2O_3$ 溶液时,应当用新煮沸并冷却的纯水,其原因是(　　)。
   A. 使水中杂质都被破坏　　　　　B. 杀死细菌
   C. 除去 CO_2 和 O_2　　　　　D. B 和 C

二、判断题
1. 高锰酸钾法通常在酸性和中性条件下进行滴定。(　　)
2. 重铬酸钾法的优点是可用本身的颜色变化指示滴定终点。(　　)
3. 为了增加碘的溶解度,配制碘标准溶液时常加入 KI 试剂。(　　)
4. 采用间接碘量法时,滴定开始前应加入淀粉指示剂。(　　)
5. 重铬酸钾标准溶液常采用直接法配制。(　　)
6. 电对 MnO_4^-/Mn^{2+} 和 $Cr_2O_7^{2-}/Cr^{3+}$ 的电极电势随着溶液 pH 值的减小而增大。(　　)
7. 在电极反应 $Ag^+ + e^- \rightleftharpoons Ag$ 中,加入少量 NaI(s),则 Ag 的还原性增强。(　　)
8. 在设计原电池时,φ 值大的电对应是正极,而 φ 值小的电对应为负极。(　　)
9. 对于电对 Zn^{2+}/Zn,增大 Zn^{2+} 的浓度,则其标准电极电势也将增加。(　　)
10. 氧化数在数值上就是元素的化合价。(　　)
11. 某元素的氧化数只能是 0 和正值或只能是 0 和负值。(　　)
12. 还原半反应 $PbSO_4 + 2e^- \rightleftharpoons Pb + SO_4^{2-}$ 对应的电对为 $PbSO_4/Pb$。(　　)
13. 氧化数发生改变的物质不是还原剂就是氧化剂。(　　)

三、计算题
1. 计算 298.15K 时下列各电对的电极电势:
   (1) Fe^{3+}/Fe^{2+}, $c(Fe^{3+}) = 0.100$ mol·L^{-1}, $c(Fe^{2+}) = 0.500$ mol·L^{-1}
   (2) Sn^{4+}/Sn^{2+}　$c(Sn^{4+}) = 1.00$ mol·L^{-1}, $c(Sn^{2+}) = 0.200$ mol·L^{-1}
   (3) $Cr_2O_7^{2-}/Cr^{3+}$, $c(Cr_2O_7^{2-}) = 0.100$ mol·L^{-1}, $c(Cr^{3+}) = 0.200$ mol·L^{-1}, $c(H^+) = 2.00$ mol·L^{-1}
   (4) Cl_2/Cl^-, $c(Cl^-) = 0.100$ mol·L^{-1}, $p_{Cl_2} = 2.00 \times 10^5$ Pa

2. 根据标准电极电势判断下列反应能否正向自发进行?
   (1) $2Br^- + 2Fe^{3+} \rightleftharpoons Br_2 + 2Fe^{2+}$
   (2) $I_2 + Sn^{2+} \rightleftharpoons 2I^- + Sn^{4+}$
   (3) $2Fe^{3+} + Cu \rightleftharpoons 2Fe^{2+} + Cu^{2+}$

(4) $H_2O_2 + 2Fe^{2+} + 2H^+ \rightleftharpoons 2Fe^{3+} + 2H_2O$

3. 一定质量的 $H_2C_2O_4$ 需用 21.26mL 的 $0.2384\text{mol} \cdot L^{-1}$ NaOH 标准溶液滴定，同样质量的 $H_2C_2O_4$ 需用 25.28mL 的 $KMnO_4$ 标准溶液滴定，计算 $KMnO_4$ 标准溶液的物质的量浓度。

4. 用 KIO_3 作基准物质标定 $Na_2S_2O_3$ 溶液。称取 0.1500g KIO_3 与过量的 KI 作用，析出的碘用 $Na_2S_2O_3$ 溶液滴定，用去 24.00mL，此 $Na_2S_2O_3$ 溶液浓度为多少？每毫升 NaS_2O_3 相当于多少克的碘？

5. 抗坏血酸（摩尔质量为 $176.1g \cdot mol^{-1}$）是一个还原剂，它的半反应为：

$$C_6H_6O_6 + 2H^+ + 2e^- \rightleftharpoons C_6H_8O_6$$

它能被 I_2 氧化。如果 10.00mL 柠檬水果汁样品用 HAc 酸化，并加 20.00mL $0.02500\text{mol} \cdot L^{-1}$ I_2 溶液，待反应完全后，过量的 I_2 用 10.00mL $0.01000\text{mol} \cdot L^{-1}$ $Na_2S_2O_3$ 滴定，计算每毫升柠檬水果汁中抗坏血酸的质量。

第八章

配位平衡与配位滴定法

■【知识目标】
1. 理解配位化合物的定义、组成和命名。
2. 熟悉金属指示剂的变色原理,掌握金属指示剂的使用。
3. 理解和掌握配位滴定法的基本原理。

■【能力目标】
1. 熟练掌握常见的配位滴定方法。
2. 运用所学知识解决在配位滴定中所遇到的一般问题。

第一节 配位化合物

配位化合物是一类非常重要的化合物,配位化学已成为化学中十分活跃的研究领域,在贵金属的湿法冶炼、分离与提纯、配位催化、电镀与电镀液的处理及生命科学等领域都有重要的应用,现已成为一门独立的分支学科。

一、配位化合物的定义及其组成

1. 配位化合物的定义

由形成体和一定数目的配位体以配位键相结合而形成的结构单元称为配位单元。配位单元可以是带电荷的配离子,如$[Cu(NH_3)_4]^{2+}$,也可以是电中性的,如$Ni(CO)_4$。含有配位单元的电中性化合物称为配位化合物,简称配合物,如$[Cu(NH_3)_4]SO_4$。电中性的配位单元本身就是配位化合物。

2. 配位化合物的组成

一般配合物的组成如图8-1所示。

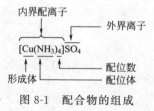

图8-1 配合物的组成

(1)内界和外界 大多数配合物是由内界和外界两部分组成的,如$[Cu(NH_3)_4]SO_4$。配合物中所含的比较复杂的配位单元,称为配合物的内界。一般用方括号括起来,如

$[Cu(NH_3)_4]^{2+}$。方括号之外的部分称为外界,如 SO_4^{2-}。内界与外界通过离子键相结合,与一般离子化合物一样,在溶液中完全解离。内界是配合物的特征部分,由形成体和配位体通过配位键结合而成。

(2) 形成体　是配合物的核心,在配位单元中与配位体以配位键相连接的部分称为配合物的形成体。它一般为金属离子(常为过渡金属元素),如 Fe^{3+}、Co^{2+}、Ni^{2+}、Cu^{2+}、Zn^{2+}、Ag^+ 等,也可以是中性原子和高氧化态非金属元素,如 $[Fe(CO)_5]$ 中的 Fe 原子,$[SiF_6]^{2-}$ 中的 Si 元素等。

(3) 配位体　在内界中,分布在形成体周围与其紧密结合的阴离子或分子称为配位体(简称配体)。如 $[Cu(NH_3)_4]^{2+}$、$[Fe(CO)_5]$ 中的 NH_3、CO。配位体中直接与形成体结合的原子称为配位原子。配位原子具有孤对电子,主要是非金属元素如 N、O、S、C 和卤素原子等。如配体 CO、F^-、NH_3、H_2O 中的 C、F、N 和 O 原子是配位原子。

根据配体所含配位原子数目的不同,可分为单基配体和多基配体。只含有一个配位原子的配体称为单基配体,如 CO、F^-、NH_3、H_2O 等。含有两个或两个以上配位原子的配体为多基配体,如乙二胺、草酸根、酒石酸根等。

(4) 配位数　与形成体直接以配位键相结合的配位原子总数称为形成体的配位数。若配体为单基配体,配位数就等于配体的个数;配位体为同一种多基配位体时配位数等于配体数乘以每个配体中所含的配位原子数。

形成体的配位数通常为 2、4、6,而 3、5、8 较少见(表 8-1)。影响配位数大小的主要因素是中心离子的电荷数与半径大小,其次是配体的电荷数与半径,配合物形成时的外界条件也有一定的影响。一般来讲,中心离子所带电荷越多,吸引配体的能力越强,配位数越大。如 $[PtCl_4]^{2-}$ 中的 Pt^{2+} 的配位数是 4,$[PtCl_6]^{2-}$ 中的 Pt^{4+} 的配位数为 6。中心离子的半径越大,其周围能容纳配体的有效空间就大,配位数就越大。如 Al^{3+} 的离子半径比 B^{3+} 大,$[AlF_6]^{3-}$ 中 Al^{3+} 的配位数为 6,而 $[BF_4]^-$ 中 B^{3+} 的配位数为 4。配体的半径越小,所带电荷越少,中心离子的配位数就越大。

表 8-1　不同价态金属离子的配位数

中心离子电荷	+1	+2	+3
配位数	2 (4)	4 (6)	6 (4)
举例	Ag^+　2 Cu^+,Au^+　2,4	Cu^{2+},Zn^{2+},Ni^{2+},Co^{2+}　4,6 Fe^{2+},Ca^{2+}　6	Al^{3+}　4,6 Fe^{3+},Co^{3+},Cr^{3+}　6

(5) 配离子的电荷数　配离子的电荷数等于形成体的电荷数与各配体电荷数的代数和。如配离子 $[CoCl(NH_3)_5]^{2+}$ 的电荷数为 $(+3)+(-1)+0 \times 5 = +2$。

二、配位化合物的命名

配位化合物的命名遵循一般无机物命名的原则。阴离子为简单离子的称为"某化某",阴离子为复杂离子的称为"某酸某"。配位化合物的命名重点在于对配位单元的命名。其配位单元的命名顺序为:

配体数(中文数字)-配位体名称-"合"字-中心离子名称及其氧化数(在括号内以罗马数字说明)。

如果含有不同的配体,则配体的命名顺序与列出顺序一致,即阴离子先于中性分子,无机配体先于有机配体,简单配体先于复杂配体,不同配体的名称之间要用圆点分开。例如:

[Cu(NH$_3$)$_4$]SO$_4$　　　　　硫酸四氨合铜(Ⅱ)

K$_3$[Fe(CN)$_6$]　　　　　　六氰合铁(Ⅲ)酸钾

H$_2$[PtCl$_6$]　　　　　　　六氯合铂(Ⅳ)酸

[CoCl(NH$_3$)$_5$]Cl$_2$　　　　二氯化一氯·五氨合钴(Ⅲ)

Pt(NH$_3$)$_2$Cl$_2$　　　　　　二氯·二氨合铂(Ⅱ)

[Pt(NH$_3$)$_6$][PtCl$_4$]　　　　四氯合铂(Ⅱ)酸六氨合铂(Ⅱ)

有的配体在与不同的中心离子结合时,所用配体原子不同,命名时应加以区别。例如:

K$_3$[Fe(NCS)$_6$]　　　　　　六异硫氰酸根合铁(Ⅲ)酸钾

[CoCl(SCN)(en)$_2$]NO$_3$　　硝酸一氯·一硫氰酸根·二(乙二胺)合钴(Ⅲ)

[Co(NO$_2$)$_3$(NH$_3$)$_3$]　　　三硝基·三氨合钴(Ⅲ)

[Co(ONO)(NH$_3$)$_5$]SO$_4$　　硫酸一亚硝酸根·五氨合钴(Ⅲ)

三、螯合物

1. 螯合物的定义

螯合物又称内配合物,由多基配体与金属离子形成的具有螯环结构的配合物称为螯合物。它是具有特殊结构的配合物,通常具有五元环或六元环,如 [Co(en)$_3$]$^{3+}$。

形成螯合物的多基配体称为螯合剂,它们大多是含 N、S、O 等配位原子的有机分子或离子。螯合剂中两个配位原子之间应间隔 2~3 个其他原子,以便形成稳定的五元或六元环。螯合物中,中心离子与螯合剂数目之比称为螯合比。

具有螯环结构的配离子比一般的配离子具有较大的稳定性。这种由于螯环的形成而使配离子稳定性显著增强的作用称为螯合效应。螯环的大小和数目会影响螯合物的稳定性。一般来讲,形成的螯环越多,螯合物越稳定。

2. 乙二胺四乙酸(EDTA)

乙二胺四乙酸简称 EDTA,或 EDTA 酸,常用 H$_4$Y 表示。其结构式为:

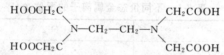

其配位原子分别为 N 原子和—COOH 中的羧基 O 原子,即具有 6 个配位原子,其配位能力很强,几乎能与所有的金属离子形成螯合物。EDTA 与一般金属离子可形成 5 个五元环,其稳定性都很高。EDTA 与金属离子形成的配合物的配位比简单,无论金属离子的价数是多少,一般情况下均按 1:1 配位,给配位滴定测定结果的计算带来方便。反应简式为:

$$M^{n+} + Y^{4-} \rightleftharpoons MY^{(n-4)}$$

H$_4$Y 在水中的溶解度太低(295K 时每 100mL 水溶解 0.02g),所以滴定剂常用的是其二钠盐 Na$_2$H$_2$Y·2H$_2$O,也称 EDTA。它在水溶液中的溶解度较大,295K 时每 100mL 水可溶解 11.2g,此时溶液的浓度约为 0.3mol·L^{-1},pH 值约为 4.4。

EDTA 与金属离子形成的配合物颜色与金属离子本身的颜色有关。EDTA 与无色金属离子形成无色配合物,与有色金属离子形成颜色更深的配合物。如:

CaY^{2-} 无色　　　　　　　CoY$^-$ 紫红色

MgY^{2-} 无色　　　　　　　MnY^{2-} 紫红色

NiY^{2-} 蓝绿色　　　　　　CrY$^-$ 深紫色

CuY^{2-} 深蓝色　　　　　　FeY$^-$ 黄色

第二节　配合物的配位解离平衡及影响因素

在配位化合物中，配离子和外界离子间以离子键结合，在溶液中能完全解离。而在配离子中，中心离子和配体间以配位键结合，比较稳定，较难解离。但其稳定性是相对的，当条件发生变化时，也可解离。

一、配合物的配位解离平衡

1. 配位平衡和配离子的稳定常数

在溶液中可以生成较稳定的配离子，配离子也可以微弱地解离为组成它的中心离子和配体，即配离子在溶液中存在配位解离平衡。配合物的稳定性，可用配合物的稳定常数来衡量。配位反应：

$$M + nX \rightleftharpoons MX_n$$

平衡时

$$K_f = \frac{c_{MX_n}}{c_M c_X^n} \tag{8-1}$$

由于 K_f 是生成物平衡浓度与反应物平衡浓度幂乘积的比值，因而 K_f 能够代表配位化合物的稳定性，称为配合物的稳定常数。K_f 越大，配合物越稳定。各种配合物的稳定常数见附录 6。

与多元弱酸（弱碱）的解离相似，多配体的配离子在水溶液中的解离也是分步进行的，配离子的解离反应的逆反应是配离子的形成反应，其形成反应也是分步进行的。

2. 配位平衡的计算

例 8-1　计算含 $0.010\text{mol}\cdot L^{-1}$ CN^- 的 $0.010\text{mol}\cdot L^{-1}$ $[Ag(CN)_2]^-$ 溶液中 Ag^+ 的浓度。

解：设平衡时 Ag^+ 浓度为 $x\,\text{mol}\cdot L^{-1}$，则：

$$\begin{array}{cccc} & Ag^+ + & 2CN^- & \rightleftharpoons & [Ag(CN)_2]^- \\ \text{平衡浓度/mol·L}^{-1} & x & 0.010+2x & & 0.010-x \\ & & \approx 0.010 & & \approx 0.010 \end{array}$$

$$K_f = \frac{c([Ag(CN)_2]^-)}{c(Ag^+)c^2(CN^-)}$$

$$c(Ag^+) = x = \frac{c([Ag(CN)_2]^-)}{K_f c^2(CN^-)} = \frac{0.010}{1.3\times 10^{21}\times (0.010)^2}$$

$$= 7.7\times 10^{-20}(\text{mol}\cdot L^{-1})$$

例 8-2　将 $0.020\text{mol}\cdot L^{-1}$ $ZnSO_4$ 的溶液与 $1.08\text{mol}\cdot L^{-1}$ 的氨水等体积混合，溶液中游离 Zn^{2+} 的浓度为多少？

解：设混合后溶液中 Zn^{2+} 浓度为 $x\,\text{mol}\cdot L^{-1}$ 则：

$$\begin{array}{cccc} & Zn^{2+} + & 4NH_3 & \rightleftharpoons & [Zn(NH_3)_4]^{2+} \\ \text{初始浓度/mol·L}^{-1} & 0.010 & 0.54 & & 0 \\ \text{平衡浓度/mol·L}^{-1} & x & 0.54-4(0.010-x) & & 0.010-x \\ & & \approx 0.50 & & \approx 0.010 \end{array}$$

$$K_f = \frac{c([Zn(NH_3)_4]^{2+})}{c(Zn^{2+})c^4(NH_3)}$$

$$c(Zn^{2+}) = x = \frac{c([Zn(NH_3)_4]^{2+})}{K_f c^4(NH_3)} = \frac{0.010}{2.9 \times 10^9 \times (0.50)^4}$$
$$= 5.5 \times 10^{-11} (\text{mol} \cdot \text{L}^{-1})$$

二、影响配合物稳定性的因素

在溶液中，配离子与组成它的中心离子及配体之间存在配位平衡，可用下列通式表示：
$$M^{n+} + xL^{m-} \rightleftharpoons ML_x^{(n-xm)}$$

若向溶液中加入某种试剂（如酸、碱、沉淀剂、氧化还原剂或其他配位剂等），平衡将发生移动。配位平衡通常与其他平衡（酸碱平衡、沉淀平衡、氧化还原平衡等）共存，相互影响（竞争），即存在着竞争平衡问题。

1. 沉淀剂对配合物稳定性的影响

溶液中沉淀溶解平衡与配位平衡共存时，其竞争反应的实质是配位剂和沉淀剂争夺金属离子的过程。

例如，在含有 $[Ag(NH_3)_2]^+$ 的溶液中加入 NaCl，则 NH_3 和 Cl^- 争夺 Ag^+，溶液中同时存在配位平衡和沉淀平衡：

$$[Ag(NH_3)_2]^+ \rightleftharpoons Ag^+ + 2NH_3$$
$$Ag^+ + Cl^- \rightleftharpoons AgCl \downarrow$$

总的竞争反应为：
$$[Ag(NH_3)_2]^+ + Cl^- \rightleftharpoons AgCl \downarrow + 2NH_3$$

$$K_j = \frac{1}{K_f K_{sp}} \tag{8-2}$$

K_{sp} 越小（沉淀越难溶解），K_f 越小（配离子越不稳定），沉淀反应进行的程度越大，配离子越易解离；K_{sp} 越大（沉淀越易溶解），K_f 越大（配离子越稳定），沉淀反应进行的程度越小，沉淀越易溶解。

2. 酸碱溶液对配合物稳定性的影响

配位体在广义上都是酸碱组分，在一个配位平衡体系中，始终存在着酸碱反应和配位反应的竞争，金属离子（M）与 H^+ 争夺配体（L）。由于酸碱平衡的存在，使得配体浓度降低，参与配位的能力下降，配位平衡向着解离的方向移动，配离子稳定性降低。这种现象称为配位体的酸效应。

例 8-3 在 $[Ag(NH_3)_2]^+$ 溶液中加入 HNO_3 溶液，会发生什么变化？

解： 溶液混合后，HNO_3 解离的 H^+ 与 $[Ag(NH_3)_2]^+$ 解离产生的 NH_3 结合生成 NH_4^+，溶液中同时存在酸碱平衡和配位平衡：

$$[Ag(NH_3)_2]^+ \rightleftharpoons Ag^+ + 2NH_3$$
$$NH_3 + H^+ \rightleftharpoons NH_4^+$$

总的反应式为：
$$[Ag(NH_3)_2]^+ + 2H^+ \rightleftharpoons Ag^+ + 2NH_4^+$$

$$K_j = \frac{(K_b)^2}{K_f (K_w)^2} \tag{8-3}$$

$$K_j = \frac{(1.77 \times 10^{-5})^2}{1.1 \times 10^7 \times (1.0 \times 10^{-14})^2} = 2.8 \times 10^{11}$$

反应进行的程度很大，$[Ag(NH_3)_2]^+$ 完全解离。

3. 其他配位剂对配合物稳定性的影响

其他配位剂对配合物稳定性的影响属两个配位平衡之间的竞争反应。加入某种配体后，由 K_f 小的配离子转化为 K_f 大的配离子。两种配体间竞争的是中心离子。

例如，在血红色 $Fe(SCN)_3$ 溶液中加入 NaF，F^- 和 SCN^- 争夺 Fe^{3+}，溶液中同时存在两个配位平衡：

$$Fe(SCN)_3 \rightleftharpoons Fe^{3+} + 3SCN^- \qquad K_f[Fe(SCN)_3] = 4.0 \times 10^5$$

$$Fe^{3+} + 6F^- \rightleftharpoons FeF_6^{3-} \qquad K_f(FeF_6^{3-}) = 1.0 \times 10^{16}$$

总的反应为：

$$Fe(SCN)_3 + 6F^- \rightleftharpoons FeF_6^{3-} + 3SCN^-$$

$$K_j = \frac{K_f(FeF_6^{3-})}{K_f(Fe(SCN)_3)} \tag{8-4}$$

$$K_j = \frac{1.0 \times 10^{16}}{4.0 \times 10^5} = 2.5 \times 10^{10}$$

反应进行很完全，$Fe(SCN)_3$ 可完全转化为 $[FeF_6]^{3-}$。这也可从溶液的颜色变化看出，在 $Fe(SCN)_3$ 溶液中加入足量 F^- 后，溶液即从血红色变为无色。

4. 氧化剂、还原剂对配合物稳定性的影响

对配位平衡来说，利用氧化剂或还原剂改变金属离子的价态，从而可使配位平衡发生移动；对氧化还原反应来说，加入配位剂可使金属离子的氧化还原能力发生改变。

例如，在 $Fe(SCN)_3$ 溶液中加入还原剂 $SnCl_2$，由于 Sn^{2+} 能将 Fe^{3+} 还原为 Fe^{2+}，因而降低了 Fe^{3+} 的浓度，促进 $Fe(SCN)_3$ 的解离：

$$Fe(SCN)_3 \rightleftharpoons Fe^{3+} + 3SCN^-$$

$$2Fe^{3+} + Sn^{2+} \rightleftharpoons 2Fe^{2+} + Sn^{4+}$$

总的反应为：

$$2Fe(SCN)_3 + Sn^{2+} \rightleftharpoons 2Fe^{2+} + Sn^{4+} + 6SCN^-$$

又如溶液中有下列反应：

$$2Fe^{3+} + 2I^- \rightleftharpoons 2Fe^{2+} + I_2$$

若在此溶液中加入 NaF，F^- 与 Fe^{3+} 生成稳定的 FeF_6^{3-} 配离子，从而降低了 Fe^{3+} 的浓度，使得 Fe^{3+} 氧化能力减弱，Fe^{2+} 的还原能力增强，氧化还原反应因而逆向进行：

$$2Fe^{2+} + I_2 + 12F^- \rightleftharpoons 2[FeF_6]^{3-} + 2I^-$$

第三节 配位滴定法及应用

一、概述

配位滴定法是以配位反应为基础的容量分析方法，主要是以 EDTA（乙二胺四乙酸）为滴定剂与金属离子发生配位反应的滴定分析方法。配位剂与待测离子生成稳定的配合物，滴定终点时，稍过量的配位剂使指示剂变色。EDTA 是一种优良的配位剂，几乎能和所有金属离子形成配合物。在周期表中，能直接滴定或者返滴定的元素约有 50 种，能间接测定的约 20 种。

1. 配位滴定法的优点

（1）快　一次滴定只要几分钟至十几分钟。

（2）准　灵敏度高，分析误差小。

（3）省　不需要贵重的分析仪器。

(4) 广 应用面广，测定含量范围宽。

2. 配位滴定法对配位反应的要求

大多数金属离子都能与多种配位剂形成稳定性不同的配合物，但不是所有的配位反应都能用于配位滴定。能用于配位滴定的配位反应除必须满足滴定分析的基本条件外，还必须能生成稳定的，中心离子与配体比例恒定的配合物，而且最好能溶于水。配位滴定对反应的要求：

(1) 配位反应必须完全，即反应形成的配合物稳定性要足够高，配合物有足够大的稳定常数。

(2) 配位反应必须定量进行，即在一定条件下，只形成一种配位数的配合物。

(3) 配位反应速率要快。

(4) 有适当的方法确定反应终点。

由多基配体与金属离子形成的螯合物稳定性高，螯合比恒定，能满足滴定分析的基本要求。目前应用最多的滴定剂是乙二胺四乙酸等氨羧配位剂，它们能与大多数的金属离子形成稳定的可溶的螯合物，能满足配位滴定的要求。因此配位滴定法主要是指形成螯合物的配位滴定法。

二、配位滴定曲线

在配位滴定过程中，随着 EDTA 的不断加入，被滴定的金属离子浓度逐渐减小，反映这一变化规律的曲线也就是配位滴定曲线。一般以 EDTA 的加入量（或加入百分数）为横坐标，金属离子浓度的负对数 pM 为纵坐标。

现以 pH=12 时用 $0.01000\,\text{mol}\cdot\text{L}^{-1}$ EDTA 标准溶液滴定 20.00mL $0.01000\,\text{mol}\cdot\text{L}^{-1}$ Ca^{2+} 溶液为例，说明不同滴定阶段金属离子浓度的计算。

假设滴定体系中不存在其他辅助配位剂，也不考虑其他副反应的影响。

(1) 滴定前 $c(Ca^{2+})=0.01000\,\text{mol}\cdot\text{L}^{-1}$

$$pCa=2.0$$

(2) 化学计量点前 溶液中 Ca^{2+} 与反应物 CaY 同时存在。近似地用剩余的 Ca^{2+} 来计算溶液中 Ca^{2+} 的浓度。当加入 EDTA 溶液 19.98mL，此时还剩余的 0.1% 的 Ca^{2+} 没被配位，所以：

$$c(Ca^{2+})=\frac{20.00-19.98}{20.00+19.98}\times 0.01000=5.0\times 10^{-6}(\text{mol}\cdot\text{L}^{-1})$$

$$pCa=5.30$$

(3) 化学计量点时 Ca^{2+} 与 EDTA 几乎全部配位产生 CaY，且配位比 1∶1，而溶液体积增大一倍，所以：

$$c(CaY)=\frac{20.00}{20.00+20.00}\times 0.01000=5.0\times 10^{-3}(\text{mol}\cdot\text{L}^{-1})$$

因为此时 $c(Ca^{2+})=c(Y^{4-})$，所以：

$$K_{CaY}=\frac{c(CaY)}{c(Ca^{2+})c(Y^{4-})}=\frac{c(CaY)}{c^2(Ca^{2+})}$$

$$c(Ca^{2+})=\sqrt{\frac{c(CaY)}{K_{CaY}}}=\sqrt{\frac{5.0\times 10^{-3}}{10^{10.69}}}=3.2\times 10^{-7}(\text{mol}\cdot\text{L}^{-1})$$

$$pCa=6.50$$

(4) 化学计量点后 设加入 EDTA 溶液 20.02mL，此时 EDTA 溶液过量 0.1%，所以

$$c(Y^{4-})=\frac{20.02-20.00}{20.02+20.00}\times 0.01000=5.0\times 10^{-6}(mol\cdot L^{-1})$$

而此时
$$c(CaY)=\frac{20.00}{20.02+20.00}\times 0.01000=5.0\times 10^{-3}(mol\cdot L^{-1})$$

所以
$$c(Ca^{2+})=\frac{c(CaY)}{K_{CaY}c(Y^{4-})}=\frac{5.0\times 10^{-3}}{10^{10.69}\times 5.0\times 10^{-6}}=10^{-7.69}(mol\cdot L^{-1})$$

$$pCa=7.70$$

按照上述计算方法，所得结果列于表 8-2。以 pCa 对加入 EDTA 溶液的百分数作图，即得到用 EDTA 溶液滴定 Ca^{2+} 的滴定曲线，如图 8-2 所示，滴定突跃的 pCa 值范围为 5.30~7.70。

表 8-2　pH=12 时用 0.01000mol·L^{-1} EDTA 标准溶液滴定 20.00mL 0.01000mol·L^{-1} Ca^{2+} 溶液过程中 pCa 值的变化

加入 EDTA 溶液		Ca^{2+} 被配位的百分数	过量 EDTA 的百分数	pCa
体积/mL	百分数			
0.00	0.0	0.0		2.0
18.00	90.0	90.0		3.3
19.80	99.0	99.0		4.3
19.98	99.9	99.9		5.3
20.00	100.0	100.0	0.0	6.5
20.02	100.1		0.1	7.7
20.20	101.0		1.0	8.7

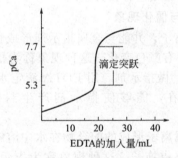

图 8-2　0.01000mol·L^{-1} EDTA 滴定 0.01000mol·L^{-1} Ca^{2+} 的曲线

从图 8-2 的滴定曲线可以看出，在达到化学计量点附近，溶液的 pCa 值发生了突跃。若金属离子浓度一定时，K_f 越大，滴定突跃也就越大，反之亦然。当 $lgK_f<8$ 后，滴定曲线就看不到突跃。若稳定常数一定，金属离子的浓度越低，滴定曲线的滴定突跃就越小。

三、金属指示剂

在配位滴定中，通常利用一种能与金属离子生成有色配合物的显色剂来指示滴定终点，这种显色剂称为金属离子指示剂，简称金属指示剂。

1. 金属指示剂的变色原理

金属指示剂也是一种配位剂，在一定 pH 值溶液中其本身有一种颜色。在滴定开始时，金属指示剂（In）与少量被滴定金属离子反应，形成一种与指示剂本身颜色不同的配合物（MIn）：

$$M + In \rightleftharpoons MIn$$
$$\text{颜色A} \qquad \text{颜色B}$$

随着EDTA的加入，游离金属离子逐渐被配位，形成MY。当EDTA与游离的金属完全反应后，EDTA从显色配合物MIn中夺取金属离子M，使指示剂In游离出来，这样溶液的颜色就从显色配合物MIn的颜色（B色）转变为游离指示剂In的颜色（A色），指示终点达到：

$$MIn + Y \rightleftharpoons MY + In$$
$$\text{颜色B} \qquad\qquad \text{颜色A}$$

2. 金属指示剂应具备的条件

（1）指示剂与金属离子形成的配合物MIn的颜色与指示剂In自身的颜色有显著差别。

（2）显色反应灵敏、迅速，且有良好的变色可逆性。

（3）指示剂与金属离子形成的配合物的稳定性要适当，也就是说既要有足够的稳定性，又要比该金属离子的EDTA配合物稳定性小。如果MIn的稳定性太低，就会提前出现终点，且变色不敏锐；如果MIn稳定性太高，终点就会拖后，甚至使EDTA不能夺取显色配合物中的金属离子，得不到滴定终点。

（4）金属指示剂应比较稳定，便于储藏和使用。

（5）指示剂与金属离子形成的配合物应易溶于水，如果生成胶体溶液或沉淀，会使变色不明显。

应当指出，金属指示剂一般为有机弱酸，具有酸碱指示剂性质，即指示剂自身的颜色随溶液pH的不同而不同，因而在选用金属指示剂时，应注意控制溶液的pH值，使游离指示剂In的颜色与显色配合物MIn的颜色有较大差别。

3. 金属指示剂的封闭现象与僵化现象

如果滴定体系中存在干扰离子，并能与金属指示剂形成稳定的配合物，虽然加入过量的EDTA，在化学计量点附近仍没有颜色变化。这种现象称为指示剂的封闭现象，可加入适当的掩蔽剂来消除。例如以铬黑T做指示剂，用EDTA滴定水中的Ca^{2+}、Mg^{2+}以测定水的硬度时，若有Fe^{3+}、Al^{3+}存在，能够使指示剂产生封闭作用，可用三乙醇胺掩蔽Fe^{3+}、Al^{3+}。

有些指示剂或指示剂与金属离子形成的配合物在水中溶解度较小，以致在化学计量点时EDTA与指示剂置换缓慢，使终点拖长，这种现象称为指示剂的僵化。可通过放慢滴定速度，加入适当的有机溶剂或加热，以增加有关物质的溶解度来消除这一影响。例如，用PAN作指示剂时，加入乙醇或丙酮或者加热，可使指示剂的颜色变化明显。

4. 常用金属指示剂简介

（1）铬黑T　简称EBT，使用最适应酸度是pH=9~10.5，因为在此酸度范围内其自身为蓝色，与Mg^{2+}、Zn^{2+}、Ca^{2+}、Pb^{2+}、Hg^{2+}、Mn^{2+}等离子形成的红色配合物明显不同。Al^{3+}、Fe^{3+}等对EBT有封闭作用。铬黑T固体性质稳定，但其水溶液只能保存几天，因此常将EBT与干燥的纯NaCl按1:100混合均匀，研细，密闭保存。

（2）钙指示剂　简称NN，适用酸度为pH=8~13，在pH=12~13时与Ca^{2+}形成红色配合物，自身为蓝色。Fe^{3+}、Al^{3+}等对NN有封闭作用。

（3）二甲酚橙　简称XO，适用酸度为pH<6，在pH=5~6时，与Pb^{2+}、Zn^{2+}、

Cd^{2+}、Hg^{2+}、Ti^{3+}等形成红色配合物,自身显亮黄色。Fe^{3+}、Al^{3+}等对XO有封闭作用。

(4) PAN 适用酸度为pH=2~12,在适宜酸度下与Th^{4+}、Bi^{3+}、Cu^{2+}、Ni^{2+}、Pb^{2+}、Cd^{2+}、Zn^{2+}、Mn^{2+}、Fe^{2+}形成紫红色配合物,自身显黄色。红色配合物水溶性差、易僵化。

(5) 磺基水杨酸 简称ssal,适用酸度范围为pH=1.5~2.5,在此范围内与金属离子生成紫红色配合物,自身为无色。

四、配位滴定法

1. EDTA标准溶液的配制与标定

(1) 配制 由于乙二胺四乙酸在水中溶解度小,所以常用其含两分子结晶水的二钠盐来配制。对于纯度高的$Na_2H_2Y \cdot 2H_2O$可用直接法配制标准溶液,配制时,必须将EDTA(优级纯或分析纯试剂)在80℃下干燥过滤或在120℃下烘至恒重才能准确称量。

由于$Na_2H_2Y \cdot 2H_2O$易吸潮以及含有少量杂质,纯品不宜得到,故多用间接法配制。例如配制$0.01mol \cdot L^{-1}$ EDTA标准溶液1000mL:称取分析纯的EDTA二钠盐(摩尔质量$372.26g \cdot mol^{-1}$)3.72g,溶于200mL温水中,必要时过滤,冷却后用蒸馏水稀释至1000mL,摇匀,保存在试剂瓶内备用。

常用的EDTA标准溶液的浓度为$0.01 \sim 0.05 mol \cdot L^{-1}$。

(2) 标定 标定EDTA的基准物质很多,如金属锌、铜、ZnO、$CaCO_3$及$MgSO_4 \cdot 7H_2O$等,金属锌的纯度高且稳定,Zn^{2+}及ZnY均无色,既能在pH=5~6时以二甲酚橙为指示剂标定,又可在pH=10时的氨性溶液中以铬黑T为指示剂来标定,终点均很敏锐。所以实验室中多采用金属锌为基准物。

2. 配位滴定的应用实例

(1) 水硬度的测定 一般含有钙、镁盐类的水称为硬水。水的总硬度指水中钙、镁离子的总浓度。以碳酸氢钙与碳酸氢镁形式存在的钙、镁离子,经煮沸后以碳酸盐形式沉淀下来,煮沸后硬度可去掉,这种硬度称为暂时性硬度,又叫碳酸盐硬度;水中含硫酸钙和硫酸镁等盐类物质而形成的硬度,经煮沸后也不能去除,称为永久性硬度。水的硬度包括暂时性硬度和永久性硬度。

水的硬度并非由一种金属离子或盐类所形成,因此,为了有一个统一的比较标准,常用1L水中$CaCO_3$(美国硬度)或CaO(德国硬度)的量表示。单位常用$mmol \cdot L^{-1}$和$mg \cdot L^{-1}$表示。我国常用CaO的含量表示水的硬度,1L水中含有10mg的CaO为1个德国度。

测定水的硬度时,在pH=10的氨性缓冲溶液中,以EBT为指示剂,用EDTA滴定至酒红色变为纯蓝色即为滴定终点。

(2) 盐卤水中SO_4^{2-}的测定 盐卤水是电解制备烧碱的原料。卤水中SO_4^{2-}的测定原理是将试样调至微酸性,加入一定量的$BaCl_2$-$MgCl_2$混合溶液,使SO_4^{2-}形成$BaSO_4$沉淀。然后调节至pH=10,以EBT为指示剂,用EDTA滴定至酒红色变为纯蓝色即为滴定终点,滴定消耗EDTA的体积为V,滴定的是Mg^{2+}和剩余的Ba^{2+}。另取同样体积的$BaCl_2$-$MgCl_2$混合溶液,用同样的步骤作空白,设滴定消耗EDTA的体积为V_0,显然两者之差V_0-V即为与SO_4^{2-}反应的Ba^{2+}的量。

> ### 知识阅读
>
> **配合物的发展及应用**
>
> 1. 配合物的历史
>
> 人们很早就开始接触配位化合物，当时大多用作日常生活用途，原料也基本上是由天然取得的，比如杀菌剂胆矾和用作染料的普鲁士蓝。最早对配合物的研究开始于1798年。法国化学家塔萨厄尔首次用二价钴盐、氯化铵与氨水制备出$CoCl_3·6NH_3$，并发现铬、镍、铜、铂等金属与Cl^-、H_2O、CN^-、CO和C_2H_4也都可以生成类似的化合物。当时并无法解释这些化合物的成键及性质，所进行的大部分实验也只局限于配合物颜色差异的观察、水溶液可被银离子沉淀的物质的量以及电导的测定。对于这些配合物中的成键情况，当时比较盛行的说法借用了有机化学的思想，认为这类分子为链状，只有末端的卤离子可以离解出来，而被银离子沉淀。然而这种说法很牵强，不能说明的事实很多。
>
> 1893年，瑞士化学家维尔纳总结了前人的理论，首次提出了现代的配位键、配位数和配位化合物结构等一系列基本概念，成功解释了很多配合物的电导性质、异构现象及磁性。自此，配位化学才有了本质上的发展。维尔纳也被称为"配位化学之父"，并因此获得了1913年的诺贝尔化学奖。
>
> 1923年，英国化学家西季威克提出"有效原子序数"法则（EAN），提示了中心原子的电子数与它的配位数之间的关系。很多配合物，尤其是羰基配合物，都是符合该法则的，但也有很多不符合的例子。虽然这个法则只是部分反映了配合物形成的实质，但其思想却也推动了配位化学的发展。
>
> 现代的配位化学不再拘泥于电子对的施受关系，而是很大程度上借助于分子轨道理论的发展，开始研究新类型配合物如夹心配合物和簇合物。其中一个典型的例子便是蔡氏盐$K[Pt(C_2H_4)Cl_3]·H_2O$。虽然该化合物早在1827年便已经制得，但直到1950年才研究清楚其中的反馈π键性质。
>
> 2. 配位化合物的应用包括
>
> （1）分析化学中，配合物可用于以下几个方面：
>
> a. 离子的分离　通过生成配合物来改变物质的溶解度，从而与其他离子分离。例如以氨水与$AgCl$、Hg_2Cl_2和$PbCl_2$反应来分离第一族阳离子。
>
> b. 金属离子的滴定　例如，定量测定溶液中Fe^{2+}的含量时，指示剂为深红色的$[Fe(phen)_3]^{2+}$。
>
> c. 掩蔽干扰离子　用生成配合物来消除分析实验中会对结果造成干扰的因素。分光光度法测定Co时会受到Fe^{3+}的干扰，可加入F^-与Fe^{3+}生成无色的稳定配离子$[FeF_6]^{3-}$，以掩蔽Fe^{3+}。
>
> （2）工业生产中配合物的应用
>
> a. 配位催化　催化反应的机理常会涉及到配位化合物中间体，比如合成氨工业中用乙酸二氨合铜除去一氧化碳，有机金属催化剂催化烯烃的聚合反应或寡合催化反应，以及不对称催化药物的制备。
>
> b. 制镜　以银氨溶液为原料，利用银镜反应，在玻璃后面镀上一层光亮的银涂层。
>
> c. 提取金属　例如氰化法提金的步骤中，由于生成了稳定的配离子$[Au(CN)_2]$，使得不活泼的金进入溶液中。也可利用很多羰基配合物的热分解来提纯金属，例如蒙德法中，镍的纯化利用了四羰基镍生成与分解的可逆反应。
>
> d. 材料先驱物　氧化铝微粒及砷化镓（GaAs）薄膜等的合成。
>
> e. 硬水软化。
>
> （3）生物学中配合物的应用
>
> 很多生物分子都是配合物，并且含铁的血红蛋白与氧气和一氧化碳的结合，很多涉及含镁的叶绿素的正常运作也都离不开配合物机理。常用的癌症治疗药物顺铂，即cis-$[PtCl_2(NH_3)_2]$，可以抑制癌细胞的DNA复制过程，含有平面正方形的配合物构型。乙二胺四乙酸、柠檬酸钠、2,3-二巯基丁二酸等解毒剂可用于重金属解毒的机理，常常是它们可与重金属离子配合，使其转化为毒性很小的配位化合物，从而达到解毒的目的。

习 题

一、命名下列配合物
1. $[Co(NH_3)_6]Cl_3$
2. $K_2[Co(NCS)_4]$
3. $[Co(NH_3)_5Cl]Cl_2$
4. $K_2[Zn(OH)_4]$
5. $[Pt(NH_3)_2Cl_2]$
6. $[Co(ONO)(NH_3)_3(H_2O)_2]Cl_2$

二、命名下列配合物并计算配合物中中心离子的配位数
1. $[Co(ONO)(NH_3)_3(H_2O)_2]Cl_2$
2. $Cr(OH)(C_2O_4)[C_2H_4(NH_2)_2](H_2O)$

三、选择题
1. 向硫酸铜溶液中滴加氨水，当氨水过量时，加入乙醇，立即有深蓝色晶体析出，该晶体为（　　）。
   A. $CuSO_4$　　B. CuS　　C. $[Cu(NH_3)_4]SO_4$　　D. $[Cu(NH_3)_4]^{2+}$
2. 下列分子中，配盐为（　　）。
   A. $[Ag(NH_3)_2]NO_3$　　B. $H[AuCl_4]$　　C. $CuSO_4$　　D. $[Cu(NH_3)_4]^{2+}$
3. 下列物质中可作为配体的有（　　）。
   A. NH_3　　B. H_3O^+　　C. NH_4^+　　D. CH_4
4. 配位离子$[CoCl(NH_3)_5]Cl_2$的中心离子配位数是（　　）。
   A. 3　　B. 4　　C. 2　　D. 6
5. 乙二胺$NH_2-CH_2-CH_2-NH_2$能与金属离子形成下列哪些物质（　　）。
   A. 简单配合物　　B. 沉淀物　　C. 螯合物　　D. 聚合物
6. 配位化合物$NH_4[CrNH_3H_2O(SCN)_2Cl_2]$中心离子的配位数为（　　）。
   A. 2　　B. 4　　C. 6　　D. 8
7. 关于配合物的说法中，错误的是（　　）。
   A. 配位体是一种含有电子对给予体的原子或原子团
   B. 配位数是指直接与中心离子（原子）相连接的配位体的总数
   C. 广义地说，所有的金属都有可能形成配合物
   D. 配离子既可以处于溶液中，也可以处于晶体中
8. 配位离子的电荷数是由（　　）决定的。
   A. 中心离子的电荷数
   B. 配位体的电荷数
   C. 配位原子的电荷数
   D. 中心离子和配位体电荷数的代数和
9. 下列说法错误的是（　　）。
   A. 配位解离平衡是指溶液中配合物离解为外界和内界的平衡
   B. 配位解离平衡是指溶液中配合物或多或少离解为形成体和配体的平衡
   C. 配离子在溶液中的解离有些类似于弱电解质的电离
10. 不溶于浓氨水的是（　　）。
    A. AgI　　B. $AgBr$　　C. $AgCl$　　D. AgF
11. 比较$[Ag(NH_3)_2]^+$与$[Ag(CN)_2]^-$的稳定性，前者（　　）后者。
    A. 小于　　B. 大于　　C. 等于　　D. 无法比较

四、判断题
1. 复盐和配合物就像离子键和共价键一样，没严格的界限。（　　）
2. 配位化合物的中心离子的配位数不一定等于配位体的数目。（　　）
3. 配离子$[AlF_6]^{3-}$的稳定性大于$[AlCl_6]^{3-}$。（　　）
4. Fe^{3+}和X^-配合物的稳定性随X^-半径的增加而降低。（　　）
5. 中心离子（原子）与配位原子构成了配合物的内界。（　　）

五、计算题
1. 用配位滴定法测定氧化液中乙酸锰的含量。准确吸取0.50mL氧化液于盛有80mL水的250mL锥形

瓶中，用稀的 NaOH 溶液中和，再加氨缓冲溶液和 5 滴铬黑 T 指示剂，用 $c(\text{EDTA})=0.0100\,\text{mol}\cdot\text{L}^{-1}$ 的标准溶液滴定，酒红色变纯蓝色为终点，消耗 6.25mL EDTA 标准溶液，求氧化液中乙酸锰的含量，用 $\text{g}\cdot\text{L}^{-1}$ 表示（分子量 $M[\text{Mn(Ac)}_2]=173.04$）。

2. 准确称取镍盐样品 0.5200g，加水溶解后定容至 100mL 容量瓶中。吸出 10.00mL 于锥形瓶中，加入 $c(\text{EDTA})=0.0200\,\text{mol}\cdot\text{L}^{-1}$ 的标准滴定溶液 30.00mL，用氨水调节溶液 pH≈5，加入 HAc-NaAc 缓冲溶液 20mL，加热至沸后，再加几滴 PAN 指示液，立即用 $c(\text{CuSO}_4)=0.0200\,\text{mol}\cdot\text{L}^{-1}$ 的标准溶液滴定，消耗 10.35mL，计算镍盐中 Ni 的质量分数（镍的原子量＝58.70）。

3. 称取工业硫酸铝 0.4850g，用少量（1+1）盐酸溶解后定容至 100mL。吸出 10.00mL 于三角瓶中，用（1+1）氨水中和至 pH＝4，加入 $c(\text{EDTA})=0.0200\,\text{mol}\cdot\text{L}^{-1}$ 的 EDTA 标准溶液 20.00mL，煮沸后加六次甲基四胺缓冲溶液，以二甲酚橙为指示剂，用 $c(\text{ZnSO}_4)=0.0200\,\text{mol}\cdot\text{L}^{-1}$ 的 ZnSO_4 标准溶液滴至紫红色，不计体积。再加 NH_4F 1~2g，煮沸并冷却后，继续用 ZnSO_4 标准溶液滴至紫红色，消耗 12.50mL，计算工业硫酸铝中铝的质量分数（铝的原子量＝26.98）。

第九章 物质结构基础

■【知识目标】
1. 了解核外电子运动状态及四个量子数的含义。
2. 掌握基态原子核外电子排布规律。
3. 了解元素周期律,掌握周期表的结构以及元素性质的周期性变化规律。
4. 了解价键理论和杂化轨道理论以及分子间作用力。
5. 了解生命元素在周期表中的分布以及生物效应。

■【能力目标】
1. 掌握原子轨道的角度分布图和电子云的角度分布图。
2. 能书写 1~36 号元素原子的核外电子排布式、价电子构型。
3. 能确定元素在周期表中的位置,并推测其主要性质。
4. 能够用杂化轨道理论和价键理论解释常见分子的成键情况及分子的几何构型。
5. 能分辨生命元素、非生命元素和有害元素。

第一节 原子结构基础

一、原子核外电子的运动特征

1. 微观粒子运动具有波粒二象性

光具有波粒二象性,光的波动性主要表现于光存在干涉、衍射等性质。光的粒子性可以由光电效应等现象来证明。

1924 年,法国物理学家德布罗意(De Broglie)预言:假如光具有波粒二象性,那么微观粒子在某些情况下,也能呈现波动性。

1927 年,戴维逊(Davisson C.J)和革尔麦(Germer. L. H)用已知能量的电子在晶体上的衍射实验证明了德布罗意的预言。一束电子经过金属箔时,得到了与 X 射线相像的衍射条纹,见图 9-1。

后来又相继发现质子、中子等粒子流均能产生衍射现象,具有宏观物体难以表现出来的波动性,而这一点恰恰是在经典力学中没有认识到的。

2. 概率

对于微观粒子,不可能同时准确地测定出其在某一瞬间的位置和速度。这一规律称为海森堡(Heisenberg)测不准原理。因此,原子核外电子的运动需用概率来描述。

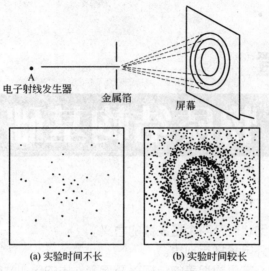

图 9-1 电子的衍射实验

若用慢射电子枪（可控制射出的电子数的电子发射装置）取代电子束进行图 9-1 所示的实验，结果发现，每个电子在感光底片上着弹的位置是无法预料的，说明电子运动是没有确定的轨道的；但是当单个的电子不断地发射以后，在感光底片上仍然可以得到明暗相间的衍射环纹，这说明电子运动还是有规律的。亮环纹处无疑衍射强度大，说明电子出现的机会多，即概率大；暗环纹处则正好相反。

二、原子核外电子的运动状态

1. 波函数和原子轨道

1926 年，奥地利物理学家薛定谔（Schröndinger，E.）根据波粒二象性的概念，提出一个描述微观粒子运动的二阶偏微分方程，即薛定谔方程。

$$\frac{\partial^2 \psi}{\partial x^2}+\frac{\partial^2 \psi}{\partial y^2}+\frac{\partial^2 \psi}{\partial z^2}+\frac{8\pi^2 m}{h^2}(E-V)\psi=0 \tag{9-1}$$

式中，ψ 叫做波函数；h 是普朗克常数；m 为微粒的质量；E 是总能量；V 为势能。

为了求解 ψ 的方便，需将直角坐标系（x，y，z）表示的薛定谔方程变换为球极坐标（r，θ，ϕ）表示的薛定谔方程。

波函数是描述微观粒子在空间某范围内出现概率的数学函数。在解薛定谔方程式时，为了使得到的解有意义，必须引入主量子数（n）、角量子数（l）、磁量子数（m）等参数。这三个量子数在其可取值范围内取某一确定的值时，就可以得到一个波函数，如 $n=1$，$l=0$，$m=0$ 时，相应的波函数为 $\psi_{1,0,0}$（或 ψ_{1s}）；$n=2$，$l=0$，$m=0$ 时，相应的波函数为 $\psi_{2,0,0}$（或 ψ_{2s}）。求解薛定谔方程并不是得到唯一的解，而是得到一系列的波函数和相对应的能量值 E。求解得到的每个波函数都有对应的能量值。如求解氢原子（类氢原子，如 He^+）的薛定谔方程，可得到一系列的波函数和对应能量值。其 $\psi_{1,0,0}=\sqrt{\dfrac{1}{\pi a_0^3}}e^{-\frac{r}{a_0}}$（$a_0$ 为玻尔半径），对应能量 $E=2.179\times10^{-18}$ J。

原子中描述单个电子运动状态的波函数习惯上称为"原子轨道"，这里"轨道"只是波函数的一个代名词，代表原子中电子的一种运动状态，也有把它称为"原子轨函"，它和玻尔理论中的原子轨道是完全不同的概念。

2. 原子轨道的角度分布图

基态氢原子波函数可分为以下两部分：

$$\psi(r,\theta,\varphi)=R(r)Y(\theta,\varphi)$$

如果将 Y 随 θ,φ 角度的变化作图，即可得波函数的角度分布图，即原子轨道的角度分布图。角量子数 l 的取值决定了原子轨道的类型，l 为 0、1、2、3 时所对应的轨道分别为 s、p、d、f 轨道。s 轨道的角度部分为 $Y(\text{s})=\dfrac{1}{\sqrt{4\pi}}$，作图可知，s 原子轨道角度分布图是一个半径为 $\dfrac{1}{\sqrt{4\pi}}$ 的球面，与角度 θ,φ 没有关系，称之为球形对称（图 9-2）。p_z 轨道（z 表示轨道的伸展方向在 z 坐标轴上）的角度部分为 $Y(p_z)=\sqrt{\dfrac{3}{4\pi}}\cos\theta=C\cos\theta$，是 θ 的函数。计算出不同 θ 的 Y 值，将不同的 θ 角所对应的 $Y(p_z)$ 连接起来，所得到的图形为分布在 xy 平面的上下两侧，以 z 轴为对称的两个圆，常称为哑铃形，见图 9-2。

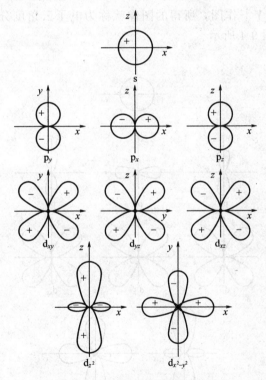

图 9-2 原子轨道的角度分布图

s、p、d 原子轨道的角度分布图，如图 9-2 所示（f 轨道的角度分布图更复杂，不予讨论）。图中的"＋"、"－"表示波函数的角度部分在某一象限数值的正、负，不表示正、负电荷。

3. 电子云

（1）电子云　电子在核外空间某单位体积内出现的概率为概率密度，概率密度与 $|\psi|^2$ 成正比。

为了形象地表示核外电子运动的概率分布情况，化学上习惯用小黑点分布的疏密表示电子出现概率密度的相对大小,小黑点较密的地方表示概率密度较大,单位体积内电子出现的机会多。这种用黑点的疏密表示概率密度分布的图形称为电子云图。如图 9-3 所示,基态氢原子电子云呈球状。应当注意,对于氢原子来说,只有一个电子,图中黑点的疏密只代表电子在某一瞬间出现的可能性。

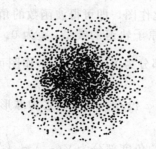

图 9-3 氢原子电子云图

(2) 电子云角度分布图 既然概率密度与 $|\psi|^2$ 成正比,那么若以 $|\psi|^2$ 作图,应得到电子云的近似图像。

将 $|\psi|^2$ 角度部分 $|Y|^2$ 作图,所得的图像就称为电子云角度分布图,其方法类似于原子轨道角度分布图,如图 9-4 所示。

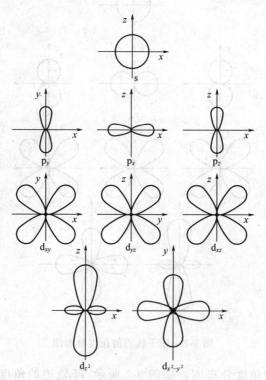

图 9-4 电子云的角度分布图

电子云的角度分布图与相应的原子轨道角度分布图基本近似,但有两点不同:
① 原子轨道角度分布图带有正负号,而电子云角度分布图均为正值。
② 电子云角度分布图比原子轨道角度分布图要"瘦"些。

4. 四个量子数

求解薛定谔方程引入的三个量子数 n, l, m,它们被称为轨道量子数,另有一个自旋

量子数 m_s 用来描述电子的自旋状态。

(1) **主量子数 n**　主量子数 n 是决定多电子原子核外电子所在原子轨道能量的主要因素。n 值越大，电子距核越远，能量越高。对氢原子来说，主量子数 n 是决定电子能量的唯一因素。n 的取值受量子化条件的限制，可取从 1 开始的正整数，即 $n=1, 2, 3, \cdots$。每一个 n 值代表原子核外的一个电子层，光谱学上用拉丁字母表示其电子层符号。

主量子数 $n=$1　2　3　4　5　6　7
光谱项符号　　K　L　M　N　O　P　Q

(2) **角量子数 l**　角量子数 l 又称为副量子数，在多电子原子中它与主量子数 n 共同决定原子轨道的能量，确定原子轨道或电子云的形状，它对应于每一电子层上的电子亚层。l 的取值受 n 的影响，l 可以取 $0, 1, 2, 3 \cdots n-1$，共 n 个值。在原子光谱学上，分别用 s，p，d，f 等符号来表示相对应的电子亚层。不同的亚层，原子轨道具有不同的形状。

角量子数 $l=$0　1　2　3$\cdots$
光谱项符号　s　p　d　f$\cdots$

对于多电子原子来说，同一电子层中 l 值越小，该电子亚层的能级越低，如 $E_{3s} < E_{3p} < E_{3d}$。

(3) **磁量子数 m**　磁量子数 m 决定原子轨道在磁场中的分裂，对应于原子轨道在空间的伸展方向。m 的取值受 l 的限制，可取从 $-l$ 到 $+l$ 之间包含 0 的 $2l+1$ 个值，即 m 可取 $0, \pm1, \pm2, \cdots, \pm l$。每一个 m 值代表一个具有某种空间取向的原子轨道。每一亚层中，m 有几个取值，该亚层就有几个不同伸展方向的同类原子轨道。

如 $l=0$ 时 $m=0$，表示 s 亚层只有一个原子轨道，为球形对称，无所谓伸展方向。

$l=1$ 时 $m=-1, 0, +1$，表示 p 亚层有三个互相垂直的 p 原子轨道，即 p_x，p_y，p_z 原子轨道。

$l=2$ 时 $m=-2, -1, 0, +1, +2$，表示 d 亚层有五个不同伸展方向的 d 原子轨道，即 d_{xy}，d_{xz}，d_{yz}，d_{z^2}，$d_{x^2-y^2}$。

磁量子数 m 与原子轨道的能量无关。n，l 相同，m 不同的原子轨道（即形状相同，空间取向不同）其能量是相同的，这些能量相同的各原子轨道称为简并轨道或等价轨道。如：n_{p_x}，n_{p_y}，n_{p_z} 为等价轨道，$n_{d_{xy}}$，$n_{d_{xz}}$，$n_{d_{yz}}$，$n_{d_{z^2}}$，$n_{d_{x^2-y^2}}$ 为等价轨道。

(4) **自旋量子数 m_s**　自旋量子数 m_s 只有 $+\frac{1}{2}$ 或 $-\frac{1}{2}$ 两个数值，其中每一个数值表示电子的一种自旋状态（顺时针自旋或逆时针自旋）。

综上所述，根据四个量子数可以确定出电子在核外运动的状态，可以算出各电子层中可能有的运动状态数，见表 9-1。

三、原子核外的电子排布

1. 基态原子中核外电子排布原理

通过对原子光谱与原子中电子排布的关系研究，人们归纳出当原子处于基态时，核外电子的排布必须遵循以下原理：

(1) **泡利（Pauli）不相容原理**　在同一原子中，不可能有运动状态完全相同的两个电子存在。即同一轨道内最多只能容纳两个自旋方向相反的电子。

(2) **能量最低原理**　多电子原子处在基态时，核外电子的分布在不违反泡利原理的前提下，总是尽量先分布在能量较低的轨道上，以使原子处于能量最低的状态。

表 9-1　四个量子数与核外电子的运动状态

主量子数 n	K	L		M			N			
	1	2		3			4			
角量子数 l	s	s	p	s	p	d	s	p	d	f
	0	0	1	0	1	2	0	1	2	3
磁量子数 m	0	0	-1, 0, 1	0	-1, 0, 1	-2, -1, 0, 1, 2	0	-1, 0, 1	-2, -1, 0, 1, 2	-3, -2, -1, 0, 1, 2, 3
原子轨道数目	1	1	3	1	3	5	1	3	5	7
各层轨道数目 n^2	1	4		9			16			
自旋量子数 m_s	$\pm\frac{1}{2}$	$\pm\frac{1}{2}$		$\pm\frac{1}{2}$			$\pm\frac{1}{2}$			
每层容纳电子数 $2n^2$	2	8		18			32			

（3）洪特（Hund）规则　原子在同一亚层的等价轨道上分布电子时，将尽可能单独分占不同的轨道，而且自旋方向相同（即自旋平行）。

例如，N 原子的轨道表示式为：

N：$\underline{\uparrow\downarrow}$　$\underline{\uparrow\downarrow}$　$\underline{\uparrow}\,\underline{\uparrow}\,\underline{\uparrow}$
　　1s　　2s　　　2p

洪特规则特例：在等价轨道中，电子处于全充满（p^6，d^{10}，f^{14}）、半充满（p^3，d^5，f^7）和全空（p^0，d^0，f^0）时，原子的能量较低，体系稳定。

2. 多电子原子轨道的能级

1939 年，鲍林（L. Pauling）根据原子光谱实验，对周期系中各元素原子轨道能级图进行分析归纳，总结出多电子原子中原子轨道近似能级图（图 9-5）。它表示原子轨道之间的能量的相对高低，可以反映随着原子序数的递增电子出现的先后顺序。

从图 9-5 中可以看出：

（1）电子层能级相对高低为 K<L<M<N…。

（2）对多电子原子来说，同一原子同一电子层内，电子间的相互作用造成同层能级的分裂，各亚层能级的相对高低为 $E_{ns}<E_{np}<E_{nd}<E_{nf}$。

（3）同一电子亚层内，各原子轨道能级相同。如 $E_{np_x}=E_{np_y}=E_{np_z}$。

（4）同一原子内，不同类型的亚层之间，有能级交错的现象，例如，$E_{4s}<E_{3d}<E_{4p}$，$E_{5s}<E_{4d}<E_{5p}$，$E_{6s}<E_{4f}<E_{5d}<E_{6p}$。

3. 基态原子核外电子的排布

（1）基态原子核外电子的排布　应用鲍林近似能级图，再根据泡利不相容原理、能量最低原理和洪特规则，就可以将电子填充到原子轨道中。用原子轨道符号表示电子填充的规律时，按主量子数 n 和角量子数 l 的次序依次从内层到外层写出，所得到的排布方式即为原子

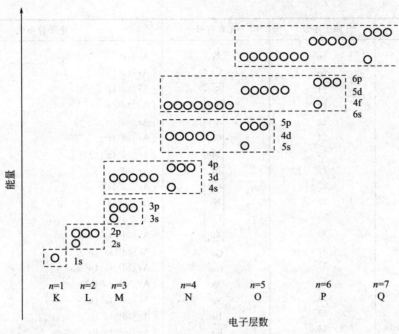

图 9-5 鲍林原子轨道能级图

的电子结构式或电子排布式。例如：

$_{21}$Sc：$1s^2 2s^2 2p^6 3s^2 3p^6 3d^1 4s^2$

$_{29}$Cu：$1s^2 2s^2 2p^6 3s^2 3p^6 3d^{10} 4s^1$

$_{80}$Hg：$1s^2 2s^2 2p^6 3s^2 3p^6 3d^{10} 4s^2 4p^6 4d^{10} 4f^{14} 5s^2 5p^6 5d^{10} 6s^2$

周期表中各元素的电子排布式见表 9-2。

表 9-2 基态原子内电子的排布

周期	原子序数	元素符号	电子分布式
一	1	H	$1s^1$
	2	He	$1s^2$
二	3	Li	[He]$2s^1$
	4	Be	[He]$2s^2$
	5	B	[He]$2s^2 2p^1$
	6	C	[He]$2s^2 2p^2$
	7	N	[He]$2s^2 2p^3$
	8	O	[He]$2s^2 2p^4$
	9	F	[He]$2s^2 2p^5$
	10	Ne	[He]$2s^2 2p^6$
三	11	Na	[Ne]$3s^1$
	12	Mg	[Ne]$3s^2$
	13	Al	[Ne]$3s^2 3p^1$
	14	Si	[Ne]$3s^2 3p^2$
	15	P	[Ne]$3s^2 3p^3$
	16	S	[Ne]$3s^2 3p^4$
	17	Cl	[Ne]$3s^2 3p^5$
	18	Ar	[Ne]$3s^2 3p^6$

续表

周期	原子序数	元素符号	电子分布式
四	19	K	$[Ar]4s^1$
	20	Ca	$[Ar]4s^2$
	21	Sc	$[Ar]3d^14s^2$
	22	Ti	$[Ar]3d^24s^2$
	23	V	$[Ar]3d^34s^2$
	24	Cr	$[Ar]3d^54s^1$
	25	Mn	$[Ar]3d^54s^2$
	26	Fe	$[Ar]3d^64s^2$
	27	Co	$[Ar]3d^74s^2$
	28	Ni	$[Ar]3d^84s^2$
	29	Cu	$[Ar]3d^{10}4s^1$
	30	Zn	$[Ar]3d^{10}4s^2$
	31	Ga	$[Ar]3d^{10}4s^24p^1$
	32	Ge	$[Ar]3d^{10}4s^24p^2$
	33	As	$[Ar]3d^{10}4s^24p^3$
	34	Se	$[Ar]3d^{10}4s^24p^4$
	35	Br	$[Ar]3d^{10}4s^24p^5$
	36	Kr	$[Ar]3d^{10}4s^24p^6$

对于原子序数较大的元素，为了书写方便，常将内层已达稀有气体的电子层结构部分用该稀有气体元素符号加方括号（称为原子实）来表示。

例如：$_{21}$Sc：$[Ar]3d^14s^2$　　　$_{80}$Hg：$[Xe]4f^{14}5d^{10}6s^2$

（2）原子电子层结构与周期系

① 周期与能级组　周期表中，元素周期的划分与鲍林近似能级组的划分一致。

a. 元素所在的周期序数，等于该元素原子外层电子所处的最高能级组的序数，也等于该元素原子最外电子层的主量子数（Pd 例外，其原子外层电子构型为 $4d^{10}5s^0$，但属于第五周期）。例如，K 原子的外电子构型为 $4s^1$，而 K 位于第四周期；Ag 原子的外电子构型为 $4s^{10}5s^1$，最外电子层的主量子数 $n=5$，因而 Ag 位于第五周期。

b. 各周期所包含的元素的数目，等于与周期相应的能级组内各轨道所能容纳的电子总数。例如，第四能级组内 4s，3d 和 4p 轨道总共可容纳 18 个电子，故第四周期共有 18 种元素。

c. 区　根据元素最后一个电子填充的能级的不同，将周期表中的元素分为 5 个区，每个区都有其特征的外电子层构型，如表 9-3 所示。

② 族　如表 9-3 所示，如果元素原子最后填入电子的亚层为 s 或 p 亚层，该元素便是主族元素，如果最后填入电子的亚层为 d 或 f 亚层，该元素便属副族元素，又称过渡元素（其中填入 f 亚层的又称内过渡元素，如镧系、锕系）。

四、原子性质的周期性

1. 原子半径

通常所说的原子半径是根据该原子存在的不同形式来定义的，常用的有以下三种：

（1）共价半径　两个相同原子形成共价键时，其原子核间距离的一半称为原子的共价半径。

表 9-3　元素周期表中分区及各区价电子构型

周期 n	IA	IIA	IIIB IVB VB VIB VIIB	VIII	IB IIB	IIIA IVA VA VIA VIIA	0
1							
2						p 区 $ns^2np^{1\sim6}$	
3	s 区 $ns^{1\sim2}$						
4							
5			d 区 $(n-1)d^{1\sim9}ns^{1\sim2}$		ds 区 $(n-1)d^{10}ns^{1\sim2}$		
6							
7							

镧系	f 区
锕系	$(n-2)f^{1\sim14}(n-1)d^{1\sim2}ns^2$

(2) 金属半径　金属单质的晶体中，两个相邻原子核间距离的一半，称为该金属原子的金属半径。例如在锌晶体中，测得两原子的核间距为 266pm，则锌原子的金属半径 $r_{Zn}=133$pm。

(3) 范德华半径　分子晶体中，分子之间是以范德华力（即分子间力）结合的，如稀有气体晶体，相邻分子核间距离的一半，称为该原子的范德华半径。

各元素的原子半径见表 9-4。其中金属原子为金属半径，非金属原子为共价半径（单键），稀有气体为范德华半径。原子半径的大小主要取决于原子的有效核电荷数和核外电子层结构。

表 9-4　元素的原子半径　　　　　　　　　　　　　　　　　　单位：pm

H 37.1																	He 122
Li 152	Be 111.3											B 88	C 77	N 70	O 66	F 64	Ne 160
Na 186	Mg 160											Al 143.1	Si 117	P 110	S 104	Cl 99	Ar 191
K 227.2	Ca 197.3	Sc 160.6	Ti 144.8	V 132.1	Cr 124.9	Mn 124	Fe 124.1	Co 125.3	Ni 124.6	Cu 127.8	Zn 133.2	Ga 122.1	Ge 122.5	As 121	Se 117	Br 114.2	Kr 198
Rb 247.5	Sr 215.1	Y 181	Zr 160	Nb 142.9	Mo 136.2	Tc 135.8	Ru 132.5	Rh 134.5	Pd 137.6	Ag 144.4	Cd 148.9	In 162.6	Sn 140.5	Sb 141	Te 137	I 133.3	Xe 217
Cs 265.4	Ba 217.3	Ln 156.4	Hf 143	Ta 137.0	W 137.0	Re 134	Os 135.7	Ir 138	Pt 144.2	Au 160	Hg 170.4	Tl 175.0	Pb 154.7	Bi 167	Po 145	At	Rn
Fr 270	Ra 220	An															

镧系	La 187.7	Ce 182.5	Pr 182.8	Nd 182.1	Pm 181.0	Sm 180.2	Eu 204.2	Gd 180.2	Tb 178.2	Dy 177.3	Ho 176.6	Er 175.7	Tm 174.6	Yd 194.0	Lu 173.4
锕系	Ac 187.8	Th 179.8	Pa 160.6	U 138.5	Np 131	Pu 151	Am 184	Cm	Bk	Cf	Es	Fm	Md	No	Lr

(4) 原子半径在周期表中的变化规律　同一主族元素原子半径从上到下逐渐增大。因为从上到下，原子的电子层数增多起主要作用，所以半径增大。副族元素的原子半径从上到下递变不是很明显；第一过渡系到第二过渡系的递变较明显；而第二过渡系到第三过渡系基本没变。

同一周期中原子半径的递变按短周期和长周期有所不同。在同一短周期中，由于有效核电荷数逐渐递增，核对电子的吸引作用逐渐增大，原子半径逐渐减小。在长周期中，过渡元素由于有效核电荷数的递增不明显，因而原子半径减小缓慢。

2. 原子的电离能

基态的气态原子失去电子变为气态阳离子，必须克服原子核对电子的吸引力而消耗能量，这种能量称为元素的电离能，用符号 I 表示，其单位为 $kJ·mol^{-1}$。

从基态的中性气态原子失去一个电子形成氧化数为 +1 的气态阳离子所需要的能量，称为原子第一电离能，用 I_1 表示。由氧化数为 +1 的气态阳离子再失去一个电子形成氧化数为 +2 的气态阳离子所需要的能量，称为原子的第二电离能，用 I_2 表示，其余依次类推。

$$M(g) - e^- \longrightarrow M^+(g) \quad I_1$$
$$M^+(g) - e^- \longrightarrow M^{2+}(g) \quad I_2$$
$$I_1 < I_2 < I_3 \cdots$$

元素原子的电离能越小，原子越易失去电子；反之，原子的电离能越大，原子越难失去电子。常用元素原子的第一电离能来衡量原子失去电子的难易程度。

元素原子的电离能受原子的有效核电荷数、原子半径和原子的电子层结构等因素的影响。周期表中各元素原子的第一电离能呈明显的周期性变化。

同一周期元素原子的第一电离能自左向右总趋势是逐渐增大的。同一主族元素从上至下，第一电离能明显减小。对副族元素来说，从上至下第一电离能减小趋势不甚明显。

3. 电负性

为了较全面地描述不同元素原子在分子中对成键电子吸引的能力，鲍林（Pauling）提出了电负性的概念。他认为：元素的电负性是指元素的原子在分子中对电子吸引能力的大小。电负性越小，对电子的吸引能力越小，金属性越强。他指定最活泼的非金属元素 F 原子的电负性 $\chi(F) = 4.0$，通过比较计算出其他元素原子的电负性值。

电负性随着原子序数递增呈周期性变化。同一周期，自左向右，电负性增加（有些副族元素例外）。同族元素自上而下，电负性依次减小；但副族元素后半部，从上而下电负性略有增加。氟的电负性最大，因而非金属性最强；铯的电负性最小，因而金属性最强。

第二节　分子结构基础

一、离子键

1. 离子键

1916 年，柯塞尔（W. Kossel）提出了离子键的概念，他认为离子键的本质是阴、阳离子之间的静电作用力。

$$F = \frac{q_+ \times q_-}{d^2} \tag{9-2}$$

式中，F 为阴、阳离子之间的静电作用力；q_+、q_- 分别为阳离子、阴离子的电荷；d

为阳、阴离子核间距。阳、阴离子电荷越大,核间距越小,离子键的强度越大。

2. 离子键的特点

离子键的特点是没有方向性和饱和性。由于离子分布是球形对称的,所以它在空间各个方向静电效应是相同的,可以在任何方向吸引电荷相反的离子,因而离子键没有方向性。

离子键没有饱和性是指离子晶体中,每个离子总是尽可能多地吸引电荷相反的离子,使体系处于尽量低的能量状态。一个离子能吸引多少个异电离子,取决于正、负离子的半径比r_+/r_-。其比值越大,正离子吸引负离子的数目越多,见表9-5。

表 9-5 半径比与配位数的关系

半径比(r_+/r_-)	配位数	晶体类型
0.225~0.414	4	ZnS 型
0.414~0.732	6	NaCl 型
0.732~1.000	8	CsCl 型

离子键是由正、负电荷的静电引力作用而形成的,但并不等于是纯粹的静电吸引,在正、负离子之间仍然存在有一定程度的原子轨道的重叠,也就是说仍有部分的共价性。一般情况下,相互作用的原子的电负性差值越大,所形成的离子键的离子性也就越大。例如,由电负性最小的铯与电负性最大的氟所形成的最典型的离子型化合物氟化铯中,其离子键有92%的离子性,8%的共价性。

二、共价键

1916年,路易斯(Lewis)提出了共价键理论,认为电负性相同或差别不大的原子是通过共用电子对结合成键的,但没有说明原子间共用电子对为什么会导致生成稳定的分子及共价键的本质是什么等问题。1927年,德国科学家海勒特(W. Heithler)和伦敦(F. London)把量子力学的成就应用于最简单的H_2分子结构上,由此建立了现代价键理论。

1. 共价键理论的要点

价键理论,又称电子配对法,简称VB法,其基本要点如下:

(1)原子接近时,自旋相反的未成对单电子相互配对,原子核间的电子云密度增大,形成稳定的共价键。

(2)一个原子有几个未成对电子,便能和几个来自其他原子的自旋方向相反的电子配对,生成几个共价键。

(3)成键电子的原子轨道在对称性相同的前提下,原子轨道发生重叠,重叠越多,体系能量降低越多,生成的共价键越稳定——最大重叠原理。

2. 共价键的特点

共价键的特点是既有饱和性,又有方向性。

(1)**饱和性** 共价键的饱和性是指每个原子成键的总数或以单键连接的原子数目是一定的。因为共价键的本质是原子轨道的重叠和共用电子对的形成,每个原子的未成对的单电子数是一定的,所以形成共用电子对的数目也就一定。

(2)**方向性** 根据最大重叠原理,在形成共价键时,原子间总是尽可能地沿着原子轨道最大伸展的方向成键。共价键具有方向性的原因是因为除了s原子轨道是球形对称以外,p、d、f原子轨道具有一定的伸展方向,只有沿着它的伸展方向成键才能满足最大重叠的条件。

例如,在形成氯化氢分子时,氢原子的1s电子与氯原子的一个未成对电子(设为$2p_x$)

形成共价键，s电子只有沿着 p_x 轨道的对称轴（x 轴）方向才能达到最大程度的重叠，形成稳定的共价键，见图 9-6。

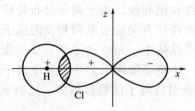

图 9-6　HCl 分子中的 σ 键

3. 共价键的类型

根据原子轨道重叠方式的不同，共价键可分为 σ 键和 π 键。

（1）σ键　成键原子轨道沿着两核的连线方向，以"头碰头"的方式发生重叠形成的共价键称为 σ 键（图 9-7）。σ 键的特点是原子轨道重叠部分沿键轴方向具有圆柱形对称。由于原子轨道在轴向上重叠是最大程度的重叠，故 σ 键的键能大而且稳定性高。例如，H_2 分子中的 $\sigma_{s\text{-}s}$，HCl 分子中的 $\sigma_{s\text{-}p}$ 键。

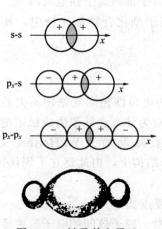

图 9-7　σ 键及其电子云

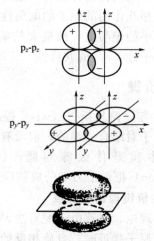

图 9-8　π 键及其电子云

（2）π键　成键原子轨道沿两核的连线方向，以"肩并肩"的方式发生重叠形成的共价键称为 π 键（图 9-8）。π 键的特点是原子轨道重叠部分是以通过一个键轴的平面呈镜面反对称。π 键没有 σ 键牢固，较易断裂。

共价单键一般是 σ 键，在共价双键和共价三键中，除 σ 键外，还有 π 键。例如 N_2 分子中的 N 原子有 3 个未成对的 p 电子，2 个 N 原子间除形成 σ 键外，还形成 2 个互相垂直的 π 键，如图 9-9 所示。

4. 共价键的键参数

化学键的性质可以用某些物理量来描述，凡能表征化学键性质的量都可以称为键参数。

（1）键能　键能是指将 1mol 理想气体分子 AB 断裂为中性气态原子 A 和 B 所需要的能量，近似地等于焓变，用 E_{AB} 表示，单位为 kJ·mol^{-1}。

$$AB(g) \Longleftrightarrow A(g) + B(g) \qquad E_{AB} = \Delta H(298.15K)$$

键能可以作为衡量化学键牢固程度的键参数，键能越大，键越牢固。

对双原子分子来说，键能在数值上就等于键的解离能。多原子分子中若某种键不止一

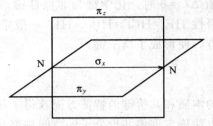

图 9-9 N₂ 分子中的共价键

个,则该键键能为同种键逐级解离能的平均值。

$$H_2 \Longrightarrow 2H$$
$$E_{H-H} = D_{H-H} = 431 \text{kJ} \cdot \text{mol}^{-1}$$

（2）键长　分子内成键两原子核间的平衡距离称为键长（L_b）。两个确定的原子之间，如果形成不同的化学键,其键长越短,键能就越大,化学键就越牢固,如表 9-6 所示。

表 9-6　某些分子的键能与键长

化学键	键长/pm	键能/kJ·mol⁻¹	化学键	键长/pm	键能/kJ·mol⁻¹
H—H	74	431	C—C	154	356
H—F	91.8	565	C=C	134	598
H—Cl	127.4	428	C≡C	120	813
H—Br	140.8	366	N—N	146	160
H—I	160.8	299	N≡N	109.8	946

（3）键角　在分子中两个相邻化学键之间的夹角称为键角。如果知道了某分子内全部化学键的键长和键角数据,那么这个分子的几何构型就确定了,如图 9-10 所示。

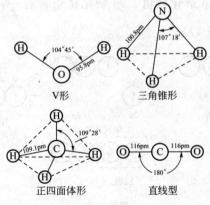

图 9-10　分子的几何构型

（4）键的极性　由形成共价键的两个原子的电负性不同,共价键可分为非极性键和极性键。

同种元素的两个原子形成共价键时,由于两个原子对共用电子对有相同的作用力,键轴方向上电荷的分布是对称的,正、负电荷中心重合,这种共价键称为非极性共价键,简称非极性键。当不同元素的原子形成共价键时,共用电子对偏向于电负性大的原子,从而使键轴方向上出现正、负电荷中心的分离,这种共价键称为极性共价键,简称极性键。

成键两原子的电负性差值 $\Delta\chi=0$ 时,化学键为非极性键,如 H_2,N_2,O_2。$\Delta\chi$ 越大,共价键的极性越大,如键的极性 HF>HCl>HBr>HI。一般来说,当 $\Delta\chi>1.7$ 时,共用电子对完全偏向电负性大的一方,便形成了离子键。

三、杂化轨道理论

价键理论在阐明共价键的本质和共价键的特征方面获得了相当的成功。随着近代物理技术的发展,人们已能用实验方法确定许多共价分子的空间构型,但用价键理论往往不能满意地加以解释。例如根据价键理论,水分子中氧原子的两个成键的 2p 轨道之间的夹角应为 $90°$,而实验测得两个 O—H 键间的夹角为 $104.5°$。为了阐明共价型分子的空间构型,1913 年,鲍林在价键理论的基础上,提出了杂化轨道理论。

1. 杂化轨道理论要点

(1) 形成分子时,在键合原子的作用下,中心原子的若干不同类型的能量相近的原子轨道混合起来,重新组合生成一组新的能量相同的原子轨道。这种重新组合的过程叫做杂化,所形成的新的原子轨道叫做杂化轨道。

(2) 杂化轨道的数目与参加杂化的原子轨道的数目相等。

(3) 杂化轨道的成键能力比原来原子轨道的成键能力更强。因杂化轨道波函数角度分布图一端特别突出而肥大,在满足原子轨道最大重叠基础上,所形成的分子更稳定。不同类型的杂化轨道成键能力不同。

(4) 杂化轨道参与成键时,要满足化学键间最小排斥原理,键与键之间斥力的大小决定了成键的方向,即决定了杂化轨道的夹角。

2. 杂化类型与分子几何构型

根据杂化时参与杂化的原子轨道种类不同,杂化轨道有多种类型。

(1) sp 杂化 同一原子内有 1 个 ns 原子轨道和 1 个 np 原子轨道杂化而成,称为 sp 杂化,所形成的杂化轨道叫做 sp 杂化轨道。sp 杂化轨道含有 $\frac{1}{2}$s 轨道和 $\frac{1}{2}$p 轨道成分,杂化轨道之间的夹角为 $180°$(图 9-11)。

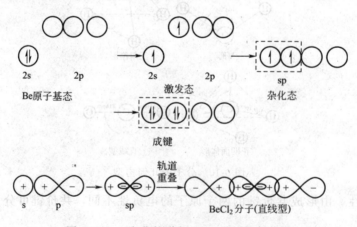

图 9-11 sp 杂化轨道与 $BeCl_2$ 分子几何构型

BeH_2,$BeCl_2$,CO_2,$HgCl_2$,C_2H_2 等分子的中心原子均采取 sp 杂化轨道成键,故其分子的几何构型均为直线型,分子内键角为 $180°$。

(2) sp^2 杂化 同一原子内由 1 个 ns 原子轨道和 2 个 np 原子轨道杂化而成,这种杂化称为 sp² 杂化，所形成的杂化轨道称为 sp² 杂化轨道。它的特点是每个杂化轨道都含有 $\frac{1}{3}$ s 轨道和 $\frac{2}{3}$ p 轨道成分。杂化轨道之间的夹角为 120°。形成的分子的几何构型为平面三角形（图 9-12）。如 BCl_3，BBr_3，SO_2 分子及 CO_3^{2-}，NO_3^- 的中心原子均采取 sp² 杂化轨道与配位原子成键，故其分子构型为平面三角形，分子内键角为 120°。

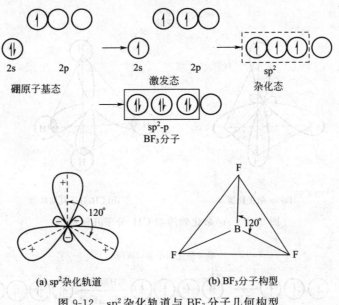

图 9-12　sp² 杂化轨道与 BF₃ 分子几何构型

（3）sp³ 杂化　同一原子内由 1 个 ns 原子轨道和 3 个 np 原子轨道杂化而成，这种杂化称为 sp³ 杂化，所形成的杂化轨道称为 sp³ 杂化轨道。它的特点是每个杂化轨道都含有 $\frac{1}{4}$ s 轨道和 $\frac{3}{4}$ p 轨道成分。杂化轨道之间的夹角为 109°28′。例如 CH_4 分子的形成过程（图 9-13）。

（4）等性杂化与不等性杂化　前面几种杂化都是形成能量和成分完全等同的杂化轨道，称为等性杂化。如果参加杂化的原子轨道中有不参加成键的孤对电子存在，杂化后所形成的杂化轨道的形状和能量不完全等同，这类杂化称为不等性杂化。例如，NH_3 分子中，N 原子的价层电子构型为 $2s^2 2p^3$，它的 1 个 s 轨道和 3 个 p 轨道杂化形成 4 个 sp³ 杂化轨道，其中 1 个杂化轨道有 1 对成对电子，称为孤对电子，另外 3 个杂化轨道各有 1 个单电子与 H 原子的 1s 原子轨道重叠，单电子配对成键。由于孤对电子对另外 3 个成键的轨道有排斥压缩作用，致使 NH_3 分子的键角不是 109°28′，而是 107°18′。NH_3 的几何构型是三角锥形，如图 9-14 所示。

对于 H_2O 分子，同样有 2 个杂化轨道被孤对电子占据，对成键的 2 个杂化轨道的排斥作用更大，以致 2 个 O—H 键间的夹角压缩成 104°45′，所以水分子的几何构型呈 "V" 字形，如图 9-14 所示。

四、分子间力和氢键

分子中除有化学键外，在分子与分子之间还存在着一种比化学键弱得多的相互作用力，称为分子间力。例如，液态的水要汽化，必须吸收热量来克服分子间力才能汽化。早在

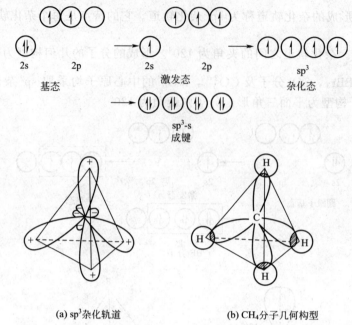

(a) sp³杂化轨道　　　　　　(b) CH₄分子几何构型

图 9-13　sp³杂化轨道与 CH₄ 分子几何构型

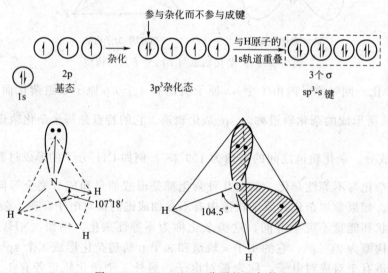

图 9-14　NH₃，H₂O 分子的几何构型

1873 年范德华（Van Der Waals）就注意到分子间力的存在并进行了卓有成效的研究，因此分子间力又叫范德华力。分子间力是决定物质物理性质的主要因素。

1. 分子的极性

由于形成分子的原子电负性不同，分子内正、负电荷中心不在同一点，这样的分子就具有极性。分子极性的大小，用偶极距 μ 来衡量，此偶极距称为固有偶极。

$$\mu = qd \tag{9-3}$$

式中，q 为分子内正、负电荷中心所带电荷；d 为正、负电荷中心的距离。

如果 $\mu=0$，则分子为非极性分子。如果 $\mu>0$，则分子为极性分子。μ 越大，极性越强，固有偶极越大。

对双原子分子，分子的极性等同于化学键的极性。对多原子分子来说，分子的极性要视分子的组成与几何构型而定，如表 9-7 所示。

表 9-7　分子的极性与几何构型的关系

分子	几何构型	分子极性	分子	几何构型	分子极性
H_2	直线型	无	CH_4	正四面体形	无
HF	直线型	有	NH_3	三角锥形	有
BeH_2	直线型	无	H_2O	V 形	有
BF_3	平面三角形	无	CH_3Cl	四面体形	有

2. 分子间力

（1）取向力　当两个极性分子彼此靠近时，由于固有偶极存在，同极相斥，异极相吸，使分子发生相对移动，并定向排列。因异极间的静电引力，极性分子相互更加靠近。由于固有偶极的取向而产生的作用力，称为取向力。

取向力的本质是静电引力，它只存在于极性分子间。

（2）诱导力　当极性分子与非极性分子相互接近时，极性分子使非极性分子的正负电荷中心彼此分离，产生诱导偶极。这种由于诱导偶极而产生的作用力，称为诱导力。

诱导力不仅存在于极性分子与非极性分子间，也存在于极性分子与极性分子之间。诱导力的本质也是静电引力。

（3）色散力　当非极性分子相互接近时，由于分子中电子的不断运动和原子核的不断振动，常发生电子云和原子核之间的瞬时相对位移，而产生瞬时偶极。分子间由于瞬时偶极而产生的作用力称为色散力。

色散力普遍存在于各种分子以及原子之间。分子的质量越大，色散力也越大。对大多数分子来说，色散力是分子间主要的作用力，三种作用力的大小一般为色散力≫取向力＞诱导力。

分子间力随着分子间距离的增大而迅速减小，其作用力约比化学键小 1~2 个数量级。分子间力没有方向性和饱和性。

3. 氢键

（1）氢键的形成　NH_3、H_2O 和 HF 与同族氢化物相比，沸点、熔点、汽化热等物理性质比其同族氢化物的高，不能用正常的分子间作用力进行解释，说明这些物质的分子间除了存在一般分子间力外，还存在另一种作用力，这种作用力被称为氢键。

当 H 原子与电负性很大、半径很小的原子 X（X 可以为 F、O、N）以共价键结合生成 X—H 时，共用电子对偏向于 X 原子，使 H 原子变成几乎没有电子云的"裸"质子，呈现相当强的正电性，且 H^+ 的半径很小，使 H^+ 的电势密度很大，极易与另一个分子中含有孤对电子且电负性很大的原子相结合而生成氢键。氢键可表示为 X—H⋯Y。

形成氢键的两个条件：

① 有一个与电负性很大的原子 X 形成共价键的氢原子。

② 有另一个电负性很大，且有孤对电子的原子 Y。

氢键既有方向性又有饱和性。

氢键的键能一般在 15~35 kJ·mol^{-1}，比化学键的键能小得多，与分子间作用力的大小相近。

氢键可分为分子间氢键和分子内氢键（图 9-15）。

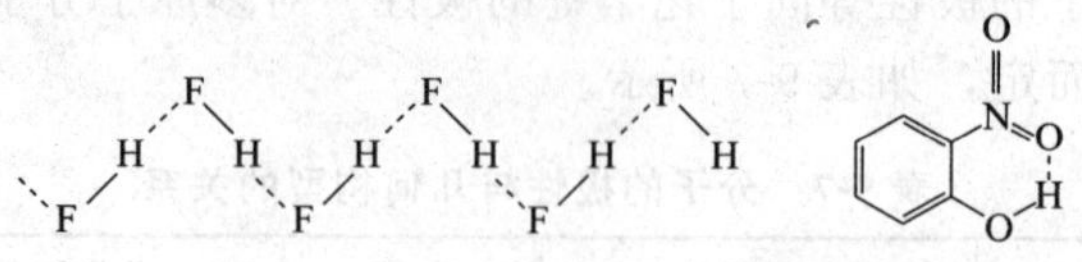

图 9-15 分子间氢键与分子内氢键

(2) 氢键对化合物性质的影响　氢键的存在，影响到物质的某些性质。

① 分子间氢键的生成使物质的熔、沸点比同系列氢化物的熔、沸点高。例如，HF、H_2O、NH_3 的熔、沸点比其同族氢化物的熔、沸点要高。

② 在极性溶剂中，氢键的生成使溶质的溶解度增大。例如，HF 和 NH_3 在水中的溶解度较大。

③ 存在分子间氢键的液体，一般黏度较大。例如，磷酸、甘油、浓硫酸等多羟基化合物由于氢键的生成而成为黏稠状液体。

④ 液体分子间若生成氢键，有可能发生缔合现象。分子缔合的结果会影响液体的密度。H_2O 分子间也有缔合现象。降低温度，有利于水分子的缔合。温度降至 0℃ 时，全部水分子结合成巨大的缔合物——冰。

第三节* 重要的生命元素

一、生命元素的组成

根据元素的生物效应，将元素分为生命元素和非生命元素。参与生命活动的元素称为生命元素（又称必需元素），目前在生命体中已检出 28 种元素；有些元素存在与否与生命活动无关，称为非生命元素（又称非必需元素）；有些元素会污染环境，损害生命体，称为有害元素。若根据在生物体中含量的多少，生命元素又分为常量元素和微量元素，其中占生物体质量 0.01% 以上的称为常量元素或宏量元素，含量低于 0.01% 的元素称为微量或痕量元素。

人体必需的常量元素有 11 种，分别是碳、氢、氧、氮、钙、磷、钠、镁、钾、硫、氯，共占人体总质量的 99.95%，人体必需的微量元素有 14 种，它们是铁、钴、镍、铜、锌、硅、钒、铬、锰、氟、硒、锡、碘、溴。

二、生命元素在周期表中的分布及其生物效应

生命元素主要分布在周期表的第二、第三、第四、第五周期，其中宏量元素主要分布在第二、第三周期，微量元素主要集中在第四周期，有害元素主要集中在第五、第六周期的ⅢA～ⅤA族。

1. s 区元素

s 区元素包括ⅠA族和ⅡA族。通常将ⅠA族（除 H 外）和ⅡA族分别称为碱金属和碱土金属，价电子构型为 ns^1、ns^2，其中的氢、钠、钾、钙、镁是重要的生命元素。

氢可以与氧结合生成水，成为人和动、植物所必需的常量元素。同时，氢也是构成生命体中一切有机物不可缺少的重要元素，许多与生命活动息息相关的生物大分子，如蛋白质、核酸、脂肪、多糖、维生素等的合成，都离不开氢的参与。

K^+ 和 Na^+ 的主要生物效应是维持体液的酸碱平衡、解离平衡、渗透平衡，保持一定的渗透压。同时它们还承担着传递神经信息的功能，参与神经传导、心肌节律兴奋。

钙是成骨元素，99%分布在骨骼、牙齿中，是骨骼中羟基磷石灰的组成部分，Ca^{2+}既是神经递质，又参与代谢，降低毛细血管和细胞膜的通透性，维持心脏的收缩、神经肌肉兴奋性，并参与凝血过程。缺钙会引发人和动物产生多种疾病，如骨质疏松、佝偻病等，但人体内钙含量过高，也易产生结石等疾病。

镁是一种细胞内部结构的稳定剂和细胞内酶的辅因子，是许多酶的激活剂。镁主要参与蛋白质的合成，稳定核糖体和核酸结构。叶绿素分子中Mg^{2+}扮演着结构中心和活性中心的作用，在糖的代谢中发挥重要作用。

2. p区元素

p区元素包括ⅢA～ⅦA族及ⅧA族元素，目前共31种元素，其中有10种金属元素。p区元素价电子构型为$ns^2np^{1\sim 6}$，其中碳、氮、氧、氟、氯、碘、硒是重要的生命元素。

碳是最重要的生命元素之一，无论是植物还是动物的各种组织器官，都是由碳和其他元素构成的，自然界中的CO_2被植物吸收后，通过叶绿素的光合作用，最终形成碳水化合物等有机物，并放出氧气，维持了自然界中的碳和氧的相对平衡。可以说，生命就是在碳元素的基础上形成和发展的。

氮是动植物体内最重要的元素之一，是组成蛋白质的主要元素，动物通过食用植物或动物蛋白质而获得氮元素，植物主要通过生物固氮或施用氮肥而补充氮元素。若缺少氮元素，蛋白质的合成量减少，作物生长缓慢、植株矮小；若氮肥过多，可使细胞增大、细胞壁变薄、水分增多、含钙减少，植物变得叶大色浓、容易倒伏，进而减少收成，所以要合理施肥。

氧是地球上最丰富的元素之一，含氧化合物广泛分布于生物体的各个器官和体液中，生物依靠氧来实现呼吸作用，植物在光合作用中合成碳水化合物并放出氧气，形成了氧在生物界的循环。

氟具有很强的配位能力，能和许多金属元素配位，影响多种酶的活性，氟是植物的有毒元素。另外，氟是人和动物必需的微量元素，体内氟过量时，会影响钙、磷的正常代谢，抑制多种酶的活性，引起其他疾病。

氯是生命必需的宏量元素，过量食用食盐也会引起高血压，故食用的盐应适量。

碘是生命中最重要的微量元素之一，尤其对人和动物来讲是必需的微量元素。极微量的碘对高等植物的发育有促进作用，在植物体内，一般不会有缺碘现象。若人体缺碘，会引起"大脖子病"。

成人体内硒含量为14～21mg，主要存在于肝、胰、肾中，主要以含硒蛋白质的形式存在。硒的主要生物效应是作为谷胱甘肽过氧化物酶的必需组成成分，此酶能清除体内的自由基，防止脂质过氧化作用，同时还能加强维生素E的抗氧化作用，因而可保护细胞膜不受过氧化物损伤，维持生物膜正常结构和功能。硒在体内能拮抗和减低汞、铜、铊、砷等元素的毒性，减轻维生素D中毒病变和黄曲霉毒素的急性损伤。硒还能刺激抗体的产生，使中性白细胞杀菌能力增强，增加机体的免疫功能。除此之外，硒还在视觉和神经传导中起重要作用。硒缺乏与多种疾病的发生有关，如克山病、心肌炎、扩张型心肌病、大骨节病及碘缺乏病等。硒还具有抗癌作用，是肝癌、乳腺癌、皮肤癌、结肠癌及肺癌等的抑制剂。硒过多也会对人体产生毒性作用。

3. d区和ds区元素

d区和ds区元素包括了ⅢB～ⅦB、Ⅷ及ⅠB～ⅡB的元素，位于周期表的中部，处于主族金属元素和主族非金属元素之间，称为过渡元素，均为金属元素。

铜的化合物有毒，但是铜是微量的必需元素。铜存在于体内23种蛋白酶中，参与体内氧化还原过程。在叶绿体中有含铜蛋白质，在光合作用中具有传递电子的作用。铜还是构成体内许多细胞色素的主要成分。铜是植物体内许多氧化酶（如多酚氧化酶、抗坏血酸氧化酶等）的组成元素。

在人和动物体内，铜与蛋白质结合成为血细胞铜蛋白，从而调节铁的代谢，参与造血活动。另外，铜还参与一些酶的合成和黑色素的合成。缺铜可以导致脑组织萎缩、灰质和白质退行性变、精神发育停滞；过量的铜会引起运动失调和精神变化。

锌是植物体内许多酶如谷氨酸酶、苹果酸酶等的必要元素。如含锌碳酸酐酶与光合作用有关，植物体内生长素的合成，也必须有锌的参与。植物体内缺锌常表现为生长停滞，可以通过喷施锌盐稀溶液来促进植物生长。人体锌含量为 1.4~2.3g，约为铁含量的一半，是含量仅次于铁的微量元素。人体内各个器官都含有锌，主要集中于肝脏、肌肉、骨骼、皮肤和头发中。血液中的锌大多数分布在红细胞中，主要以酶的形式存在。在人体中，锌对人体蛋白质的合成、物质代谢和能量代谢、各种酶的活性、生长发育、智力发展和免疫功能等方面都具有重要的作用。

钒主要存在于植物、动物和人的脂肪中，是植物固氮菌所必需的元素，它是固氮酶中蛋白质的构成成分，能补充和加强钼的功能，促进根瘤菌对氮的固定。此外，在植物中，钒还可参与硝酸盐的还原，促使 NO_3^- 转化为氮。过量的钒对人体会产生毒性，它会抑制胆固醇、磷脂及其他脂质的合成，影响胱氨酸、半胱氨酸和蛋氨酸的形成，干扰铁在血红蛋白合成中的作用。

铬是植物、动物和人所必需的微量元素。铬在动物体内的作用是调节血糖代谢，并和核酸脂类、胆固醇的合成以及氨基酸的利用有关。人体内的铬主要来源于食物中的有机铬。因精制的白糖和面粉中铬的含量远远比不上原糖和粗制面粉，因此提倡多吃原糖和粗粮。铬（Ⅵ）对人和动物有剧毒，它有强氧化性，能影响体内的氧化、还原、水解等过程，可使蛋白质变性，核酸沉淀。铬酸盐还会与血液中的氧反应，使血红蛋白变成高铁血红蛋白，从而破坏红细胞携带氧的功能，导致细胞内窒息。

锰是许多氧化酶的组成部分，对动物的生长、发育、繁殖和内分泌有影响，能参与蛋白质合成和遗传信息的传递。锰还参与造血过程，改善机体对铜的利用，以及对植物的光合作用和呼吸作用都有影响。调查发现，土壤中含锰量高的地区，癌症的发病率较低。

铁是一切生命体（植物、动物和人）不可缺少的必需元素。在植物中，铁主要作为酶的组成元素，在氧化还原、叶绿素的合成中起着重要作用。成人体内铁含量为 3~5g，其中60%~70%分布于血红蛋白，5%分布于肌红蛋白，细胞色素及含铁酶中约占1%，其余25%~30%以铁蛋白和含铁血黄素的形式储存于肝、脾、骨髓等组织中。吸收铁的主要部位在十二指肠及空肠上段，柠檬酸、氨基酸、果糖等可与铁结合成可溶性复合物，有利于铁的吸收。铁的生理功能主要有：合成血红蛋白；合成肌红蛋白；构成人体必需的酶，如细胞色素酶类、过氧化物酶等。此外，铁能激活琥珀酸脱氢酶、黄嘌呤氧化酶等酶的活性，参与体内能量代谢，并与免疫功能有关。机体缺铁会导致红细胞生成障碍，造成缺铁性贫血。

稀土元素在生物体中含量甚微，主要有抗凝血作用；还具有抗炎、杀菌、抑菌、降血糖、抗癌、抗动脉粥样硬化等作用。稀土元素还可以促进植物的生长发育，可作微肥使用。

三、有害元素

有害元素是指存在于生物体内，会阻碍机体正常代谢过程和影响生理功能的微量元素，如铅、汞、砷、镉等。这些有害元素进入细胞，干扰酶的功能，破坏正常的系统，影响代谢，从而产生毒害。有害元素通常是在周期表的右下角。

1. 铅

铅是重金属污染物中毒性较大的一种，主要来源于铅蓄电池、汽油防震剂、铅冶炼厂汽车尾气、含铅自来水管等。铅污染的主要来源是食物，因此铅中毒最常见的途径是通过肠胃道的吸收，而不是呼吸道的吸收。铅中毒会损害神经系统、造血系统、消化系统，其症状是机体免疫力降低、易疲倦、神经过敏、贫血等，铅中毒还会导致智力下降，特别是孩子铅中毒会严重影响智商，孩子长大以后的智商可能会低20%左右。人体含铅量的95%以磷酸铅形式积存在骨骼中，可用枸橼酸钠针剂治疗，溶解磷酸铅，生成枸橼酸铅配离子，从肾脏排出。

2. 镉

镉是人体非必需元素，自然界中常以化合物状态存在，一般含量很低，正常环境状态下，不会影响人体健康。镉污染环境后，通过食物链进入人体，在体内富集，引起慢性中毒。镉的来源有电镀废液、颜料、碱蓄电池、冶金工业等。镉与锌竞争，破坏锌酶的正常功能，损伤肾小管，病者出现糖尿、蛋白尿和氨基酸尿。镉还能取代骨骼中的钙，使骨软化，造成骨质疏松、萎缩、变形等一系列症状，引起骨痛病。

3. 汞

汞的存在形式分为无机汞（如可溶性无机汞盐 $HgCl_2$）和有机汞（如甲基汞、乙基汞），其中有机汞的毒害更大。汞主要引起肠胃腐蚀、肾功能衰竭，并能致死；Hg^{2+} 可与细胞膜作用，改变通透性；汞与蛋白质中半胱氨酸残基的巯基结合，改变蛋白质构象或抑制酶活性，改变酶催化活性等。

4. 砷

砷的毒性作用主要是与细胞中酶系统的巯基结合，使细胞代谢失调。如果24h内尿液中的砷浓度大于 $100\mu g \cdot L^{-1}$，就会使中枢神经系统发生紊乱，并有致癌的可能。我国饮用水标准中规定砷的最高允许浓度为 $0.05 mg \cdot L^{-1}$。

知识阅读

绿色化学简介

随着工业的高速发展、资源的消耗、人口的增加，人类面临着严峻的资源、能源和环境危机的挑战，一个国家能否发展成为世界强国，不仅取决于目前是否具有较高的发展速度，更大程度上还取决于能否持续稳定发展，这就对化学与化工提出了更高的要求。

1996年联合国环境规划署对绿色化学定义为：用化学技术和方法以减少或消灭那些对人类健康或环境有害的原料、产物、副产物、溶剂和试剂的生产和应用的科学。其中心思想是从源头上杜绝有害物质的产生，从根本上消除化学生产过程对环境的污染，将现有的化工生产技术路线从"先污染、后治理"改变为"从源头上根除污染"。

绿色化学又称环境无害化学，是利用化学来防止污染的一门科学。其研究目的是：利用一系列的原理与方法来降低或除去化学产品设计、制造与应用中有害物质的使用与产生，使化学产品或过程的设计更加环保化。绿色化学包括所有可以降低对人类健康产生负面影响的化学方法和技术，在此基础上产生的无害化工过程，称为绿色化工。

为此，提出了绿色化学的十二项原则是：

(1) 不让废物产生而不是让其生成后再处理；

(2) 最有效地设计化学反应和过程，最大限度地提高原料的经济性；

(3) 尽可能不使用、不产生对人类健康和环境有毒有害的物质；

(4) 尽可能有效地设计功效显著而又无毒无害的化学品；

(5) 尽可能不使用辅助物质，如需使用也应是无毒无害的；
(6) 在考虑环境和经济效益的同时，尽可能降低能耗；
(7) 技术和经济上可行时，以再生资源为原料；
(8) 尽量减少派生物；
(9) 尽可能使用性能优异的催化剂；
(10) 应设计功能终结后可降解为无害物质的化学品；
(11) 应发展实时分析方法，监控和避免有毒有害物质的生成；
(12) 尽可能选用安全的化学物质，最大程度减少化学事故的发生。

上述十二项绿色化学的原则，反映了近年来在绿色化学领域中所开展的多方面的研究工作内容，也指明了未来发展绿色化学的方向，逐渐为国际化学界所接受。

目前绿色化学的研究重点是：设计或重新设计对人类健康和环境更安全的化合物，这是绿色化学的关键部分；探求新的、更安全的、对环境更友好的化学合成路线和生产工艺，可从研究、变换基本原料和起始化合物以及引入新试剂入手；改善化学反应条件、降低对人类健康和环境的危害，减少废弃物的生产和排放。绿色化学着重于"更安全"这个理念，不仅针对人类的健康，还包括整个生命周期中对生态环境、动物、水生生物和植物的影响，而且除了直接影响之外，还要考虑间接影响，如转化产物或代谢物的毒性等。

绿色化学的根本目的是从节约资源和防止污染的观点来改革传统化学，从源头上消除对环境的污染，对环境的治理从"治标"转向"治本"，从治理污染转变为开发清洁化工工艺、生产环境友好产品，进一步实现可持续发展。

习　题

一、选择题

1. 下列叙述正确的是（　　）。
   A. 两种微粒，若核外电子排布完全相同，则其化学性质完全相同
   B. 凡是单原子形成的离子，一定具有稀有气体元素原子的核外电子排布
   C. 两种原子如果核外电子排布相同，则一定属于同种元素
   D. 不存在两种质子数和电子数均相同的阳离子和阴离子

2. 在下列元素中，正氧化数最大的是（　　）。
   A. Na　　　　　　B. P　　　　　　C. Cl　　　　　　D. Ar

3. 下列各组微粒含有相同的质子数和电子总数的是（　　）。
   A. CH_4、NH_3、Na^+　　　　　　B. OH^-、F^-、NH_3
   C. H_3O^+、NH_4^+、Na^+　　　　D. O^{2-}、OH^-、NH_2^-

4. 下列用量子数描述的、可以容纳电子数最多的电子亚层是（　　）。
   A. $n=2$、$l=1$　　B. $n=3$、$l=2$　　C. $n=4$、$l=3$　　D. $n=5$、$l=0$

5. 不存在的能级是（　　）。
   A. 3s　　　　　　B. 2p　　　　　　C. 3f　　　　　　D. 4d

6. 下列说法正确的是（　　）。
   A. 原子核外的各个电子层最多容纳的电子数为 $2n^2$ 个
   B. 原子核外的每个电子层所容纳的电子数都是 $2n^2$ 个
   C. 原子的最外层有 1～2 个电子的元素都是金属元素
   D. 用电子云描述核外电子运动时，小黑点的疏密表示核外电子的多少

7. 某元素的原子 3d 能级上有 5 个电子，其 N 层的电子数是（　　）。
   A. 0　　　　　　B. 1　　　　　　C. 2　　　　　　D. 5

8. 下列各组量子数取值合理的是（　　）。

A. $n=2$, $l=1$, $m=0$, $m_s=0$　　　　　　　B. $n=7$, $l=1$, $m=0$, $m_s=+1/2$
C. $n=3$, $l=3$, $m=2$, $m_s=-1/2$　　　　　D. $n=3$, $l=2$, $m=3$, $m_s=+1/2$

9. 有关 p 区元素，下列说法不正确的是（　　）。
A. 氢除外的所有非金属元素都在 p 区　　　　B. p 区元素的原子最外层电子都是 p 电子
C. p 区所有元素并非都是非金属元素　　　　D. p 区元素的最高氧化值并非都与族数相等

二、填空题

1. 在元素周期表中，共有＿＿＿＿个周期，其中短周期＿＿＿＿个；共有＿＿＿＿列，分为＿＿＿＿个族，＿＿＿＿个主族，＿＿＿＿个副族，1 个＿＿＿＿族和 1 个＿＿＿＿族，其中第＿＿＿＿族包括三列。

2. A、B、C、D、E 代表 5 种元素，请填空。
(1) A 元素基态原子的最外层有 3 个未成对电子，次外层有 2 个电子，其元素符号为＿＿＿＿。
(2) B 元素的负一价离子和 C 元素的正一价离子的电子层结构与氩相同，B 的元素符号为＿＿＿＿，C 的元素符号为＿＿＿＿。
(3) D 元素的正三价离子的 3d 亚层为半充满，D 的元素符号为＿＿＿＿，其基态原子的电子排布式为＿＿＿＿。
(4) E 元素基态原子的 M 层全充满，N 层没有成对电子，只有一个未成对电子，E 的元素符号为＿＿＿＿，其基态原子的电子排布式为＿＿＿＿。

3. 同一周期的主族元素，从左到右，金属性逐渐＿＿＿＿；同一主族元素从上到下，金属性逐渐＿＿＿＿；金属性最强的非放射性元素是＿＿＿＿，非金属性最强的元素是＿＿＿＿。

4. $n=3$, $l=2$ 的原子轨道属于＿＿＿＿能级，它们在空间有＿＿＿＿个不同的伸展方向，该轨道在半充满时应有＿＿＿＿个电子，若用四个量子数表示其中一个电子运动状态，可表示为＿＿＿＿。

5. Na、Mg、Al 元素中，第一电离能最大的是＿＿＿＿，电负性最大的是＿＿＿＿。

三、问答题

1. 波函数 ψ 与原子轨道有何关系？$|ψ|^2$ 与电子云有何关系？
2. s、2s、$2s^1$ 各代表什么意义？
3. 为什么元素周期表中各周期的元素数目并不一定等于原子中相应电子层电子最大容纳数 $2n^2$？
4. 下列说法哪些是不正确的？
(1) 键能越大，键越牢固，分子也越稳定。
(2) 共价键的键长等于成键原子共价半径之和。
(3) sp^2 杂化轨道是由某个原子的 1s 轨道和 2s 轨道混合形成的。
(4) 在 CCl_4、$CHCl_3$ 和 CH_2Cl_2 分子中，碳原子都采取 sp^3 杂化，因此这些分子都是正四面体。
(5) 原子在基态时没有未成对电子，就一定不能形成共价键。

5. 试指出下列分子中哪些含有极性键。
Br_2　　CO_2　　H_2O　　H_2S　　CH_4

6. CH_4，H_2O，NH_3 分子中键角最大的是哪个分子？键角最小的是哪个分子？为什么？

7. 写出下列各轨道的名称。
(1) $n=2$　$l=0$　　(2) $n=3$　$l=2$　　(3) $n=4$　$l=1$　　(4) $n=5$　$l=3$

8. 下列各组量子数中，恰当填入尚缺的量子数。
(1) $n=?$　$l=2$　$m=0$　$m_s=+1/2$　　(2) $n=2$　$l=?$　$m=-1$　$m_s=-1/2$
(3) $n=4$　$l=2$　$m=0$　$m_s=?$　　　　(4) $n=2$　$l=0$　$m=?$　$m_s=+1/2$

9. 在 Fe 原子核外的 3d、4s 轨道内，下列电子分布哪个正确？哪个错误？为什么？
(1) ⊛　　　　　　　　　　　　　　　　　(2) ⊛
(3) ⊛　　　　　　　　　　　　　　　　　(4) ⊛
(5) ⊛

10. 下列轨道中哪些是等价轨道？

2s　3s　3p$_x$　4p$_x$　2p$_x$　2p$_y$　2p$_z$

11. 量子数 $n=4$ 的电子层有几个亚层？各亚层有几个轨道？第四电子层最多能容纳多少个电子？

12. 以（1）为例，完成下列（2）~（6）题中所空缺的内容。

(1) Na($z=11$) 　　1s^{2}2s^{2}2p^{6}3s^1 　　(2) _____ 　　1s^{2}2s^{2}2p^{6}3s^{2}3p^3

(3) Sc($z=21$) 　　_____ 　　(4) ____ $z=24$ 　　[ ]3d^{5}4s^1

(5) _____ 　　[Ar]3d^{10}4s^1 　　(6) Pb($z=82$) 　　[Xe]4f^{14}5d^{10}6s^{2}6p^2

13. 写出下列各组中第一电离能最大的元素。

(1) Na, Mg, Al 　　(2) Na, K, Rb 　　(3) Si, P, S 　　(4) Li, Be, B

14. 下列元素中哪组电负性依次减小。

(1) K, Na, Li 　　(2) O, Cl, H 　　(3) As, P, H 　　(4) Zn, Cr, Ni

15. 写出下列各物质的分子结构式并指明 σ 键和 π 键。

HClO　　BBr$_3$　　C$_2$H$_2$

16. 根据杂化轨道理论，预测分子的空间结构，并推断分子的极性。

HgCl$_2$　　BF$_3$　　CHCl$_3$　　PH$_3$　　H$_2$S

17. 用分子间力说明以下事实。

(1) 常温下 F$_2$，Cl$_2$ 是气体，Br$_2$ 是液体，I$_2$ 是固体。

(2) HCl，HBr，HI 的熔点、沸点随分子量的增大而升高。

18. 指明下列各组分之间存在哪种类型的分子间作用力（取向力、诱导力、色散力、氢键）。

(1) 苯和四氯化碳 　　(2) 甲醇和水 　　(3) 氢和水

19. 判断下列化合物中有无氢键存在，如果有氢键是分子间氢键还是分子内氢键。

(1) C$_6$H$_6$ 　　(2) C$_2$H$_6$ 　　(3) NH$_3$ 　　(4) HNO$_3$

第十章 现代仪器分析法

■【知识目标】
1. 了解吸光光度法、原子吸收分光光度法、分子荧光法和色谱法的基本原理。
2. 了解分光光度计、原子吸收分光光度计的基本结构、定量分析的基本原理。
3. 了解吸光光度法、原子吸收分光光度法、分子荧光法和色谱法的应用。

■【能力目标】
1. 会使用仪器分析方法解决实际问题。
2. 能够正确使用和维护分光光度计、原子吸收分光光度计、气相、液相色谱仪。

第一节 吸光光度法

吸光光度法是基于物质对光的选择性吸收而建立起来的分析方法。在测定过程中需要经过从复合光中分离出单色光进行测定，因此，这种方法也称为分光光度法。根据所用光源的波长区域不同，又分为可见光分光光度法（光源波长为 400~760nm）、紫外光分光光度法（光源波长为 200~400nm）和红外光分光光度法（光源波长为 0.76~1000μm）。可见光分光光度法和紫外光分光光度法主要用于定量分析，红外光分光光度法主要用于物质的结构分析。该法具有灵敏度高（被测组分的物质的量浓度下限一般可达 $10^{-5} \sim 10^{-6} \text{mol} \cdot \text{L}^{-1}$）、准确度高（相对误差一般为 2%~5%）、操作简便、测定快速和应用广泛等特点。本节重点学习可见分光光度法和紫外分光光度法定量分析的基本原理和方法。

一、光的性质

1. 光的基本性质

（1）光的波长与能量的关系 光是一种电磁辐射或叫电磁波，具有波粒二象性，即波动性和粒子性。光的波动性表现在光能产生干涉、衍射、折射和偏振等现象，可由波长 $\lambda(\text{cm})$、频率 $\nu(\text{Hz})$ 和光速 $c(\text{cm} \cdot \text{s}^{-1}$，在真空中约为 $3 \times 10^{10} \text{cm} \cdot \text{s}^{-1}$）来定量描述，其关系式为：

$$\lambda\nu = c \tag{10-1}$$

光可以看作是具有一定能量的粒子流，这种粒子称为光量子或光子。光子的能量与波长的关系为：

$$E = h\nu = h\frac{c}{\lambda} \tag{10-2}$$

式中，E 为光子的能量，J；h 为普朗克常数 $h=6.625\times 10^{-34}$ J·s。由此可知，不同波长的光其能量不同，短波能量大，长波能量小。

（2）可见光与单色光　在电磁波谱中，波长范围在 400～760nm 的电磁波能被人看到，所以这一波长范围的光称为可见光。可见光具有不同的颜色，每种颜色的光具有一定的波长范围，如表 10-1 所示。

表 10-1　不同波长光的颜色

波长/nm	颜色
620～760	红色
590～620	橙色
560～590	黄色
500～560	绿色
480～500	青色
430～480	蓝色
400～430	紫色

实验证明，白光（如日光、白炽灯光等）是一种复合光，它是由各种不同颜色的光按一定的强度比例混合而成的。白光经过色散作用可分解为红、橙、黄、绿、青、蓝、紫七种颜色的光。这七种颜色的光均为单色光。每种单色光只含有一种颜色，都具有一定的波长范围。

不仅七种单色光可以混合为白光，两种适当颜色的单色光按照一定的强度比例混合也可成为白光，这两种单色光称为互补色光。图 10-1 是光的互补示意图，图中处于对角关系的两种单色光为互补色光，如黄光与蓝光互补，绿光与紫光互补。

图 10-1　光的互补色示意图

2. 物质的颜色

物质颜色的产生与光有着密切的关系。当白光照射到物质上时，由于物质对不同波长的光吸收、透过、反射、折射的程度不同，因而使其呈现出不同颜色。对于溶液来说，由于溶液中的质点（分子或离子）选择性吸收某种色光而使溶液呈现特定的颜色。如白光透过溶液时，如果各种色光的透过程度相同，则这种溶液就是无色透明的；如果溶液将某一部分波长的光吸收，其他波长的光透过，则溶液呈现透过光的颜色，即溶液呈现的颜色是它吸收光的互补色。如硫酸铜溶液因吸收了白光中的黄色光而呈现蓝色；高锰酸钾溶液因吸收了白光中的绿色光而呈现紫色等。物质吸收光的波长与呈现的颜色关系见表 10-2。由于不同物质本身的电子结构不同（不同轨道的电子能量不同），对不同能量的色光的选择性吸收也就不同，

表 10-2　物质的颜色和对光的选择性吸收

物质的颜色	吸收光	
	颜色	波长/nm
黄绿	紫	400～450
黄	蓝	450～480
橙	青蓝	480～490
红	青	490～500
紫红	绿	500～560
紫	黄绿	560～580
蓝	黄	580～600
青蓝	橙	600～650
青	红	650～750

二、光吸收定律

1. 朗伯-比尔定律 (Lambert-Beer)

当一束平行的单色光通过某一有色溶液时，由于有色质点（分子或离子）对光能的吸收，导致光的强度减弱。研究表明，溶液对光的吸收程度与该溶液的浓度、液层的厚度及入射光的强度等有关。如果保持入射光的强度不变，则溶液对光的吸收程度与溶液的浓度和液层的厚度有关。朗伯（Lambert）和比尔（Beer）分别于1760年和1852年研究了光的吸收程度与有色溶液液层厚度及溶液浓度的定量关系，其结论为：一束平行的单色光通过某一有色稀溶液时，溶液对光的吸收程度与溶液液层厚度及溶液浓度成正比，这一结论称为光吸收定律，或称为朗伯-比尔定律。它是光度分析的理论基础。

如图 10-2 所示，当一束强度为 I_0 的平行单色光通过液层厚度为 b 的有色溶液时，由于溶液中吸光质点对光的吸收作用，使透过溶液后的光强度减弱为 I，设有色金属离子溶液浓度为 c，用 A 表示溶液对光的吸收程度，称为吸光度，T 表示透光率，$T = I/I_0$，A 和 T 之间的关系为：

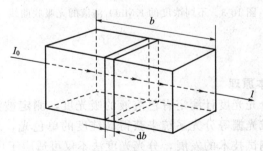

图 10-2　光通过溶液示意图

$$A = \lg \frac{I_0}{I} = \lg \frac{1}{T} = -\lg T \tag{10-3}$$

朗伯-比尔定律的数学表达式为：

$$A = kbc \tag{10-4}$$

式中，k 称为吸光系数。k 物理意义是：当浓度 c 为 $1g·L^{-1}$，液层厚度 b 为 $1cm$ 时，在一定波长下测得的有色溶液的吸光度。吸光系数 k 与入射光的波长、物质的性质和溶液的温度等因素有关。

朗伯-比尔定律表明：当一束单色光通过有色溶液后，溶液的吸光度与有色溶液浓度及液层厚度成正比，而与入射光的强度无关。

2. 光吸收曲线

物质对光的吸收与光的波长或能量有关。若将不同波长的光依次通过某一有色溶液，测量每一波长下有色溶液对该波长光的吸收程度（吸光度 A），然后以波长为横坐标，吸光度 A 为纵坐标作图，得到一条曲线，即光吸收曲线或吸收光谱曲线。在光吸收曲线上，我们可以直观地看到物质对不同波长光的吸收程度并不相同，即物质对光的吸收具有选择性。

图 10-3 是四种不同浓度的 $KMnO_4$ 溶液的光吸收曲线。从图中我们可以看到：

（1）在可见光范围内，$KMnO_4$ 溶液对波长为 525nm 附近的绿光有最大吸收，此波长称为最大吸收波长，用 λ_{max} 表示。$KMnO_4$ 溶液的 $\lambda_{max}=525nm$。由于 $KMnO_4$ 溶液对紫色和红色光吸收程度很小，因此其溶液呈紫红色。

（2）光吸收曲线具有特征性。不同的物质光吸收曲线形状不同，λ_{max} 不同。同一物质无论其浓度大小，光吸收曲线形状相似，λ_{max} 不变。由此可根据光吸收曲线进行定性分析。

（3）同一物质的溶液在某波长处的吸光度 A 随着浓度的改变而变化。这个特征可作为定量分析的依据。

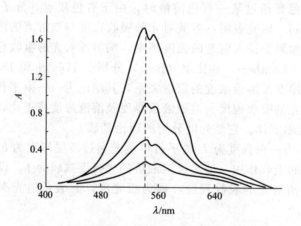

图 10-3　不同浓度的 $KMnO_4$ 溶液的光吸收曲线

三、分光光度法

1. 分光光度法的基本原理

分光光度法是利用分光光度计测定有色溶液的吸光度，测定被测组分含量的分析方法。分光光度计是利用棱镜或光栅等分光系统来获得高纯度的单色光，从而提高分析的准确度、灵敏度和选择性。随着测试技术的发展，分光光度法不仅可适应于可见光区，还可扩展到紫外和红外光区。物质对光的选择性吸收是分光光度法的理论基础，朗伯-比尔定律是定量分析的依据。

分光光度法是借助于分光光度计来测定一系列标准溶液的吸光度，然后根据被测试液的吸光度，计算出被测组分浓度的方法。

（1）工作曲线法　工作曲线法又称标准曲线法。测定时，首先按测定要求配制一系列浓度由低到高的标准有色溶液,然后使用相同厚度的吸收池(盛放溶液的容器),在一定波长下分别测其吸光度。以标准溶液的浓度为横坐标,相应的吸光度为纵坐标,通过几个点画一条直线,使尽量多的点在直线上,不在直线上的点对称地分布在直线两侧,所得曲线称为标准曲线或工作曲线。如图 10-4 所示。

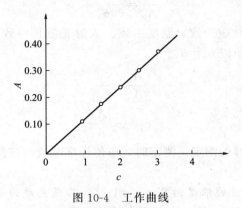

图 10-4 工作曲线

然后用同样的方法,在相同的条件下测定试液的吸光度,从工作曲线上查得被测组分的浓度或含量。该方法适用于大批试样的分析。

例 10-1 根据下列数据绘制硫氰酸铵分光光度法测定微量铁的工作曲线:

标样浓度/mg·L^{-1}	0.05	0.10	0.15	0.20	0.25	0.30
A	0.007	0.015	0.022	0.029	0.037	0.046

称取 1.000g 某试样将其溶解后稀释至 100.0mL,若试液与标准溶液在相同条件下显色后,测得 $A=0.041$,求试样中铁的质量分数。

解:根据表中数据绘制工作曲线,如图 10-5 所示。由试液的吸光度 $A=0.041$ 在工作曲线上查得 $c_{试}=0.28\text{mg}\cdot\text{L}^{-1}$。

所以
$$w(\text{Fe}) = \frac{0.28 \times \dfrac{100.0}{1000}}{1.000 \times 1000} \times 100\% = 0.0028\%$$

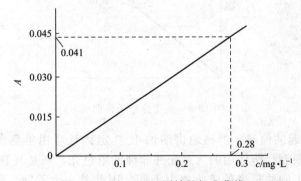

图 10-5 NH$_4$SCN 测铁的标准曲线

目前,常采用 excel 或 origen 等计算软件对数据进行拟合得到一个线性回归方程,再根据被测试样的吸光度 A 计算被测组分的含量。

(2) 比较法 比较法又称为计算法。该方法只需一个标准溶液,在相同条件下使标准溶液和被测试液显色，然后在相同条件下分别测其吸光度。设标准溶液和被测试液的浓度分别为 c_s 和 c_x，吸光度分别为 A_s 和 A_x。根据朗伯-比耳定律：

$$A_s = k_s b_s c_s \quad A_x = k_x b_x c_x$$

两式相比得：
$$\frac{A_s}{A_x} = \frac{k_s b_s c_s}{k_x b_x c_x}$$

由于标准溶液与被测试液性质一致、温度一致、入射光波长一致，所以 $k_s = k_x$。另外，测定时使用相同的吸收池，所以 $b_s = b_x$。

因此
$$\frac{A_s}{A_x} = \frac{c_s}{c_x}$$

即
$$c_x = c_s \frac{A_x}{A_s} \tag{10-5}$$

该方法适用于个别试样的测定。测定时，应使标准溶液与被测试液的浓度相近，否则会引起较大的测定误差。

例 10-2 Fe^{3+} 标准溶液的浓度为 $6\mu g \cdot mL^{-1}$，其吸光度为 0.304。有一液体试样，在同一条件下测得的吸光度为 0.510，求试样中铁的含量（$mg \cdot L^{-1}$）。

解 已知 $A_s = 0.304$，$A_x = 0.510$，$c_s = 6\mu g \cdot mL^{-1}$

所以
$$c_x = c_s \frac{A_x}{A_s} = 6 \times \frac{0.510}{0.304} = 10.07 (mg \cdot L^{-1})$$

（3）线性范围　根据朗伯-比耳定律可知，在同样条件下，浓度与吸光度 A 应成直线关系。但在实际测定时发现浓度与吸光度 A 并不完全成直线关系，特别是当被测物质的浓度较高时，工作曲线将发生明显的弯曲，如图 10-6 所示，这种现象就称为偏离朗伯-比耳定律。

偏离朗伯-比耳定律的原因很多，主要有下列两个方面。

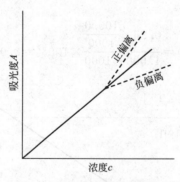

图 10-6　光度分析工作曲线

① 单色光不纯引起的偏离　严格地讲朗伯-比耳定律只适用单色光。但在实际测定中，由于仪器本身条件的限制，所使用的入射光并非纯的单色光，而是具有一定波长范围的近似单色光。由于物质对不同波长光的吸收能力不同，因此其 ε 也不同，即得到的 A 的数值就不同，因此测出的总吸光度与浓度不成正比，数值偏小，产生负误差，导致工作曲线上端向下弯曲。因此，在测定吸光度时，应选择物质的最大吸收波长为入射光，这样不仅可以保证测定有较高的灵敏度，也可使偏离朗伯-比耳定律的程度减轻。

② 溶液本身的原因引起的偏离　朗伯-比耳定律只适用于均匀、非散射性溶液。如果溶

液不均匀，被测物以胶体、乳浊、悬浮状态存在时，测定时入射光除了被吸收之外，还会有因反射、散射作用而造成的损失。因而测出的吸光度数值要比实际数值要大，导致偏离朗伯-比耳定律，产生正误差。

在实际测定时，为了保证测定结果的准确度，常用工作曲线的直线部分进行计算，该直线部分所对应的待测物质的浓度或含量的变化范围称为吸光光度法的线性范围。利用工作曲线法对被测物质进行测定时，被测物质的浓度或含量应在工作曲线的线性范围之内。否则将出现较大的误差。

2. 紫外-可见分光光度计

可见分光光度法和紫外分光光度法的理论基础都是朗伯-比尔定律，测定方法和所使用仪器的原理也相同（光源不同），因此，这两种方法的仪器常合二为一，称为紫外-可见分光光度计。从仪器的基本结构来说，各种形式的紫外-可见分光光度计均由五部分组成，即光源、单色器、吸收池、检测器及信号显示装置，其结构示意图如图10-7所示。

图10-7　紫外-可见分光光度计结构示意图

（1）光源　光源的作用是在仪器操作所需的光谱区域内能发射连续的具有足够强度和稳定的光。通常用12V25W的白炽钨丝灯作为可见光的光源（波长为360～800nm），氘灯作为紫外光的光源（波长为160～375nm）。为了保持光源强度的稳定，以获得准确的测定结果，必须保持电源电压稳定，因此常采用晶体管稳压电源供电。

（2）单色器　单色器的作用是将光源发出的连续光谱分解并从中分出所需要波长的单色光。单色器一般由分光器、狭缝及透镜组成。分光器有棱镜和光栅两种类型。棱镜的作用是利用折射原理将连续光谱分解成单色光。玻璃棱镜用于可见光部分，石英棱镜则在紫外和可见光范围都可使用。光栅根据光的衍射和干涉原理将复合光色散为不同波长的单色光。光栅的色散和分辨能力强，选用波长范围宽。透镜和狭缝系统的作用是控制光的方向、调节光的强度和取出所需要的单色光，狭缝的宽度在一定范围内对单色光的纯度起着调节作用。

（3）吸收池　吸收池又叫比色皿，其作用是在测定时用来盛放被测溶液和参比溶液。吸收池用透明无色、耐腐蚀、化学性质相同、厚度相等的光学玻璃或石英制成，一般为长方体。其底及两侧为毛玻璃，另两面为透光面，两透光面之间的距离即为透光厚度或称为光程。一般的分光光度计都配有多种厚度（0.5cm、1cm、2cm、3cm和5cm）的一套吸收池，供测定时选用。在使用吸收池时应注意保护其透光面，不能直接用手指接触，不得将透光面与硬物或脏物接触，否则将影响透光率。在紫外光谱区进行测定时，必须使用石英吸收池进行测定。

（4）检测器　分光光度计的检测器是用光电转换器件制成的，其作用是将透过吸收池的光转换为电信号。常用的检测器有光电管和光电倍增管。当一束单色光经过吸收池中的有色溶液吸收后，光的强度减弱，透过光照射到光电管上。吸收程度越大，照射到光电管上的光越弱，产生的光电流越小；反之越大。产生的光电流经放大器放大后，用微安表测定。

（5）信号显示装置　信号显示装置用于显示光电流变化的结果，有标尺、数字等显示方法，目前多采用数字显示方法。现代精密的分光光度计都带有电脑，能在电脑上显示操作条件和数据处理方法，能对光谱数据进行处理和结果计算。

四、分光光度法分析条件的选择

1. 仪器测量的误差

光度分析误差主要来源于两个方面，一方面是由于各种化学因素使溶液偏离朗伯-比耳定律，另一方面来源于测量仪器本身。一般认为当透光率为 15%～65%（即 $A=0.2\sim0.8$）时，浓度的测量相对误差都较小。因此在测定时应尽可能使吸光度范围在 0.2～0.8 之间，以得到较准确的结果。当溶液的透光率为 36.8% 或吸光度为 0.434 时，浓度测定的相对误差最小。

2. 测量条件的选择

为了使吸光光度分析有较高的灵敏度和测定结果有较高的准确度，在进行测定时，应注意选择合适的测定条件。测定条件的选择，可从以下几个方面考虑。

（1）入射光波长的选择　为使测定有较高的灵敏度，应选择合适波长的光作为入射光。根据最大吸收原则，所选入射光的波长应等于有色物质的最大吸收波长 $\lambda_{\max}$。这样不仅测定的灵敏度高，即吸光度最大，而且测定的准确度也高，因这时偏离朗伯-比耳定律的程度小。

（2）控制适当的吸光度范围　要使浓度测定的相对误差较小，测定时应控制溶液的吸光度在 0.2～0.8 范围内。由朗伯-比耳定律可知，控制溶液的吸光度有以下两种方法：

① 控制溶液浓度 c　通过控制试样的用量或进行萃取、富集、稀释等手段，来控制被测溶液的浓度，以达到控制吸光度的目的。如所测 $A>0.8$，这时可将试液稀释一定倍数后再测定；如所测 $A<0.2$，这时可扩大试样称取量或将试液浓缩后再测定。

② 控制溶液层厚度 b　通过改变吸收池的厚度，即选择不同厚度的吸收池，来控制液层厚度，以达到控制吸光度的目的。如所测 $A>0.8$，这时可选光程较短的吸收池；如果所测 $A<0.2$，这时可选择光程较长的吸收池。

（3）选择合适的参比溶液　在测定吸光度时常用到参比溶液，其作用是调节仪器的零点，消除由于溶剂、干扰组分、显色剂、吸收池器壁及其他试剂等对入射光的反射和吸收带来的误差。在测定吸光度时，应根据不同的情况选择不同的参比溶液。如果被测试液、显色剂及所用的其他试剂均无颜色，可选用蒸馏水做参比溶液；如果显色剂有颜色而被测试液和其他试剂无色时，可用不加被测试液的显色剂溶液作参比溶液。总之，所使用的参比溶液能尽量使测得试液的吸光度真正反映待测物质的浓度。

五、吸光光度法的应用

吸光光度分析法广泛应用于测定微量组分，也能应用于常量组分的测定。下面简要地介绍有关方面的应用。

1. 磷的测定

微量磷的测定通常用磷钼蓝法。在酸性溶液中，磷酸盐与钼酸铵作用生成黄色的磷钼酸。其反应为：

$$PO_4^{3-} + 12MoO_4^{2-} + 27H^+ \longrightarrow H_7[P(Mo_2O_7)_6] + 10H_2O$$

由于黄色的磷钼酸颜色浅，测定的灵敏度低，因此在一定条件下，加入氯化亚锡或抗坏血酸还原剂将其还原为磷钼蓝，然后在 690nm 处测其吸光度，通过标准曲线法或比较法计算出磷的含量。

2. 铁的测定

邻二氮菲（又称邻菲罗啉）法是分光光度法测定微量铁常用的方法。在 pH=2～9 的溶液中，邻二氮菲与 Fe^{2+} 生成稳定的橙红色配合物，其反应为：

$$Fe^{2+} + 3 \text{（邻二氮菲）} \longrightarrow [\text{Fe(邻二氮菲)}_3]^{2+}$$

该橙红色配合物的最大吸收波长 λ_{max} 为 508nm，摩尔吸光系数 ε 为 1.1×10^4，反应的灵敏度高，稳定性好。如果铁以 Fe^{3+} 形式存在，则测定时应预先加入还原剂盐酸羟胺将 Fe^{3+} 还原为 Fe^{2+}：

$$4Fe^{3+} + 2NH_2OH = 4Fe^{2+} + N_2O + 4H^+ + H_2O$$

然后以工作曲线法测定铁的含量。

第二节 原子吸收分光光度法

原子吸收分光光度法（AAS），即原子吸收光谱法，是基于待测元素基态的原子蒸气对同种元素发射的特征辐射线的吸收强度来定量分析被测元素含量为基础的一种仪器分析方法。原子吸收光谱法具有灵敏度高、准确度好、选择性高等优点。

一、原子吸收分光光度法的基本原理

1. 原子吸收光谱的产生

原子吸收分光光度法是利用原子对固有波长光的吸收进行测定的。根据原子本身具有能量的高低，可将原子所处的状态分成具有低能量的基态和具有高能量的激发态。当光辐射通过处于基态的原子蒸气时，原子蒸气对特征辐射进行选择性吸收，其外层电子由基态跃迁到激发态，并伴随有能量的吸收，使光辐射的强度减弱。通过实验得到吸光度对波长或频率的函数图，即为原子吸收光谱图。

2. 原子吸收光谱法的定量依据

当强度为 I_0 的能被待测元素吸收的光通过吸收厚度为 L 的基态原子蒸气时，辐射光的强度会因基态原子蒸气的吸收而减弱，其透过光的强度 I 服从朗伯-比尔定律，即：

$$A = \lg\frac{I_0}{I} = 0.434K_\nu cL \tag{10-6}$$

式中，A 为吸光度；K_ν 为频率吸光系数；c 为基态原子的浓度；L 为吸收层厚度。

当吸收层厚度固定时，则：

$$A = Kc \tag{10-7}$$

即在一定条件下，基态原子蒸气的吸光度与该元素在试样中的浓度呈线性关系，式中 K 为与实验有关的常数。上式即为原子吸收光谱分析的定量依据。吸光度的测量见图 10-8。

二、原子吸收分光光度计

原子吸收分光光度计与普通的可见分光光度计的结构基本相同，只是用空心阴极灯锐线光源代替了连续光源，用原子化器代替了吸收池。原子吸收分光光度计即原子吸收光谱仪，包括四大部分：光源、原子化器、单色器、检测系统，如图 10-9 所示。测定试样中某种元素含量时，试样在原子化器中被蒸发、解离为气态基态原子，从锐线光源发射出的与待测元素吸收波长相同的特征辐射谱线通过该元素的气态基态原子区时，元素的特征辐射谱线因被

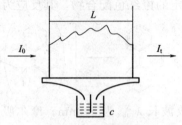

图 10-8　吸光度的测量

气态基态原子吸收而减弱，经过单色器和检测系统后，测得吸光度，根据吸光度与待测元素浓度的线性关系，计算出待测元素的含量。

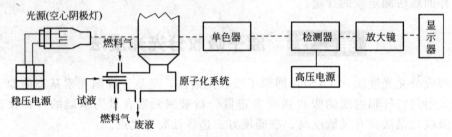

图 10-9　单光束原子吸收分光光度计示意图

1. 光源

光源的作用是发射被测元素的特征共振辐射，获得较高的灵敏度和准确度。作为光源应能发射待测元素的共振线，且所发射的共振线为锐线，光强度大、稳定性好。原子吸收分光光度计中使用的光源是空心阴极灯，特定元素的空心阴极灯可以发射出该元素的特征谱线。空心阴极灯的发光强度取决于它的工作电流，其选择原则是在保证空心阴极灯有稳定辐射和恰当的光强输出的条件下，尽量使用最低的电流，通常采用额定电流的 40%～60% 比较适宜，其结构如图 10-10 所示。

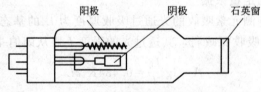

图 10-10　光通过溶液示意图

2. 原子化器

原子化器的功能是提供能量，使试样干燥、蒸发和原子化。目前应用广泛的原子化器有两种类型，一种是火焰原子化器，另一种是无火焰石墨炉原子化器。火焰原子化器的原子化过程分为干燥、蒸发、原子化、解离及化合五个阶段，被测元素在火焰中通过燃烧的方式生成基态原子。石墨炉原子化器的原子化过程分为干燥、灰化（去除基体）、原子化、净化（去除残渣）四个阶段，待测元素在高温下生成基态原子。在实际测试工作中，应根据实验条件确定原子化的方法。

3. 单色器

单色器的作用是将待测元素的吸收线与邻近线分开，组件分为色散元件（棱镜、光栅）凹凸镜、狭缝等，单色器的狭缝宽度影响光谱通带和检测器接受的能量，狭缝宽度增大，光谱通带增大，检测器接受的能量增强，但仪器的分辨率下降；反之亦然。因此，在实际分析测定时，应根据共振线的谱线强度和仪器的分辨率的要求，选择适当的狭缝宽度。狭缝宽度的选择，应以将待测元素的吸收线与邻近谱线分开为原则，在共振线附近无邻近干扰线的前提下，尽可能选择较宽的狭缝。一般元素的狭缝宽度在 0.5～4nm。

4. 检测系统

检测系统的作用是将待测元素光信号转换为电信号，经放大数据处理显示结果。检测系统组件分为检测器、放大器、对数变换器、显示记录装置。

三、原子吸收分光光度法测定的定量分析方法

利用原子吸收分光光度法进行定量分析的方法较多，常用的有标准曲线法和标准加入法等。

1. 标准曲线法

配制一组浓度合适的标准溶液，以空白溶液（参比液）调零后，将标准溶液由低浓度到高浓度依次检测，分别测得各溶液的吸光度 A。以被测元素的浓度 c 为横坐标，以吸光度 A 为纵坐标绘制对应的 A-c 标准曲线（图 10-11）。然后在完全相同的条件下测定试样的吸光度，从工作曲线上查出该吸光度所对应的浓度，即所测样品溶液中被测元素的浓度，并进一步求出被测元素的含量。标准曲线法操作简便快速，适用于组成简单的大批样品分析。使用这种方法时，标准溶液和试样溶液的吸光度均应在 0.15～0.70，这样可以保证试样浓度在 A-c 标准曲线的直线范围内。

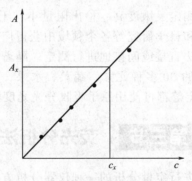

图 10-11 标准曲线法

标准曲线法简便、快速，为保证测定的准确度，使用标准曲线法时应当注意以下几点：

（1）每次分析前应该用标准溶液对系统进行校正；
（2）在整个分析过程中，操作条件应保持不变；
（3）标准溶液与试样溶液都应用相同的试剂处理；
（4）扣除空白值。

2. 标准加入法

当测定组成复杂的试样时，由于被测元素含量很低或无法配制与样品组成相匹配的标准溶液时，应采用标准加入法进行定量分析。测定步骤为：取若干份相同体积的试样溶液，除第一份不加被测元素外，其他试样溶液中依次成比例地加入同一浓度不同体积的被测元素的标准溶液，然后用溶剂稀释至相同体积（设样品中被测元素的浓度为 c_x），在相同实验条件下，依次测定吸光度，绘制出 A-c_0 曲线，并将此曲线向左外延长至与横坐标相交于一点，则该点与原点的距离即为试样中被测元素的浓度 c_x，如图 10-12 所示。

使用标准加入法时应注意以下几点：

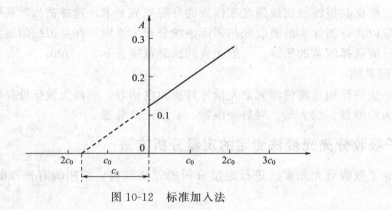

图 10-12　标准加入法

（1）被测元素的吸光度与其对应的浓度呈线性关系，即测量应该在 A-c_0 曲线的线性范围内进行。

（2）制作 A-c_0 曲线时，至少应采用 4 个点（包括试样溶液本身）来做外推曲线，并且第一份加入的标准溶液与试样溶液的浓度之比应适当，才能保证得到准确的分析结果。

（3）标准加入法可以部分或全部扣除物理干扰和化学干扰，但是不能消除背景干扰。

（4）本法中得到的直线，斜率不宜太小，否则会引入较大的误差。

四、原子吸收分光光度法的应用

原子吸收分光光度法具有测定灵敏度高、检出限量小、干扰少、操作简单快速等优点，已在植物、食品、饲料、医药和科学研究等各个领域中获得广泛应用，元素周期表中大多数元素都可用原子吸收分光光度法直接或间接地进行测定。随着新型高性能的原子吸收分光光度计的问世，人体体液中含有的 30 多种元素、蔬菜、水果、粮食、豆类等样品中 Pb 含量的测定，试样中 Hg 含量的测定等都可使用原子吸收分光光度法进行测定。

第三节　荧光分析法

荧光分析法是以荧光强度进行定量分析的一种仪器分析方法。包括分子荧光法和原子荧光法，这里仅介绍分子荧光法。

一、分子荧光法的基本原理

1. 分子荧光的发生过程

有些物质的分子受到光照射时，其外层电子会从基态跃迁到激发态，由于处于激发态的电子很不稳定，经 8~10s 的短时间后，首先以非辐射形式释放一部分能量达到激发态的最低振动能级，然后再跃迁回基态的振动能级，后一过程中的能量以电磁辐射的形式释放出来，即产生了荧光。

2. 荧光强度与溶液浓度的关系

荧光分子由激发态跃迁回到基态，不会将全部吸收的光能都以电磁辐射的形式转变为荧光，总是或多或少地以其他形式释放，通常以荧光效率来描述辐射跃迁概率的大小。荧光效率定义为发射荧光的分子数目与激发态分子总数的比值，用 φ 表示。

$$\varphi = 发射荧光的分子数/激发态的分子总数 = I_f/I_n \tag{10-8}$$

式中，φ 为荧光效率；I_f 为荧光强度；I_n 为吸收激发光的强度。

发射的荧光光强 I_f 正比于被荧光物质吸收的光强，即：

$$I_f = K'(I_0 - I) \tag{10-9}$$

式中，I_0 为入射光强度；I 为通过一定厚度的介质后的光强；K' 为常数，其值取决于荧光效率。

根据朗伯-比尔定律（若 $A < 0.05$），可近似得到下式：

$$I_f = 2.303 K' \varepsilon bc I_0$$

当激发光波长和强度一定时，荧光强度与溶液的浓度关系可简化为：

$$I_f = Kc \tag{10-10}$$

由此可见，在较稀溶液中，当激发光波长和强度一定时，荧光强度与溶液的浓度呈线性关系，是荧光分析法定量分析的依据。

3. 分子结构与荧光的关系

发射荧光的物质分子中必须含有共轭双键，并且体系共轭程度越大，越容易被激发而产生较强的荧光。大多数含芳香环、杂环的化合物能发出荧光。其次，取代基对荧光物质发射荧光的特征和强度也有影响。一般给电子基团可导致荧光增强，吸电子基团导致荧光减弱。

4. 激发光谱与荧光（发射）光谱

任何荧光物质都具有两个特征光谱，即激发光谱和荧光光谱。

（1）激发光谱　若固定荧光波长，将激发荧光的光源用单色器分光，连续改变激发光波长，测定不同波长下物质发射的荧光强度。以激发光波长为横坐标，荧光强度为纵坐标作图，便得到激发光谱。

（2）荧光光谱　若固定激发光的波长和强度不变，而让物质发射的荧光通过单色器，测定不同波长的荧光强度，以荧光的波长作横坐标，荧光的强度为纵坐标作图，便得到荧光光谱。

荧光物质的最大激发波长和最大荧光波长是鉴定物质的依据，也是定量测定时选择激发波长和荧光测量波长的依据。

二、荧光分析法的应用

1. 有机物的荧光分析

由于荧光分析的高灵敏度、高选择性，使它在医学检验、卫生检验、药物分析、环境检测及食品分析等方面有广泛的应用。芳香族及具有芳香结构的物质，在紫外光照射下能产生荧光，因此，荧光分析法可直接用于这类有机物质的测定，如多环胺类、萘酚类、嘌呤类、吲哚类、多环芳烃类，具有芳环或芳杂环结构的氨基酸及蛋白质等，约有 200 多种。

2. 无机物的荧光分析

能产生荧光的无机物较少，对其进行分析通常是将待测元素与荧光试剂反应，生成具有荧光特性的配合物，进行间接测定，目前利用该法可进行荧光分析的无机元素已有 70 种。常见的有铬、铝、铍、硒、锗、镉等金属元素及部分稀土元素。

第四节　色谱分析法

色谱分析法又称为色谱法或层析法，是现代分离分析的一个重要方法，在分析化学、有机化学、生物化学等领域有着非常广泛的应用。随着气相色谱法和高效液相色谱法的发展与完善，以及各种与色谱有关的新技术和联用技术（如色谱质谱联用等）的使用，使色谱分析法成为生产和科研中解决各种复杂混合物分离分析的重要工具之一。

一、色谱分析法的基本原理

1. 色谱分析法分类

色谱法中有两个相，固定不动的相称为固定相，另一个流动的相称为流动相。固定相的物态可以是固态，也可以是液态。流动相的物态可以是液态，也可以是气态。若根据流动相的物态不同，可以分为液相色谱和气相色谱。若按固定相的固定方式分类，可分为纸色谱、薄层色谱及柱色谱；若按分离的原理不同可分为吸附色谱、分配色谱、离子交换色谱和凝胶色谱等。

2. 基本原理

（1）分离原理　色谱分析法利用不同物质在不同相态的选择性分配，以固定相对流动相中的混合物进行洗脱，混合物中不同的物质会以不同的速度沿固定相移动，最终达到分离的效果。色谱分离过程的本质是待分离物质分子在固定相和流动相之间分配平衡的过程。不同的物质在两相之间的分配会不同，这使其随流动相运动速度各不相同，随着流动相的运动，混合物中的不同组分在固定相上相互分离。

（2）流出曲线　当组分从色谱柱流出后，记录仪记录的信号随时间或载气流出体积而分布的曲线称为色谱流出曲线图，简称色谱图，如图10-13所示。其纵坐标是响应信号（电压或电流），反映了流出组分在检测器内的浓度或质量的大小；横坐标是流出时间或载气流出体积。色谱流出曲线反映了试样在色谱柱内分离的结果，是组分定性和定量的依据。

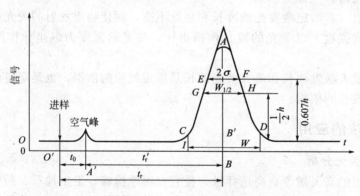

图10-13　色谱流出曲线

基线：当操作条件稳定后，无样品组分进入检测器时，记录到的信号称为基线。稳定的基线是一条直线。

色谱峰：当组分进入检测器时，检测器响应信号随时间变化的峰形曲线。

峰高（h）：峰顶点到基线的距离。

基线宽度（W）：从峰两边拐点作切线与基线相交的截距。

峰面积：峰与基线延长线所包围的范围。

半峰宽（$W_{1/2}$）：峰高一半处对应峰的宽度。

保留时间（t_r）：从进样起到色谱峰顶的时间。

死时间（t_0）：指不被固定相滞留的组分（如空气），从进样开始到色谱峰顶所需要的时间。

调整保留时间（t_r'）：扣除死时间后的组分的保留时间，即组分保留在固定相内的总时间。

从色谱图可以解决以下几个问题：
① 根据色谱峰的个数，可以判断样品中所含组分的最少个数。
② 根据色谱峰的出峰时间，与标准样对照，可以进行定性分析。
③ 根据色谱峰的面积或峰高，可以进行定量分析。
④ 根据色谱峰的出峰时间和色谱峰的宽度，可以对色谱柱分离效能进行评价。

二、气相色谱法

气相色谱法是以气体为流动相的色谱法。气相色谱法具有选择性好、柱效高、灵敏度高和试样用量少的特点，适用于分析各种气体以及在适当温度下（通常不超过 300℃）能挥发且热稳定性好的化合物的分离分析。

1. 气相色谱仪

目前，气相色谱仪的种类和型号繁多，但它们主要有五大系统，即气路系统、进样系统、分离系统、温度控制系统以及检测记录系统。气相色谱仪的基本构造有两部分，即分析单元和显示单元，如图 10-14 所示。

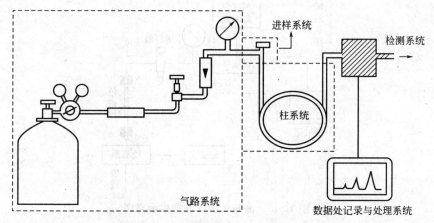

图 10-14 气相色谱仪的结构示意图

（1）载气系统　气相色谱仪中的气路是一个载气连续运行的密闭管路系统。整个载气系统要求载气纯净、密闭性好、流速稳定及流速测量准确。

（2）进样系统　进样就是把气体或液体样品匀速而定量地加到色谱柱上端。

（3）分离系统　分离系统的核心是色谱柱，它的作用是将多组分样品分离为单个组分。色谱柱分为填充柱和毛细管柱两类。

（4）检测系统　检测器的作用是把被色谱柱分离的样品组分根据其特性和含量转化成电信号，经放大后，由记录仪记录成色谱图。

（5）信号记录或微机数据处理系统　近年来，气相色谱仪主要采用色谱数据处理机。色谱数据处理机可打印记录色谱图，并能在同一张记录纸上打印出处理后的结果，如保留时间、被测组分质量分数等。

（6）温度控制系统　用于控制和测量色谱柱、检测器、气化室温度，是气相色谱仪的重要组成部分。

2. 气相色谱分离原理

气相色谱仪是一种多组分混合物的分离、分析工具，它是以气体为流动相，采用冲洗法的柱色谱技术。当多组分的分析物质进入到色谱柱时，由于各组分在色谱柱中的气相和固定液液相间的分配系数不同,因此各组分在色谱柱的运行速度也就不同。经过一定的柱长后,按顺序离开色谱柱进入检测器,检测器将组分的浓度(或质量)的变化转换为电信号,经放大后在记录仪上记录下来,即得到色谱图。

根据色谱图中各组分的色谱峰的峰位置和出峰时间,可对组分进行定性分析;根据色谱峰的峰高或峰面积,可对组分进行定量分析。

三、液相色谱法

液相色谱法就是用液体作为流动相的色谱法。1903年俄国化学家 M.C. 茨维特首先将液相色谱法用于分离叶绿素。

1. 液相色谱仪

高效液相色谱仪根据固定相的状态不同,又分为液-液色谱(LLC)及液-固色谱(LSC)。现代液相色谱仪由高压输液泵、进样系统、色谱柱、检测器、信号记录系统等部分组成,其结构流程如图10-15所示。

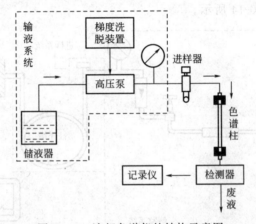

图10-15　液相色谱仪的结构示意图

储液器中的流动相经过过滤后以稳定的流速(或压力)由高压泵输送至分析体系,样品溶液经进样器进入流动相,被流动相载入色谱柱(固定相)内,由于样品溶液中的各组分在两相中具有不同的分配系数,在两相中做相对运动时,经过反复多次的吸附-解吸的分配过程,各组分在移动速度上产生较大的差别,被分离成单个组分依次从柱内流出,通过检测器时,样品浓度被转换成电信号传送到记录仪,数据以图谱形式打印出来。

2. 液相色谱分离原理

液相色谱法的分离机理是基于混合物中各组分对两相亲和力的差别。根据固定相的不同,液相色谱可分为液固色谱、液液色谱和键合相色谱。应用最广的是以硅胶为填料的液固色谱和以微硅胶为基质的键合相色谱。根据固定相的形式,液相色谱法可以分为柱色谱法、纸色谱法及薄层色谱法。按吸附力液相色谱可分为吸附色谱、分配色谱、离子交换色谱和凝胶色谱。近年来,在液相柱色谱系统中加上高压液流系统,使流动相在高压下快速流动,以提高分离效果,因此出现了高效(又称高压)液相色谱法。

四、色谱分析法的应用

1. 气相色谱法的应用

只要在气相色谱仪允许的条件下可以气化而不分解的物质,都可以用气相色谱法测定。

对部分热不稳定物质或难以气化的物质,通过化学衍生化的方法,仍可用气相色谱法分析。因此,气相色谱法在石油化工、医药卫生、环境监测、生物化学等领域都得到了广泛的应用。

(1) 卫生检验中的应用　空气、水中污染物如挥发性有机物、多环芳烃(苯、甲苯等),农作物中残留的有机氯、有机磷农药等,食品添加剂苯甲酸等的定性及定量分析检验。

(2) 医学检验中的应用　体液和组织等生物材料的分析,如脂肪酸、甘油三酯、维生素、糖类等。

(3) 药物分析中的应用　抗癫药、中成药中挥发性成分、生物碱类药品的测定等。

2. 液相色谱法的应用

高效液相色谱法(HPLC)要求样品能制成溶液,不受样品挥发性的限制,流动相可选择的范围宽,固定相的种类繁多,因而可以分离热不稳定和非挥发性的、解离的和非解离的以及各种分子量范围的物质。与试样预处理技术相配合,HPLC所达到的高分辨率和高灵敏度,使分离和同时测定性质上十分相近的物质成为可能。此外,高效液相色谱法还能够分离复杂相中的微量成分。

随着固定相的发展,有可能在充分保持生化物质活性的条件下完成对其的分离、检测,HPLC成为解决生化分析问题最有前途的方法。由于HPLC具有高分辨率、高灵敏度、速度快、色谱柱可反复利用,流出组分易收集等优点,因而被广泛应用到生物化学、食品分析、医药研究、环境分析、无机分析等各种领域。

高效液相色谱仪与结构仪器的联用是一个重要的发展方向。液相色谱-质谱连用技术受到普遍重视,如分析氨基甲酸酯农药和多核芳烃等;液相色谱-红外光谱连用也发展很快,如分析测定水中的烃类,海水中的不挥发烃类,使环境污染分析得到新的发展。

知识阅读

兴奋剂检测

兴奋剂检测过去在国内还是空白,直到1986年以后才开始进行这项工作。这里所谓的兴奋剂,实际上是指运动员的"滥用药物",因为在体育比赛中,有些运动员常服用一些药物以提高成绩、取得好名次,这种企图凭借药物作用获得好处的做法违反了"公平竞争"的原则。同时药物本身又有毒副作用,严重地威胁着运动员的身体健康。因此国际奥委会规定禁止运动员服用某些药物,并自1968年起在大型运动会中进行药物检测,查出运动员服用兴奋剂时即取消其资格与名次。因为兴奋剂是最早被使用也是最早被禁用的一类药物,所以尽管在以后也禁用了其他类型的药物,在国内还是沿用了这个名称,将运动员禁用的所有药物统称为"兴奋剂"。如苯丙胺、麻黄素、吗啡、心得安等。

兴奋剂检测都是通过对尿样的分析来进行的。运动员在比赛结束后1h内去取样站报到,有专人伴随,直到取得尿样为止。尿样送到实验室后,先测量一些基本数据,如pH、相对密度、颜色、体积等,然后分取数份,进行检测。检测一般分两步进行,第一步为"筛选",用适宜的方法将处理好的尿样提取液进行分离,根据保留时间等数据进行鉴定,检查尿样中有无该组内的违禁药物。如未查出,即作为阴性尿,不再考虑。如查出有可能含有禁用药物,则需进行第二步"确证",得出该药物的质谱图及其他数据,与标准品及阳性尿的数据相比较,完全一致时即可肯定该药物的存在。由于尿样及被检测物质的复杂性,色谱分析方法是较理想的手段,1967年报道了刺激剂系统的检测采用两种提取方法,以气相色谱法和薄层色谱法进行分离鉴定,可检测40种药物。1972年采用了程序升温方法,采用氮磷检测器检测。1976年使用气相色谱质谱联用手段检查甾体同化激素。1980年开始用毛细管气相色谱法,至

1984年基本定型,并增加了用高效液相色谱法检查几种药物及咖啡因定量等工作,目前各实验室所用的方法原理大同小异,具体试验条件则根据各自的具体情况而有所不同。一般分为4个或5个组进行,其大致检测过程如下。

(1) 筛选阶段 第一组:检测挥发性含氮化合物,主要为游离型刺激剂类药物。尿样碱化后以有机溶剂提取,提取液浓缩后注入气相色谱仪——氮磷检测器。根据原型药物及其代谢物的保留数据鉴定检出。

第二组:检测难挥发的结合型含氮化合物,主要为麻醉镇痛剂等药物。尿样经酸或酶水解后释出游离型药物或代谢物,碱化后以有机溶剂提取,提取液再经过相应的处理,得到相应的衍生物,注入气相色谱仪——氮磷检测器分析检出。

第三组:检测利尿剂类药物和咖啡因、苯异妥英。尿样分别在不同pH下经酸提取和碱提取,提取液浓缩后注入高效液相色谱仪——二极管阵列检测器检测。尿中咖啡因的定量测定也在此组内进行。

第四组:检测甾体同化激素类药物。

(2) 确证阶段 筛选步骤中检测出有禁用药物时,需通过多种手段做确证分析,得到准确结果。现在的兴奋剂检测实验室多使用自动化程度较高的仪器,由计算机控制,可以自动进样,提高准确性和重现性,并可编制检测程度,大大方便了此项工作。

执行兴奋剂检测制度以来,历届奥运会仍能查出违法服药者,说明检测与服药的斗争将会长期存在。旧的药物被禁用了,又会出现新的更有效的药物,这也是历届奥运会禁用的药物数目不断增加的原因,因此兴奋剂的检测工作必须不断进行,既要改善已有方法,又要研究检测新的禁用药物的方法,检测技术还尚待完善。

习　题

一、选择题

1. 人眼能感觉到的光成为可见光,其波长范围(　　)。
  A. $200\sim400$nm B. $400\sim600$nm C. $200\sim600$nm D. $400\sim760$nm
2. 透光率与吸光度的关系是(　　)。
  A. $T=\lg(1/A)$ B. $\lg T=A$ C. $1/T=A$ D. $-\lg T=A$
3. 有两种不同浓度的同一有色物质溶液,用同一厚度的比色层,在同一波长下测得的吸光度为:$A_1=0.20$;$A_2=0.30$。若$c_1=4\times10^{-4}$ mol·L^{-1},则c_2为(　　)。
  A. 8.0×10^{-4} mol·L^{-1} B. 6.0×10^{-4} mol·L^{-1}
  C. 4.0×10^{-4} mol·L^{-1} D. 2.0×10^{-4} mol·L^{-1}
4. 原子化器的主要作用是(　　)。
  A. 将试样中的待测元素转化为基态原子 B. 将试样中的待测元素转化为激发态原子
  C. 将试样中的待测元素转化为中性分子 D. 将试样中的待测元素转化为离子
5. 原子吸收光谱是(　　)。
  A. 分子的振动,转动能级跃迁时对光的选择吸收产生的
  B. 基态原子吸收了特征辐射跃迁到激发态后又回到基态时所产生的
  C. 分子的电子吸收特征辐射而跃迁到激发态所产生的
  D. 基态原子吸收特征辐射后跃迁到激发态所产生的
6. 原子吸收分光度计中,目前常用的光源是(　　)。
  A. 火焰 B. 空心阴极灯 C. 氙灯 D. 交流电弧

二、简答题

1. 简述物质对光选择性吸收的原因。
2. 如何提高原子吸收分光光度法的灵敏度和准确度?

3. 原子吸收分光光度法的干扰有几种类型？如何消除？

三、计算题

1. 以原子吸收分光光度法分析试样中铜含量时，分析线为 324.8nm。利用标准加入法则得数据如下表所示，计算试样中铜的浓度（$\mu g \cdot mL^{-1}$）。

加入铜标准溶液浓度/$\mu g \cdot mL^{-1}$	0(试样)	2.00	4.00	6.00	8.00
吸光度 A	0.280	0.440	0.600	0.757	0.912

2. 用吸光光度法测定铁含量时，称取 0.4320g 铁铵矾 [$NH_4Fe(SO_4) \cdot 12H_2O$] 溶于 500mL 水中配成铁标准溶液，分别量取体积为 1.00mL、2.00mL、3.00mL、4.00mL、5.00mL 的铁标准溶液于 50.00mL 容量瓶中，加显色剂后定容。然后使用 1cm 比色皿测定其吸收光度分别为 0.097、0.200、0.304、0.408、0.510。

计算：①绘制工作曲线；②求吸光系数；③若取未知铁样品溶液 5.00mL，稀释至 250.0mL，再取稀释液 2.00mL 于 50.00mL 容量瓶中，并与上述相同条件下显色定容，测得吸光度值为 0.450，计算样品溶液中铁（Ⅲ）的容量。

附　　录

附录1　国际原子量表

序数	名称	符号	原子量	序数	名称	符号	原子量
1	氢	H	1.00794	40	锆	Zr	91.224
2	氦	He	4.002602	41	铌	Nb	92.90638
3	锂	Li	6.941	42	钼	Mo	95.94
4	铍	Be	9.012182	43	锝	Tc	(98)
5	硼	B	10.811	44	钌	Ru	101.07
6	碳	C	12.0107	45	铑	Rh	102.90550
7	氮	N	14.00674	46	钯	Pd	106.42
8	氧	O	15.9994	47	银	Ag	107.8682
9	氟	F	18.9984032	48	镉	Cd	112.411
10	氖	Ne	20.1797	49	铟	In	114.818
11	钠	Na	22.989770	50	锡	Sn	118.710
12	镁	Mg	24.3050	51	锑	Sb	121.760
13	铝	Al	26.981538	52	碲	Te	127.60
14	硅	Si	28.0855	53	碘	I	126.90447
15	磷	P	30.973761	54	氙	Xe	131.29
16	硫	S	32.066	55	铯	Cs	132.90543
17	氯	Cl	35.4527	56	钡	Ba	137.327
18	氩	Ar	39.948	57	镧	La	138.9055
19	钾	K	39.0983	58	铈	Ce	140.116
20	钙	Ca	40.078	59	镨	Pr	140.90765
21	钪	Sc	44.955910	60	钕	Nd	144.23
22	钛	Ti	47.867	61	钷	Pm	(145)
23	钒	V	50.9415	62	钐	Sm	150.36
24	铬	Cr	51.9961	63	铕	Eu	151.964
25	锰	Mn	54.938049	64	钆	Gd	157.25
26	铁	Fe	55.845	65	铽	Tb	158.92534
27	钴	Co	58.933200	66	镝	Dy	162.50
28	镍	Ni	58.6934	67	钬	Ho	164.93032
29	铜	Cu	63.546	68	铒	Er	167.26
30	锌	Zn	65.39	69	铥	Tm	168.93421
31	镓	Ga	69.723	70	镱	Yb	173.04
32	锗	Ge	72.61	71	镥	Lu	174.967
33	砷	As	74.92160	72	铪	Hf	178.49
34	硒	Se	78.96	73	钽	Ta	180.9479
35	溴	Br	79.904	74	钨	W	183.84
36	氪	Kr	83.80	75	铼	Re	186.207
37	铷	Rb	85.4678	76	锇	Os	190.23
38	锶	Sr	87.62	77	铱	Ir	192.217
39	钇	Y	88.90585	78	铂	Pt	195.078

续表

序数	名称	符号	原子量	序数	名称	符号	原子量
79	金	Au	196.96655	99	锿	Es	(252)
80	汞	Hg	200.59	100	镄	Fm	(257)
81	铊	Tl	204.3833	101	钔	Md	(258)
82	铅	Pb	207.2	102	锘	No	(259)
83	铋	Bi	208.98038	103	铹	Lr	(262)
84	钋	Po	(209)	104	𬬻	Rf	(261)
85	砹	At	(210)	105	𬭊	Db	(262)
86	氡	Rn	(222)	106	𨭎	Sg	(263)
87	钫	Fr	(223)	107	𬭛	Bh	(262)
88	镭	Ra	(226)	108	𬭳	Hs	(265)
89	锕	Ac	(227)	109	䥑	Mt	(266)
90	钍	Th	232.0381	110	𫟼	Ds	(269)
91	镤	Pa	231.03588	111	𬬭	Rg	(272)
92	铀	U	238.0289	112	鿔	Cn	(277)
93	镎	Np	(237)	113	鉨	Nh	(278)
94	钚	Pu	(244)	114	鈇	Fl	(289)
95	镅	Am	(243)	115	镆	Mc	(288)
96	锔	Cm	(247)	116	鉝	Lv	(292)
97	锫	Bk	(247)	117	鿬	Ts	(293)
98	锎	Cf	(251)	118	鿫	Og	294

注：摘自 Lide D R. Handbook of Chemistry and Physics. 78 th Ed，CRC PRESS，1997~1998。

附录 2　常见化合物的摩尔质量

化合物	摩尔质量 /g·mol^{-1}	化合物	摩尔质量 /g·mol^{-1}	化合物	摩尔质量 /g·mol^{-1}
Ag_3AsO_4	462.52	$Ca(NO_3)_2 \cdot 4H_2O$	236.15	$FeCl_3$	162.21
$AgBr$	187.77	$Ca(OH)_2$	74.09	$FeCl_3 \cdot 6H_2O$	270.30
$AgCl$	143.32	$Ca_3(PO_4)_2$	310.18	$FeNH_4(SO_4)_2 \cdot 12H_2O$	482.18
$AgCN$	133.89	$CaSO_4$	136.14	$Fe(NO_3)_3$	241.86
$AgSCN$	165.95	$CdCO_3$	172.42	$Fe(NO_3)_3 \cdot 9H_2O$	404.00
Ag_2CrO_4	331.73	$CdCl_2$	183.32	FeO	71.846
AgI	234.77	CdS	144.47	Fe_2O_3	159.69
$AgNO_3$	169.87	$Ce(SO_4)_2$	332.24	Fe_3O_4	231.54
$AlCl_3$	133.34	$Ce(SO_4)_2 \cdot 4H_2O$	404.30	$Fe(OH)_3$	106.87
$AlCl_3 \cdot 6H_2O$	241.43	$CoCl_2$	129.84	FeS	87.91
$Al(NO_3)_3$	213.00	$CoCl_2 \cdot 6H_2O$	237.93	Fe_2S_3	207.87
$Al(NO_3)_3 \cdot 9H_2O$	375.13	$Co(NO_3)_2$	132.94	$FeSO_4$	151.90
Al_2O_3	101.96	$Co(NO_3)_2 \cdot 6H_2O$	291.03	$FeSO_4 \cdot 7H_2O$	278.01
$Al(OH)_3$	78.00	CoS	90.99	$FeSO_4 \cdot (NH_4)_2SO_4 \cdot 6H_2O$	392.13
$Al_2(SO_4)_3$	342.14	$CoSO_4$	154.99	H_3AsO_3	125.94
$Al_2(SO_4)_3 \cdot 18H_2O$	666.41	$CoSO_4 \cdot 7H_2O$	281.10	H_3AsO_4	141.94
As_2O_3	197.84	$CO(NH_2)_2$	60.06	H_3BO_3	61.83
As_2O_5	229.84	$CrCl_3$	158.35	HBr	80.912
As_2S_3	246.02	$CrCl_3 \cdot 6H_2O$	266.45	HCN	27.026
$BaCO_3$	197.34	$Cr(NO_3)_3$	238.01	$HCOOH$	46.026
BaC_2O_4	225.35	Cr_2O_3	151.99	CH_3COOH	60.052
$BaCl_2$	208.24	$CuCl$	98.999	H_2CO_3	62.025
$BaCl_2 \cdot 2H_2O$	244.27	$CuCl_2$	134.45	$H_2C_2O_4$	90.035
$BaCrO_4$	253.32	$CuCl_2 \cdot 2H_2O$	170.48	$H_2C_2O_4 \cdot 2H_2O$	126.07
BaO	153.33	$CuSCN$	121.62	HCl	36.461
$Ba(OH)_2$	171.34	CuI	190.45	HF	20.006
$BaSO_4$	233.39	$Cu(NO_3)_2$	187.56	HI	127.91
$BiCl_3$	315.34	$Cu(NO_3)_2 \cdot 3H_2O$	241.60	HIO_3	175.91
$BiOCl$	260.43	CuO	79.545	HNO_3	63.013
CO_2	44.01	Cu_2O	143.09	HNO_2	47.013
CaO	56.08	CuS	95.61	H_2O	18.015
$CaCO_3$	100.09	$CuSO_4$	159.60	H_2O_2	34.015
CaC_2O_4	128.10	$CuSO_4 \cdot 5H_2O$	249.68	H_3PO_4	97.995
$CaCl_2$	110.99	$FeCl_2$	126.75	H_2S	34.08
$CaCl_2 \cdot 6H_2O$	219.08	$FeCl_2 \cdot 4H_2O$	198.81	H_2SO_3	82.07

续表

化合物	摩尔质量/g·mol^{-1}	化合物	摩尔质量/g·mol^{-1}	化合物	摩尔质量/g·mol^{-1}
H_2SO_4	98.07	$Mn(NO_3)_2 \cdot 6H_2O$	287.04	$Ni(NO_3)_2 \cdot 6H_2O$	290.79
$Hg(CN)_2$	252.63	MnO	70.937	NiS	90.75
$HgCl_2$	271.50	MnO_2	86.937	$NiSO_4 \cdot 7H_2O$	280.85
Hg_2Cl_2	472.09	MnS	87.00	P_2O_5	141.94
HgI_2	454.40	$MnSO_4$	151.00	$PbCO_3$	267.20
$Hg_2(NO_3)_2$	525.19	$MnSO_4 \cdot 4H_2O$	223.06	PbC_2O_4	295.22
$Hg_2(NO_3)_2 \cdot 2H_2O$	561.22	NO	30.006	$PbCl_2$	278.10
$Hg(NO_3)_2$	324.60	NO_2	46.006	$PbCrO_4$	323.20
HgO	216.59	NH_3	17.03	$Pb(CH_3COO)_2$	325.30
HgS	232.65	CH_3COONH_4	77.083	$Pb(CH_3COO)_2 \cdot 3H_2O$	379.30
$HgSO_4$	296.65	NH_4Cl	53.491	PbI_2	461.00
Hg_2SO_4	497.24	$(NH_4)_2CO_3$	96.086	$Pb(NO_3)_2$	331.20
$KAl(SO_4)_2 \cdot 12H_2O$	474.38	$(NH_4)_2C_2O_4$	124.10	PbO	223.20
KBr	119.00	$(NH_4)_2C_2O_4 \cdot H_2O$	142.11	PbO_2	239.20
$KBrO_3$	167.00	NH_4SCN	76.12	$Pb_3(PO_4)_2$	811.54
KCl	74.551	NH_4HCO_3	79.055	PbS	239.30
$KClO_3$	122.55	$(NH_4)_2MoO_4$	196.01	$PbSO_4$	303.30
$KClO_4$	138.55	NH_4NO_3	80.043	SO_3	80.06
KCN	65.116	$(NH_4)_2HPO_4$	132.06	SO_2	64.06
$KSCN$	97.18	$(NH_4)_2S$	68.14	$SbCl_3$	228.11
K_2CO_3	138.21	$(NH_4)_2SO_4$	132.13	$SbCl_5$	299.02
K_2CrO_4	194.19	NH_4VO_3	116.98	Sb_2O_3	291.50
$K_2Cr_2O_7$	294.18	Na_3AsO_3	191.89	Sb_3S_3	339.68
$K_3Fe(CN)_6$	329.25	$Na_2B_4O_7$	201.22	SiF_4	104.08
$K_4Fe(CN)_6$	368.35	$Na_2B_4O_7 \cdot 10H_2O$	381.37	SiO_2	60.084
$KFe(SO_4)_2 \cdot 12H_2O$	503.24	$NaBiO_3$	279.97	$SnCl_2$	189.62
$KHC_2O_4 \cdot H_2O$	146.14	$NaCN$	49.007	$SnCl_2 \cdot 2H_2O$	225.65
$KHC_2O_4 \cdot H_2C_2O_4 \cdot 2H_2O$	254.19	$NaSCN$	81.07	$SnCl_4$	260.52
$KHC_4H_4O_6$	188.18	Na_2CO_3	105.99	$SnCl_4 \cdot 5H_2O$	350.596
$KHSO_4$	136.16	$Na_2CO_3 \cdot 10H_2O$	286.14	SnO_2	150.71
KI	166.00	$Na_2C_2O_4$	134.00	SnS	150.776
KIO_3	214.00	CH_3COONa	82.034	$SrCO_3$	147.63
$KIO_3 \cdot HIO_3$	389.91	$CH_3COONa \cdot 3H_2O$	136.08	SrC_2O_4	175.64
$KMnO_4$	158.03	$NaCl$	58.443	$SrCrO_4$	203.61
$KNaC_4H_4O_6 \cdot 4H_2O$	282.22	$NaClO$	74.442	$Sr(NO_3)_2$	211.63
KNO_3	101.10	$NaHCO_3$	84.007	$Sr(NO_3)_2 \cdot 4H_2O$	283.69
KNO_2	85.104	$Na_2HPO_4 \cdot 12H_2O$	358.14	$SrSO_4$	183.68
K_2O	94.196	$Na_2H_2Y \cdot 2H_2O$	372.24	$UO_2(CH_3COO)_2 \cdot 2H_2O$	424.15
KOH	56.106	$NaNO_2$	68.995	$ZnCO_3$	125.39
K_2SO_4	174.25	$NaNO_3$	84.995	ZnC_2O_4	153.40
$MgCO_3$	84.314	Na_2O	61.979	$ZnCl_2$	136.29
$MgCl_2$	95.211	Na_2O_2	77.978	$Zn(CH_3COO)_2$	183.47
$MgCl_2 \cdot 6H_2O$	203.30	$NaOH$	39.997	$Zn(CH_3COO)_2 \cdot 2H_2O$	219.50
MgC_2O_4	112.33	Na_3PO_4	163.94	$Zn(NO_3)_2$	189.39
$Mg(NO_3)_2 \cdot 6H_2O$	256.41	Na_2S	78.04	$Zn(NO_3)_2 \cdot 6H_2O$	297.48
$MgNH_4PO_4$	137.32	$Na_2S \cdot 9H_2O$	240.18	ZnO	81.38
MgO	40.304	Na_2SO_3	126.04	ZnS	97.44
$Mg(OH)_2$	58.32	Na_2SO_4	142.04	$ZnSO_4$	161.44
$Mg_2P_2O_7$	222.55	$Na_2S_2O_3$	158.10	$ZnSO_4 \cdot 7H_2O$	287.54
$MgSO_4 \cdot 7H_2O$	246.47	$Na_2S_2O_3 \cdot 5H_2O$	248.17		
$MnCO_3$	114.95	$NiCl_2 \cdot 6H_2O$	237.69		
$MnCl_2 \cdot 4H_2O$	197.91	NiO	74.69		

附录 3　弱酸、弱碱的解离平衡常数 K

弱电解质	$t/℃$	解离常数 K	弱电解质	$t/℃$	解离常数 K
H_3AsO_4	18	$K_1=5.62\times10^{-3}$	H_2S	18	$K_1=9.1\times10^{-8}$
	18	$K_2=1.7\times10^{-7}$		18	$K_2=1.1\times10^{-12}$
	18	$K_3=3.95\times10^{-12}$	HSO_4^-	25	1.2×10^{-2}
H_3BO_3	20	7.3×10^{-10}	H_2SO_3	18	$K_1=1.54\times10^{-2}$
$HBrO$	25	2.06×10^{-9}		18	$K_2=1.02\times10^{-7}$
H_2CO_3	25	$K_1=4.30\times10^{-7}$	H_2SiO_3	30	$K_1=2.2\times10^{-10}$
	25	$K_2=5.61\times10^{-11}$		30	$K_2=2\times10^{-12}$
$H_2C_2O_4$	25	$K_1=5.90\times10^{-2}$	$HCOOH$	25	1.77×10^{-4}
	25	$K_2=6.40\times10^{-5}$	CH_3COOH	25	1.76×10^{-5}
HCN	25	4.93×10^{-10}	$CH_2ClCOOH$	25	1.4×10^{-3}
$HClO$	18	2.95×10^{-5}	$CHCl_2COOH$	25	3.32×10^{-2}
H_2CrO_4	25	$K_1=1.8\times10^{-1}$	$H_3C_6H_5O_7$	20	$K_1=7.1\times10^{-4}$
	25	$K_2=3.20\times10^{-7}$	（柠檬酸）	20	$K_2=1.68\times10^{-5}$
HF	25	3.53×10^{-4}		20	$K_3=4.1\times10^{-7}$
HIO_3	25	1.69×10^{-1}	$NH_3\cdot H_2O$	25	1.77×10^{-5}
HIO	25	2.3×10^{-11}	$AgOH$	25	1×10^{-2}
HNO_2	12.5	4.6×10^{-4}	$Al(OH)_3$	25	$K_1=5\times10^{-9}$
NH_4^+	25	5.64×10^{-10}		25	$K_2=2\times10^{-10}$
H_2O_2	25	2.4×10^{-12}	$Be(OH)_2$	25	$K_1=1.78\times10^{-6}$
H_3PO_4	25	$K_1=7.52\times10^{-3}$		25	$K_2=2.5\times10^{-9}$
	25	$K_2=6.23\times10^{-8}$	$Ca(OH)_2$	25	$K_2=4.0\times10^{-2}$
	25	$K_3=2.2\times10^{-13}$	$Zn(OH)_2$	25	$K_1=8\times10^{-7}$

注：摘自 Robert C. Weast，CRC Handbook Chemistry and Physics，69ed，.1988～1989，D159～164（～0.1~0.01N）。

附录 4　常见难溶电解质的溶度积 K_{sp}（298K）

难溶电解质	K_{sp}	难溶电解质	K_{sp}
$AgCl$	1.77×10^{-10}	$Fe(OH)_2$	4.87×10^{-17}
$AgBr$	5.35×10^{-13}	$Fe(OH)_3$	2.64×10^{-39}
AgI	8.51×10^{-17}	FeS	1.59×10^{-19}
Ag_2CO_3	8.45×10^{-12}	Hg_2Cl_2	1.45×10^{-18}
Ag_2CrO_4	1.12×10^{-12}	HgS(黑)	6.44×10^{-53}
Ag_2SO_4	1.20×10^{-5}	$MgNH_4PO_4$	2.5×10^{-13}
$Ag_2S(\alpha)$	6.69×10^{-50}	$MgCO_3$	6.82×10^{-6}
$Ag_2S(\beta)$	1.09×10^{-49}	$Mg(OH)_2$	5.61×10^{-12}
$Al(OH)_3$	2×10^{-33}	$Mn(OH)_2$	2.06×10^{-13}
$BaCO_3$	2.58×10^{-9}	MnS	4.65×10^{-14}
$BaSO_4$	1.07×10^{-10}	$Ni(OH)_2$	5.47×10^{-16}
$BaCrO_4$	1.17×10^{-10}	NiS	1.07×10^{-21}
$CaCO_3$	4.96×10^{-9}	$PbCl_2$	1.17×10^{-5}
$CaC_2O_4\cdot H_2O$	2.34×10^{-9}	$PbCO_3$	1.46×10^{-13}
CaF_2	1.46×10^{-10}	$PbCrO_4$	1.77×10^{-14}
$Ca_3(PO_4)_2$	2.07×10^{-33}	PbF_2	7.12×10^{-7}
$CaSO_4$	7.10×10^{-5}	$PbSO_4$	1.82×10^{-8}
$Cd(OH)_2$	5.27×10^{-15}	PbS	9.04×10^{-29}
CdS	1.40×10^{-29}	PbI_2	8.49×10^{-9}
$Co(OH)_2$(桃红)	1.09×10^{-15}	$Pb(OH)_2$	1.42×10^{-20}
$Co(OH)_2$(蓝)	5.92×10^{-15}	$SrCO_3$	5.60×10^{-10}
$CoS(\alpha)$	4.0×10^{-21}	$SrSO_4$	3.44×10^{-7}
$CoS(\beta)$	2.0×10^{-25}	$Sn(OH)_2$	5.45×10^{-27}
$Cr(OH)_3$	7.0×10^{-31}	$ZnCO_3$	1.19×10^{-10}
CuI	1.27×10^{-12}	$Zn(OH)(\gamma)$	6.68×10^{-17}
CuS	1.27×10^{-36}	ZnS	2.93×10^{-25}

注：摘自 Robert C. West，CRC Handbook Chemistry and Physics，69ed.，1988～1989，B207～208。

附录5 标准电极电势（298K）

一、在酸性溶液中

电极反应	$\varphi^\ominus$/V	电极反应	$\varphi^\ominus$/V
$Li^+ + e^- \rightleftharpoons Li$	-3.040	$SO_4^{2-} + 4H^+ + 2e^- \rightleftharpoons H_2SO_3 + H_2O$	0.172
$Rb^+ + e^- \rightleftharpoons Rb$	-2.980	$AgCl + e^- \rightleftharpoons Ag + Cl^-$	0.222
$K^+ + e^- \rightleftharpoons K$	-2.931	$Hg_2Cl_2 + 2e^- \rightleftharpoons 2Hg + 2Cl^-$	0.268
$Cs^+ + e^- \rightleftharpoons Cs$	-2.920	$Cu^{2+} + 2e^- \rightleftharpoons Cu$	0.341
$Ba^{2+} + 2e^- \rightleftharpoons Ba$	-2.912	$Cu^{2+} + 2e^- \rightleftharpoons Cu(Hg)$	0.345
$Sr^{2+} + 2e^- \rightleftharpoons Sr$	-2.890	$Fe(CN)_6^{3-} + e^- \rightleftharpoons Fe(CN)_6^{4-}$	0.358
$Ca^{2+} + 2e^- \rightleftharpoons Ca$	-2.868	$Ag_2CrO_4 + 2e^- \rightleftharpoons 2Ag + CrO_4^{2-}$	0.447
$Na^+ + e^- \rightleftharpoons Na$	-2.710	$H_2SO_3 + 4H^+ + 4e^- \rightleftharpoons S + 3H_2O$	0.449
$La^{3+} + 3e^- \rightleftharpoons La$	-2.522	$Ag_2C_2O_4 + 2e^- \rightleftharpoons 2Ag + C_2O_4^{2-}$	0.465
$Ce^{3+} + 3e^- \rightleftharpoons Ce$	-2.483	$Cu^+ + e^- \rightleftharpoons Cu$	0.521
$Mg^{2+} + 2e^- \rightleftharpoons Mg$	-2.372	$I_2 + 2e^- \rightleftharpoons 2I^-$	0.535
$Y^{3+} + 3e^- \rightleftharpoons Y$	-2.372	$I_3^- + 2e^- \rightleftharpoons 3I^-$	0.536
$AlF_6^{3-} + 3e^- \rightleftharpoons Al + 6F^-$	-2.069	$H_3AsO_4 + 2H^+ + 2e^- \rightleftharpoons HAsO_2 + 2H_2O$	0.560
$Be^{2+} + 2e^- \rightleftharpoons Be$	-1.847	$AgAc + e^- \rightleftharpoons Ag + Ac^-$	0.643
$Al^{3+} + 3e^- \rightleftharpoons Al$	-1.662	$Ag_2SO_4 + 2e^- \rightleftharpoons 2Ag + SO_4^{2-}$	0.654
$SiF_6^{2-} + 4e^- \rightleftharpoons Si + 6F^-$	-1.240	$O_2 + 2H^+ + 2e^- \rightleftharpoons H_2O_2$	0.682
$Mn^{2+} + 2e^- \rightleftharpoons Mn$	-1.185	$Fe^{3+} + e^- \rightleftharpoons Fe^{2+}$	0.771
$Cr^{2+} + 2e^- \rightleftharpoons Cr$	-0.913	$Hg_2^{2+} + 2e^- \rightleftharpoons 2Hg$	0.797
$H_3BO_3 + 3H^+ + 3e^- \rightleftharpoons B + 3H_2O$	-0.869	$Ag^+ + e^- \rightleftharpoons Ag$	0.799
$Zn^{2+} + 2e^- \rightleftharpoons Zn(Hg)$	-0.762	$Hg^{2+} + 2e^- \rightleftharpoons Hg$	0.851
$Zn^{2+} + 2e^- \rightleftharpoons Zn$	-0.761	$2Hg^{2+} + 2e^- \rightleftharpoons Hg_2^{2+}$	0.920
$Cr^{3+} + 3e^- \rightleftharpoons Cr$	-0.744	$NO_3^- + 3H^+ + 2e^- \rightleftharpoons HNO_2 + H_2O$	0.934
$Fe^{2+} + 2e^- \rightleftharpoons Fe$	-0.447	$NO_3^- + 4H^+ + 3e^- \rightleftharpoons NO + 2H_2O$	0.957
$Cd^{2+} + 2e^- \rightleftharpoons Cd$	-0.403	$HNO_2 + H^+ + e^- \rightleftharpoons NO + H_2O$	0.983
$PbSO_4 + 2e^- \rightleftharpoons Pb + SO_4^{2-}$	-0.359	$Br_2(l) + 2e^- \rightleftharpoons 2Br^-$	1.066
$Co^{2+} + 2e^- \rightleftharpoons Co$	-0.280	$IO_3^- + 6H^+ + 6e^- \rightleftharpoons I^- + 3H_2O$	1.085
$Ni^{2+} + 2e^- \rightleftharpoons Ni$	-0.257	$Cu^{2+} + 2CN^- + e^- \rightleftharpoons Cu(CN)_2^-$	1.103
$Mo^{3+} + 3e^- \rightleftharpoons Mo$	-0.200	$ClO_4^- + 2H^+ + 2e^- \rightleftharpoons ClO_3^- + H_2O$	1.189
$AgI + e^- \rightleftharpoons Ag + I^-$	-0.152	$2IO_3^- + 12H^+ + 10e^- \rightleftharpoons I_2 + 6H_2O$	1.195
$Sn^{2+} + 2e^- \rightleftharpoons Sn$	-0.138	$ClO_3^- + 3H^+ + 2e^- \rightleftharpoons HClO_2 + H_2O$	1.214
$Pb^{2+} + 2e^- \rightleftharpoons Pb$	-0.126	$MnO_2 + 4H^+ + 2e^- \rightleftharpoons Mn^{2+} + 2H_2O$	1.224
$Fe^{3+} + 3e^- \rightleftharpoons Fe$	-0.037	$O_2 + 4H^+ + 4e^- \rightleftharpoons 2H_2O$	1.229
$2H^+ + 2e^- \rightleftharpoons H_2$	0.000	$Cr_2O_7^{2-} + 14H^+ + 6e^- \rightleftharpoons 2Cr^{3+} + 7H_2O$	1.232
$AgBr + e^- \rightleftharpoons Ag + Br^-$	0.0713	$Cl_2 + 2e^- \rightleftharpoons 2Cl^-$	1.358
$S_4O_6^{2-} + 2e^- \rightleftharpoons 2S_2O_3^{2-}$	0.080	$ClO_4^- + 8H^+ + 8e^- \rightleftharpoons Cl^- + 4H_2O$	1.389
$S + 2H^+ + 2e^- \rightleftharpoons H_2S(aq)$	0.142	$2ClO_4^- + 16H^+ + 14e^- \rightleftharpoons Cl_2 + 8H_2O$	1.390
$Sn^{4+} + 2e^- \rightleftharpoons Sn^{2+}$	0.151	$BrO_3^- + 6H^+ + 6e^- \rightleftharpoons Br^- + 3H_2O$	1.423
$Cu^{2+} + e^- \rightleftharpoons Cu^+$	0.153	$ClO_3^- + 6H^+ + 6e^- \rightleftharpoons Cl^- + 3H_2O$	1.451

续表

电极反应	$\varphi^{\ominus}/V$	电极反应	$\varphi^{\ominus}/V$
$Pb+4H^++2e^- \rightleftharpoons Pb^{2+}+2H_2O$	1.455	$HClO_2+2H^++2e^- \rightleftharpoons HClO+H_2O$	1.645
$2ClO_3^-+12H^++10e^- \rightleftharpoons Cl_2+6H_2O$	1.470	$MnO_4^-+4H^++3e^- \rightleftharpoons MnO_2+2H_2O$	1.679
$2BrO_3^-+12H^++10e^- \rightleftharpoons Br_2+6H_2O$	1.482	$PbO_2+SO_4^{2-}+4H^++2e^- \rightleftharpoons PbSO_4+2H_2O$	1.691
$HClO+H^++2e^- \rightleftharpoons Cl^-+H_2O$	1.482	$Au^++e^- \rightleftharpoons Au$	1.692
$MnO_4^-+8H^++5e^- \rightleftharpoons Mn^{2+}+4H_2O$	1.507	$H_2O_2+2H^++2e^- \rightleftharpoons 2H_2O$	1.776
$Mn^{3+}+e^- \rightleftharpoons Mn^{2+}$	1.541	$Co^{3+}+e^- \rightleftharpoons Co^{2+}$ (2mol·$L^{-1}H_2SO_4$)	1.830
$HClO_2+3H^++4e^- \rightleftharpoons Cl^-+2H_2O$	1.570	$S_2O_8^{2-}+2e^- \rightleftharpoons 2SO_4^{2-}$	2.010
$Ce^{4+}+e^- \rightleftharpoons Ce^{3+}$	1.610	$F_2+2e^- \rightleftharpoons 2F^-$	2.866
$2HClO_2+6H^++6e^- \rightleftharpoons Cl_2+4H_2O$	1.628	$F_2+2H^++2e^- \rightleftharpoons 2HF$	3.053

二、在碱性溶液中

电极反应	$\varphi^{\ominus}/V$	电极反应	$\varphi^{\ominus}/V$
$Ca(OH)_2+2e^- \rightleftharpoons Ca+2OH^-$	-3.020	$AgCN+e^- \rightleftharpoons Ag+CN^-$	-0.017
$Ba(OH)_2+2e^- \rightleftharpoons Ba+2OH^-$	-2.990	$NO_3^-+H_2O+2e^- \rightleftharpoons NO_2^-+2OH^-$	0.010
$Mg(OH)_2+2e^- \rightleftharpoons Mg+2OH^-$	-2.690	$HgO+H_2O+2e^- \rightleftharpoons Hg+2OH^-$	0.098
$Mn(OH)_2+2e^- \rightleftharpoons Mn+2OH^-$	-1.560	$Co(NH_3)_6^{3+}+e^- \rightleftharpoons Co(NH_3)_6^{2+}$	0.108
$Cr(OH)_3+3e^- \rightleftharpoons Cr+3OH^-$	-1.480	$Hg_2O+H_2O+2e^- \rightleftharpoons 2Hg+2OH^-$	0.123
$ZnO_2^{2-}+2H_2O+2e^- \rightleftharpoons Zn+4OH^-$	-1.215	$Mn(OH)_3+e^- \rightleftharpoons Mn(OH)_2+OH^-$	0.150
$SO_4^{2-}+H_2O+2e^- \rightleftharpoons SO_3^{2-}+2OH^-$	-0.930	$Co(OH)_3+e^- \rightleftharpoons Co(OH)_2+OH^-$	0.170
$P+3H_2O+3e^- \rightleftharpoons PH_3+3OH^-$	-0.870	$PbO_2+H_2O+2e^- \rightleftharpoons PbO+2OH^-$	0.247
$2H_2O+2e^- \rightleftharpoons H_2+2OH^-$	-0.828	$IO_3^-+3H_2O+6e^- \rightleftharpoons I^-+6OH^-$	0.260
$AsO_4^{3-}+2H_2O+2e^- \rightleftharpoons AsO_2^-+4OH^-$	-0.710	$Ag_2O+H_2O+2e^- \rightleftharpoons 2Ag+2OH^-$	0.342
$Ag_2S+2e^- \rightleftharpoons 2Ag+S^{2-}$	-0.691	$O_2+2H_2O+4e^- \rightleftharpoons 4OH^-$	0.401
$Fe(OH)_3+e^- \rightleftharpoons Fe(OH)_2+OH^-$	-0.560	$MnO_4^-+e^- \rightleftharpoons MnO_4^{2-}$	0.558
$HPbO_2^-+H_2O+2e^- \rightleftharpoons Pb+3OH^-$	-0.537	$MnO_4^-+2H_2O+3e^- \rightleftharpoons MnO_2+4OH^-$	0.595
$S+2e^- \rightleftharpoons S^{2-}$	-0.476	$BrO_3^-+3H_2O+6e^- \rightleftharpoons Br^-+6OH^-$	0.610
$Cu_2O+H_2O+2e^- \rightleftharpoons 2Cu+2OH^-$	-0.360	$ClO_3^-+3H_2O+6e^- \rightleftharpoons Cl^-+6OH^-$	0.620
$Cu(OH)_2+2e^- \rightleftharpoons Cu+2OH^-$	-0.222	$ClO^-+H_2O+2e^- \rightleftharpoons Cl^-+2OH^-$	0.841
$O_2+2H_2O+2e^- \rightleftharpoons H_2O_2+2OH^-$	-0.146	$O_3+H_2O+2e^- \rightleftharpoons O_2+2OH^-$	1.240
$CrO_4^{2-}+4H_2O+3e^- \rightleftharpoons Cr(OH)_3+5OH^-$	-0.130		

注：数据摘自 R.C. Weast，Handbook of Chemistry and Physics 66th Edition（1985~1986）。

附录6 常见配离子的稳定常数 K_f（298K）

配离子	K_f	配离子	K_f
$Ag(CN)_2^-$	1.3×10^{21}	$FeCl_3$	98
$Ag(NH_3)_2^+$	1.1×10^7	$Fe(CN)_6^{4-}$	1.0×10^{36}
$Ag(SCN)_2^-$	3.7×10^7	$Fe(CN)_6^{3-}$	1.0×10^{42}
$Ag(S_2O_3)_2^{3-}$	2.9×10^{13}	$Fe(C_2O_4)_3^{3-}$	2×10^{20}
$Al(C_2O_4)_3^{3-}$	2.0×10^{16}	$Fe(NCS)^{2+}$	2.2×10^3
AlF_6^{3-}	6.9×10^{19}	FeF_3	1.13×10^{12}
$Cd(CN)_4^{2-}$	6.0×10^{18}	$HgCl_4^{2-}$	1.2×10^{15}
$CdCl_4^{2-}$	6.3×10^2	$Hg(CN)_4^{2-}$	2.5×10^{41}
$Cd(NH_3)_4^{2+}$	1.3×10^7	HgI_4^{2-}	6.8×10^{29}
$Cd(SCN)_4^{2-}$	4.0×10^3	$Hg(NH_3)_4^{2+}$	1.9×10^{19}
$Co(NH_3)_6^{2+}$	1.3×10^5	$Ni(CN)_4^{2-}$	2.0×10^{31}
$Co(NH_3)_6^{3+}$	2×10^{35}	$Ni(NH_3)_4^{2+}$	9.1×10^7
$Co(NCS)_4^{2-}$	1.0×10^3	$Pb(CH_3COO)_4^{2-}$	3×10^8
$Cu(CN)_2^-$	1.0×10^{24}	$Pb(CN)_4^{2-}$	1.0×10^{11}
$Cu(CN)_3^{2-}$	2.0×10^{30}	$Zn(CN)_4^{2-}$	5×10^{16}
$Cu(NH_3)_2^+$	7.2×10^{10}	$Zn(C_2O_4)_2^{2-}$	4.0×10^7
$Cu(NH_3)_4^{2+}$	2.1×10^{13}	$Zn(OH)_4^{2-}$	4.6×10^{17}
		$Zn(NH_3)_4^{2+}$	2.9×10^9

注：摘自 Lange's Handbook of Chmistry，13ed.，1985（5）71~91。

参 考 文 献

[1] 吴华,唐利平,叶汉英. 无机及分析化学. 北京:化学工业出版社,2012.
[2] 王泽云,范文秀,娄天军. 无机及分析化学. 北京:化学工业出版社,2005.
[3] 范文秀,娄天军,侯振雨. 无机及分析化学. 第 2 版. 北京:化学工业出版社,2012.
[4] 董元彦,王运,张方钰. 无机及分析化学. 第 3 版. 北京:科学出版社,2011.
[5] 张方钰,王运,董元彦. 无机及分析化学学习指导. 第 2 版. 北京:科学出版社,2011.
[6] 华东理工大学化学系,四川大学化工学院. 分析化学. 北京:高等教育出版社,2003.
[7] 倪静安,商少明,翟滨,等. 无机及分析化学学习释疑. 北京:高等教育出版社,2009.
[8] 钟国清. 无机及分析化学学习指导. 第 2 版. 北京:科学出版社,2014.
[9] 钟国清. 无机及分析化学. 北京:科学出版社,2014.
[10] 司文会. 无机及分析化学. 北京:科学出版社,2009.
[11] 朱灵峰. 无机及分析化学. 北京:中国农业出版社,2004.
[12] 南京大学无机及分析化学编写组. 无机及分析化学. 第 3 版. 北京:高等教育出版社,1998.
[13] 吴华,唐利平,叶汉英. 无机及分析化学. 北京:化学工业出版社,2012.
[14] 贾之慎. 无机及分析化学. 第 2 版. 北京:中国农业大学出版社,2014.
[15] 天津轻工业学院、大连轻工业学院. 工业发酵分析. 北京:轻工业出版社,1994.
[16] 呼世斌,翟彤宇. 无机及分析化学. 第 3 版. 北京:高等教育出版社,2010.
[17] 江元汝. 化学与健康. 北京:科学出版社,2008.
[18] 朱万森. 生命中的化学元素. 上海:复旦大学出版社,2014.
[19] 韩忠霄,孙乃有. 无机及分析化学. 第 3 版. 北京:化学工业出版社,2010.
[20] 朱裕贞等. 现代基础化学. 第 2 版. 北京:化学工业出版社,2004.
[21] 马世昌. 基础化学反应. 西安:陕西科学技术出版社,2003.
[22] 天津大学无机化学教研室. 无机化学. 第 4 版. 北京:高等教育出版社,2010.
[23] 武汉大学. 分析化学. 第 5 版. 北京:高等教育出版社,2006.
[24] 张爱芸. 化学与现代生活. 郑州:郑州大学出版社,2009.
[25] 杨金田,谢德明. 生活的化学. 北京:化学工业出版社,2009.
[26] 涂华民. 大自然色彩探秘. 北京:化学工业出版社,2015.

元 素 周 期 表